高职高专教育"十二五"规划教材

AutoCAD 2010 中文版实用教程

主　编　卢德友　孟庆伟　陈红中
副主编　芦海燕　董　岚　吴玮平
　　　　张　剑　张新盈　刘　筠
主　审　罗浩东

黄河水利出版社
·郑州·

内 容 提 要

《AutoCAD 2010 中文版实用教程》作为 CAD 较新版本的教材,体现出新颖与实用的特点。它不但有较翔实的内容,突出理论在工程实际中的运用,也与相关技能竞赛和学生考取相关 CAD 证书相结合,适合教,更适合学。

全书共 12 章,前 9 章为二维图形的绘制与绘制工程图的运用,第 10、11 章为三维实体的绘制与绘制工程形体的运用,第 12 章为图纸打印。

本书适合作为高职高专和中等职业学校教材,也可作为工程技术人员、CAD 爱好者的参考用书。

图书在版编目(CIP)数据

AutoCAD 2010 中文版实用教程/卢德友,孟庆伟,陈红中

主编 . —郑州:黄河水利出版社,2012.7

高职高专教育"十二五"规划教材

ISBN 978 - 7 - 5509 - 0290 - 9

Ⅰ.①A⋯　Ⅱ.①卢⋯　②孟⋯　③陈⋯　Ⅲ.①AutoCAD

软件 - 高等职业教育 - 教材　Ⅳ.①TP391.72

中国版本图书馆 CIP 数据核字(2012)第 126873 号

策划编辑:简 群　电话:0371-66026749　E-mail:w_jq001@163.com

出 版 社:黄河水利出版社

地址:河南省郑州市顺河路黄委会综合楼14层　邮政编码:450003

发行单位:黄河水利出版社

发行部电话:0371 - 66026940、66020550、66028024、66022620(传真)

E - mail: hhslcbs@126.com

承印单位:河南地质彩色印刷厂

开本:787 mm×1092 mm　1/16

印张:18.75

字数:433 千字　印数:1— 4 000

版次:2012 年 7 月第 1 版　印次:2012 年 7 月第 1 次印刷

定价:36.00 元

前　言

美国 Autodesk 公司于 1982 年开发出 AutoCAD1.0 版本,至今已进行了 26 次升级,最新版本为 AutoCAD 2012。如今,AutoCAD 已广泛运用在建筑、机械、化工等工程领域。

AutoCAD 作为一门课程进入院校虽然是近十几年的事情,但却得到迅猛发展。2000年前后,AutoCAD 2000 被引入学校课堂教学,并立即得到推广,历经 AutoCAD 2002、2004、2005、2006 等多种版本。现在,学校运用 AutoCAD 2006 版本较多,AutoCAD 2008 版本也有运用。AutoCAD 已成为工科院校学生必修的一门技术课程。

作者多年从事 CAD 课程的教学,编写过相应版本的教材,在教学过程中也尝试过CAD 的多种版本。但随着计算机技术的发展、AutoCAD 版本的升级及工程运用的需要,AutoCAD 在课堂教学中也要与时俱进。由于新版本的出现有一个接受与适应的过程,同时受学校计算机配置的影响,学校教学总是滞后于市面上的新版本,因此我们编写了这本《AutoCAD 2010 中文版实用教程》。

本教材共分 12 章,前 9 章为二维图形的绘制与绘制工程图的运用,第 10、11 章为三维实体的绘制与绘制工程形体的运用,第 12 章为图纸打印,力争体现新颖与实用的特点。"新颖"体现在版本的新和内容结构的新。AutoCAD 2010 是 CAD 较新的版本,它在初始化安装、工作空间、应用程序菜单、功能区、快速访问工具栏、参数化绘图、动态图块等方面与之前版本相比较都有进一步的改进。在结构上,每一章前面都有"知识目标"和"技能目标",中间除有翔实的知识介绍外,还有实训指导,为学生单独操作提供了有力的帮助,章后都有课后思考及拓展训练,方便了学生课后对知识的总结与训练。"实用"体现在教学和工程运用方面。我们在编写本教材时,考虑到教师的教与学生的学,既照顾到知识的全面性,也照顾到知识的重点性,让教师有内容教,让学生有重点地学。知识的学习最终是要运用在工程中,因此我们在编写教材时,举例尽量与工程实际相结合,并单独拿出一章作为工程实例的运用。

为了突出本教材新颖与实用的特点,在编写教材过程中,我们大量地参考了相关文献、图表与网上资源,对相关作者深表感谢。为了丰富学生的知识面,我们有意识地将教材内容与相关技能竞赛和学生考取相关 CAD 证书相结合,引进相关题型与图例,特别是引进全国水利职业院校技能竞赛的相关题目与内容,对与此有关的作者一并表示感谢。

本书由华北水利水电学院水利职业学院卢德友、孟庆伟、陈红中担任主编,其中卢德友编写第 1、3 章,孟庆伟编写第 5、9 章,陈红中编写第 4、12 章;华北水利水电学院水利职业学院吴玮平编写第 6 章,张剑编写第 7 章,张新盈编写第 8 章;新疆伊犁职业技术学院芦海燕编写第 2 章;沈阳农业大学高等职业技术学院董岚编写第 10 章;河南黄河河务局工程建设局刘筠编写第 11 章。全书由卢德友统稿,由郑州航空工业管理学院罗浩东教授担任主审,在此,对罗浩东教授表示感谢。

我们虽然有过编写 AutoCAD 的经验,但由于对知识的把握不够全面,对 AutoCAD 在工程中的运用不够深入,在编写此书的过程中难免有许多不足之处,望同行们提出宝贵意见,我们将不胜感谢。

作　者

2012 年 5 月

目　录

第1章 AutoCAD 2010 的基本知识

【知识目标】:通过本章的学习,了解 AutoCAD 2010 的安装与启动,熟悉 AutoCAD 2010 的工作界面与文件管理方法,掌握 AutoCAD 2010 的基本操作、图层及其应用。

【技能目标】:通过本章的学习,能够运用所学知识对 AutoCAD 文档进行管理,对 AutoCAD进行基本操作,并能够对工程图进行图层设置。

1.1 AutoCAD 2010 安装与启动

1.1.1 AutoCAD 2010 的系统配置

安装 AutoCAD 2010 要确保计算机满足最低系统要求。如果系统不满足要求,在 AutoCAD 内或操作系统级别上可能会出现问题。请参见表1-1。

表1-1 AutoCAD 2010 的系统配置

硬件和软件	32 位需求	64 位需求
操作系统	Windows XP Home 和 Professional SP2 或更高版本 Microsoft Windows Vista SP1 或更高版本,包括: Windows Vista Enterprise Windows Vista Business Windows Vista Ultimate Windows Vista Home Premium	Windows XP Professional X64 Edition SP2 或更高版本 Microsoft Windows Vista SP1 或更高版本,包括: Windows Vista Enterprise Windows Vista Business Windows Vista Ultimate Windows Vista Home Premium
浏览器	Internet Explorer 7.0 或更高版本	Internet Explorer 7.0 或更高版本
CPU 类型	Windows XP—Intel Pentium 4 或 AMD Athlon Dual Core 处理器,1.6 GHz 或更高,采用 SSE2 技术 Windows Vista— Intel Pentium 4 或 AMD Athlon Dual Core 处理器,3.0 GHz 或更高,采用 SSE2 技术	AMD Athlon 64,采用 SSE2 技术 AMD Opteron,采用 SSE 技术 Intel Xeon, 支持 Intel EM 64T 并采用 SSE2 技术 Intel Pentium 4,支持 Intel EM 64T 并采用 SSE2 技术
内存	Windows XP—2 GB RAM Windows Vista—2 GB RAM	Windows XP—2 GB RAM Windows Vista—2 GB RAM

续表 1-1

硬件和软件	32 位需求	64 位需求
显示分辨率	1024×768 真彩色	1024×768 真彩色
硬盘	安装 1 GB	安装 1.5 GB
3D 建模 其他要求	Intel Pentium 4 或 AMD Athlon 处理器，3.0 GHz 或更高；或者 Intel 或 AMD Dual Core 处理器，2.0 GHz 或更高 2 GB RAM 或更大 2 GB 可用硬盘空间(不包括安装) 1280×1024 32 位彩色视频显示适配器(真彩色)，具有 128 MB 或更大显存,且支持 Direct3D 的工作站级图形卡	Intel Pentium 4 或 AMD Athlon 处理器，3.0 GHz 或更高；或者 Intel 或 AMD Dual Core 处理器，2.0 GHz 或更高 2 GB RAM 或更大 2 GB 可用硬盘空间(不包括安装) 1280×1024 32 位彩色视频显示适配器(真彩色)，具有 128 MB 或更大显存,且支持 Direct3D 的工作站级图形卡

1.1.2　AutoCAD 2010 的安装

要安装 AutoCAD 2010,用户必须具有管理权限。安装过程中会自动检测 Windows 操作系统是 32 位版本还是 64 位版本,然后安装适当版本的 AutoCAD。不能在 32 位系统上安装 64 位版本的 AutoCAD,反之亦然。

(1)将 AutoCAD 安装光盘插入到计算机的驱动器中,双击 setup.exe 文件,进入如图 1-1所示的安装界面。

图 1-1　安装界面

(2)在 AutoCAD 安装向导中,为安装说明选择语言或接受默认语言。单击"安装产品"。

(3)选择产品并为要安装的产品选择语言。单击"下一步"。

注意:默认情况下,安装 AutoCAD 时不安装 Autodesk Design Review 2010。如果需要查看 DWF 或 DWFx 文件,则建议安装 Autodesk Design Review 2010。

(4)查看适用于用户所在国家或地区的 Autodesk 软件许可协议。用户必须接受该协议才能继续安装。选择所在国家或地区,单击"我接受",然后执行下一步。

注意：如果不同意许可协议的条款并希望终止安装，请单击"取消"。

（5）在"产品和用户信息"页面上，输入序列号、产品密钥和用户信息，然后单击"下一步"。

注意：在此处输入的信息是永久性的，显示在系统的"帮助"菜单中。由于以后无法更改此信息（除非卸载产品），因此请确保输入的信息正确无误。

（6）如果不希望在"查看 – 配置 – 安装"页面中对配置进行任何更改，请选择"安装"。然后选择"是"，使用默认配置继续安装。使用默认值，表示该安装是典型安装，安装到 C：\Program Files\ < AutoCAD >。如果选择"配置"，向导将提示选择典型安装或自定义安装。使用典型安装，将安装最常用的应用程序功能。如表 1-2 所示为典型安装的内容。自定义安装的内容包含材质库和教程等。

表 1-2　典型安装的内容

CAD 标准	包含用于查看设计文件与标准的兼容性的工具
数据库	包含数据库访问工具
词典	包含多语言词典
图形加密	允许用户通过"安全选项"对话框使用密码保护图形
Express Tools	包含 AutoCAD 支持工具和实用程序（Autodesk 不提供支持）
字体	包含 AutoCAD 字体和 TrueType 字体
Autodesk Impression 工具栏	可以使用 Impression 工具栏将任意视图快速输出到 Autodesk Impression 中，以获得高级线条效果
Autodesk Seek	Autodesk Seek 仅安装在英文版 AutoCAD 中
新功能专题研习	包含动画演示、练习和样例文件，以帮助用户了解新功能
许可证转移实用程序	使用户可以在计算机之间传输 Autodesk 产品许可。注意，此实用程序将不安装在 AutoCAD 的已解锁版本中
移植自定义设置	将早期版本产品中的自定义设置和文件移植到新版本的产品中
初始设置	允许用户基于单位系统、行业和常用的针对任务的工具设置 AutoCAD 的初始配置（联机内容、工作空间）
参照管理器	使用户可以查看和编辑与图形关联的外部参照文件的路径
样例	包含各种功能的样例文件
VBA 支持	包含 Microsoft Visual Basic for Applications 支持文件

（7）在"安装完成"页面上，可以选择以下各项：

①查看安装日志文件：如果要查看安装日志文件，将显示该文件的位置。

②查看 AutoCAD 自述文件：如果单击"完成"，将在对话框中打开自述文件。此文件包含准备发布 AutoCAD 文档时尚未具备的信息。如果不需要查看自述文件，请清除"自述"旁边的复选框。

注意：也可以在安装 AutoCAD 之后查看自述文件。

1.1.3 AutoCAD 2010 的启动

要启动 AutoCAD 2010,必须注册和激活该产品。

(1)双击桌面"![图标]"图标或执行"开始"菜单:在"开始"菜单上依次单击"程序"→"Autodesk"→"AutoCAD 2010 - Simplified Chinese"→"AutoCAD 2010"选项即可启动。

第一次启动,系统要进行初始化安装。通过初始化安装,可选择你的行业,以及工作空间和图形模板参数。在初始化安装中的选择将影响各种 AutoCAD 功能的默认设置,包括图形模板、Autodesk 搜寻过滤器、Autodesk 开发者网络合作伙伴、统一的门户网站在线体验以及工作空间。

也可从"选项"对话框中"用户系统配置"→"初始设置"界面选项卡中访问初始化安装的内容。

(2)启动 AutoCAD 2010 ,在产品激活向导中,选择"激活产品",单击"下一步"。

(3)在"现在注册"的"激活"页面上,选择"输入激活码"。输入激活码,然后点击"下一步",激活成功。

(4)在"注册— 激活确认"页面上单击"完成"。

1.2 AutoCAD 2010 界面介绍

1.2.1 AutoCAD 2010 工作界面

启动 AutoCAD 2010 后,系统将弹出"新功能专题研习"对话框,如图 1-2 所示。

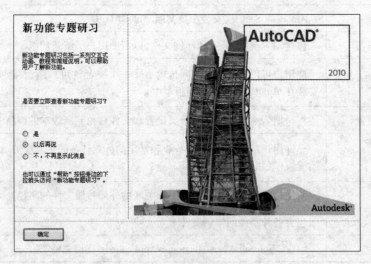

图 1-2 "新功能专题研习"对话框

从该对话框提供的三个选项中选择"不,不再显示此消息",单击"确定"按钮进入 AutoCAD 2010 工作界面,也就是进入绘图区。

1.**"二维草图与注释"工作界面**

默认情况下,启动 AutoCAD 2010,系统会直接进入初始界面,也就是"二维草图与注释"工作界面,如图 1-3 所示。在该界面中,系统为用户提供了"二维草图与注释"、"Auto-

CAD 经典"与"三维建模"三个工作空间。如果在初始启动时,对系统进行了初始化设置,在工作空间里还会有初始设置工作空间。

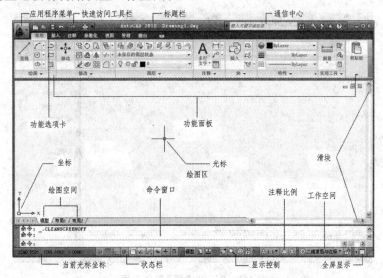

图 1-3 "二维草图与注释"工作界面

2. "AutoCAD 经典"工作界面

图 1-3 显示的是"二维草图与注释"工作空间的默认界面。对于新用户来说,可以直接从这个界面来学习,对于老用户来说,因为已经习惯了以往版本的界面,可以单击状态栏中的 二维草图与注释 按钮,在弹出的快捷菜单中选择"AutoCAD 经典"命令,切换到如图 1-4 所示的"AutoCAD 经典"工作界面。

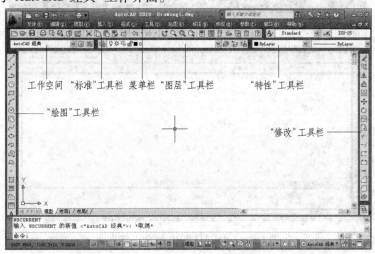

图 1-4 "AutoCAD 经典"工作界面

与"二维草图与注释"工作界面相比,"AutoCAD 经典"工作界面增加了菜单栏,缺少了功能区。

3. "三维建模"工作界面

在菜单栏中,点击"工具"→"工作空间"→"三维建模"命令,或在"工作空间"工具栏的下拉列表框中选择"三维建模"选项,都可以快速切换到"三维建模"工作界面。如图1-5所示。

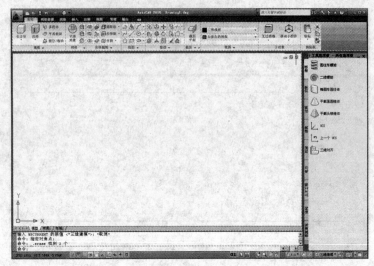

图1-5 "三维建模"工作界面

"三维建模"工作界面对于用户在三维空间中绘制三维图形来说更加方便。

4.混合工作界面

在"AutoCAD 经典"工作界面,点击"工具"→"选项板"→"功能区"命令,可以调出"二维草图与注释"工作界面中的功能区,新旧界面配合使用,如图1-6所示。

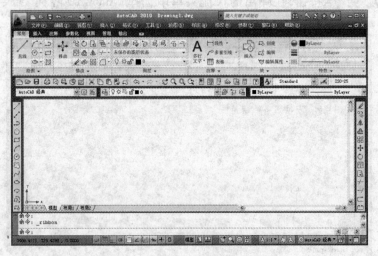

图1-6 AutoCAD 2010 混合工作界面

1.2.2 工作空间的界面元素

1.应用程序菜单

应用程序菜单,位于 AutoCAD 界面的左上角。通过改善的应用程序菜单,用户能更方便地访问公用工具。可创建、打开、保存、打印和发布 AutoCAD 文件,将当前图形作为电子邮件附件发送。此外，可进行图形维护，例如查核和清理，并关闭图形。在应用程序菜单上面可以轻松访问最近打开的文档，在最近文档列表中有一新的选项，除可按大小、类型和已排序列表排序外，还可按日期排序。

2. 标题栏

标题栏位于应用程序窗口的最上面，用于显示当前正在运行的程序名及文件名等信息。如果是 AutoCAD 默认的图形文件，其名称为 DrawingN. dwg（N 是数字）。单击标题栏右端的按钮，可以最小化、最大化或关闭应用程序窗口。在标题栏上单击右键，将会弹出一个 AutoCAD 窗口控制下拉菜单，可以执行最小化或最大化窗口、还原窗口、移动窗口、关闭 AutoCAD 等操作。AutoCAD 2010 丰富了标题栏的内容，增加了应用程序菜单、快速访问工具栏以及通信中心。

3. 工具栏与快速访问工具栏

工具栏是应用程序调用命令的一种方式，它包含许多由图标表示的命令按钮。在 AutoCAD 中，系统共提供了 20 多个已命名的工具栏。默认情况下，"AutoCAD 经典"工作界面中的"标准"、"图层"、"特性"、"绘图"和"修改"等工具栏处于打开状态。

如果要显示当前隐藏的工具栏，可在任意工具栏上单击鼠标右键，此时将弹出一个快捷菜单，点击相应内容即可显示或关闭相应的工具栏。

在菜单栏中，选择"工具"→"工具栏"→"AutoCAD"命令，也会调出 AutoCAD 工具栏的子菜单。在子菜单中，用户可以选择相应的工具栏将其显示在界面上。

AutoCAD 2010 快速访问工具栏 位于应用程序菜单的右侧，其中存储了经常使用的命令按钮，默认状态下，有"新建"、"打开"、"保存"、"放弃"、"重做"、"打印"等按钮。同样，在快速访问工具栏上单击右键，用户可以自定义快速访问工具栏。

4. 菜单栏与快捷菜单

菜单栏可由单击自定义快速访问工具栏中的"显示菜单栏"选项来实现，如图 1-7 所示。菜单栏由"文件"、"编辑"、"视图"、"插入"、"格式"、"工具"、"绘图"、"标注"、"修改"、"参数"、"窗口"、"帮助"共 12 个主菜单组成，如图 1-6 所示，几乎包括了 AutoCAD 中全部的功能和命令。

快捷菜单又称为上下文关联菜单。在绘图区、工具栏、状态栏、模型与布局选项卡以及一些对话框上单击鼠标右键时，将弹出一个快捷菜单，该菜单中的命令与 AutoCAD 当前状态相关。使用快捷菜单可以在不启动菜单栏的情况下快速、高效地完成某些操作，如图 1-8 所示。

5. 功能区

功能区包括功能选项卡和功能面板。

在默认状态下，"AutoCAD 经典"工作界面不包含功能区。用户可在菜单栏中选择"工具"→"选项板"→"功能区"命令，加载功能区。

AutoCAD 2010 的功能区分为"常用"、"插入"、"注释"、"参数化"、"视图"、"管理"及"输出"七类选项卡。每一类选项卡下又集成多个面板，面板上放置同类型工具。如图 1-9所示为功能区界面。

图1-7　自定义快速访问工具栏　　　　　　　图1-8　快捷菜单

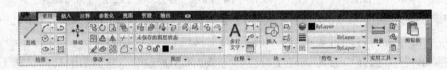

图1-9　功能区界面

6.绘图窗口

在 AutoCAD 中,绘图窗口是用户绘图的工作区域,所有的绘图结果都反映在这个窗口中。可以根据需要关闭其周围和里面的各个工具栏,以增大绘图空间。如果图纸比较大,需要查看未显示部分时,可以单击窗口右边与下边滚动条上的箭头,或拖动滚动条上的滑块来移动图纸。

在绘图窗口中除显示当前的绘图结果外,还显示了当前使用的坐标系类型、坐标原点以及 X 轴、Y 轴、Z 轴的方向(在二维状态下,Z 轴的方向为由屏幕指向用户)等。默认情况下,坐标系为世界坐标系(WCS)。绘图窗口的下方有模型和布局选项卡,单击其标签可以在模型空间或布局空间之间来回切换。

在 AutoCAD 2010 中,可以在绘图窗口中通过光标的变化显示工作的目标。当鼠标提示选择一个点时,光标变为十字形;当在屏幕上拾取一个对象时,光标变成一个拾取框;当把光标放在工具栏时,光标变为一个箭头。

7.命令行与文本窗口

命令行窗口位于绘图窗口的底部,用于接收用户输入的命令,并显示 AutoCAD 提示信息。命令行窗口是用户和计算机进行对话的窗口,初学者应特别注意。

在 AutoCAD 2010 中,可以选择"工具"→"命令行"命令或按 Ctrl +9 键来打开命令行窗口。AutoCAD 通常显示的信息为"命令:",表示 AutoCAD 正在等待用户输入命令。默认命令行保留三行。在 AutoCAD 2010 中,命令行窗口可以拖放为浮动窗口,如图1-10 所示。

AutoCAD 文本窗口是记录 AutoCAD 命令的窗口,是放大的命令行窗口,它记录了已执行的命令,也可以用来输入新命令。
在 AutoCAD 2010 中,可以通过选择"视
图"→"显示"→"文本窗口"命令、执行
Textscr 命令或按 F2 键来打开 AutoCAD
文本窗口,它记录了对文档进行的所有
操作,如图 1-11 所示。

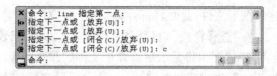

图 1-10　命令行窗口

图 1-11　AutoCAD 文本窗口

8. 状态栏

　　状态栏在屏幕的最下方,用来显示 AutoCAD 当前的绘图状态,如当前光标的坐标、命令
和按钮的说明等。在绘图窗口中移动光标时,状态栏的坐标区将动态地显示当前坐标值。
坐标显示取决于所选择的模式和程序中运行的命令,共有"相对"、"绝对"和"无"三种模式。
　　状态栏中还包括捕捉、栅格、正交、极轴、对象捕捉、对象追踪、允许/禁止动态 UCS 、
线宽、快捷特性、模型(或图纸)等十几个功能按钮,如图 1-12 所示。

图 1-12　状态栏

1.3　图形文件管理

1.3.1　创建新图形文件

　　选择"文件"→"新建"命令(New),或在"标准"工具栏中单击"新建" 按钮,可以创

建新图形文件,此时将打开"选择样板"对话框。

在"选择样板"对话框中,可以在"名称"列表框中选中某一样板文件,这时在其右面的"预览"框中将显示出该样板文件的预览图像。单击"打开"按钮,可以以选中的样板文件为样板创建新图形,此时会显示图形文件的布局(选择样板文件 acad. dwt 或 acadiso. dwt 除外)。

1.3.2　打开图形文件

选择"文件"→"打开"命令,或在"标准"工具栏中单击"打开" 按钮,可以打开已有的图形文件,此时将打开"选择文件"对话框。选择需要打开的图形文件,在右面的"预览"框中将显示出该图形文件的预览图像。默认情况下,打开的图形文件的格式为. dwg。

在 AutoCAD 2010 中,可以以"打开"、"以只读方式打开"、"局部打开"和"以只读方式局部打开"4 种方式打开图形文件。当以"打开"、"局部打开"方式打开图形时,可以对打开的图形进行编辑,如果以"以只读方式打开"、"以只读方式局部打开"方式打开图形,则无法对打开的图形进行编辑。

如果选择以"局部打开"、"以只读方式局部打开"方式打开图形,这时将打开"局部打开"对话框。可以在"要加载几何图形的视图"选项组中选择要打开的视图,在"要加载几何图形的图层"选项组中选择要打开的图层,然后单击"打开"按钮,即可在视图中打开选中图层上的对象。

1.3.3　保存图形文件

在 AutoCAD 2010 中,可以使用多种方式将所绘图形以文件形式存入磁盘。例如,可以选择"文件"→"保存"命令,或在"标准"工具栏中单击"保存" 按钮,以当前使用的文件名保存图形;也可以选择"文件"→"另存为"命令,将当前图形以新的名称保存。

每次保存创建的图形时,系统将打开"图形另存为"对话框。默认情况下,文件以"Auto-CAD 2010 图形(∗ . dwg)"格式保存,也可以在"文件类型"下拉列表框中选择其他格式,如"AutoCAD 2004/LT2004 图形(∗ . dwg)"、"AutoCAD 图形标准(∗ . dws)"等格式。

1.3.4　输出图形文件为 PDF 和 BMP 文件

1.输出 PDF 文件

点击应用程序菜单,选择"输出"→"PDF",系统进入"另存为 PDF"界面,在"输出(X)"和"页面设置"项进行设置,输入文件名,然后保存,可以保存为 PDF 格式文件。PDF 文件是一种电子文件格式,它忠实地再现原稿的每一个字符、颜色以及图像,无论在哪种打印机上都可保证精确的颜色和准确的打印效果,是电子图书、产品说明、公司文告、网络资料、电子邮件等常用的一种文件格式。PDF 文件用 Adobe Reader 软件可以打开。

2.输出 BMP 文件

点击应用程序菜单,选择"输出"→"其他格式",或在菜单栏中选择"文件"→"输出"命令,系统进入"输出数据"界面,在"文件类型"中选择"位图 ∗ . bmp",输入文件名,然后保存,将图形输出为 BMP 格式的图片文件。BMP 文件可以用任何看图软件与画图软件打开。

1.3.5　关闭图形文件

选择"文件"→"关闭"命令,或在绘图窗口中单击"关闭"按钮,可以关闭当前图形文件。如果当前图形文件没有存盘,系统将弹出 AutoCAD 警告对话框,询问是否保存文件。此时,单击"是(Y)"按钮或直接按 Enter 键,可以保存当前图形文件并将其关闭;单击"否(N)"按钮,可以关闭当前图形文件但不存盘;单击"取消"按钮,取消关闭当前图形文件操作,既不保存也不关闭。

如果当前所编辑的图形文件没有命名,那么单击"是(Y)"按钮后,AutoCAD 会打开"图形另存为"对话框,要求用户确定图形文件存放的位置和名称。

1.4　AutoCAD 2010 的基本操作

1.4.1　AutoCAD 2010 的命令操作

1.鼠标命令操作

在绘图窗口,光标通常显示为十字线形式。当光标移至菜单选项、工具栏或对话框内时,它会变成一个箭头。无论光标是十字线形式还是箭头形式,当单击或者按动鼠标键时,都会执行相应的命令或动作。

在 AutoCAD 2010 中,把光标移动到任意图标上,会显示提示信息,这些提示信息包含对命令或控制的概括说明、命令名、快捷键、命令标记以及补充工具提示,对新用户学习有很大的帮助。

鼠标左键:通常指拾取键,用于输入点、拾取实体和选择按钮、菜单、命令,双击文件名可直接打开文件。

鼠标右键:相当于回车键(Enter 键),用于结束当前使用的命令,此时系统将根据当前绘图状态而弹出不同的快捷菜单。另外,单击鼠标右键可以重复上次操作命令。

单击鼠标右键弹出快捷菜单的位置有:绘图区、命令行、对话框、窗口、工具栏、状态栏、模型标签和布局标签等。

当使用 Shift 键和鼠标右键的组合时,系统将弹出一个快捷菜单,用于设置捕捉点的方法,如图 1-13 所示。

按下鼠标滚轮不松,光标变成手状,可以实施平移动作;双击鼠标滚轮可以实现图形满屏显示;向外推动鼠标滚轮可以实时放大图形,向内推动鼠标滚轮可以实时缩小图形。

2.键盘命令操作

常用功能键作用如下:

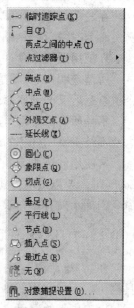

图 1-13　快捷菜单

空格键:重复执行上一次命令,在输入文字时不同于回车键。

回车键:重复执行上一次命令,相当于鼠标右键。

Esc 键:中断命令执行。

F1 键:显示 AutoCAD 帮助信息。

F2 键:用于在图形窗口与文本窗口之间相互切换。

F3 键:对象捕捉开关。

F4 键:校准数字化仪开关。

F5 键:不同方向正等轴测图作图平面间的转换开关。

F6 键:坐标显示模式开关。

F7 键:栅格模式开关。

F8 键:正交模式开关。

F9 键:捕捉模式开关。

F10 键:极轴模式开关。

F11 键:对象追踪开关。

F12 键:动态输入开关。

3. 使用命令行操作

在命令行中输入完整的命令名,然后按 Enter 键或空格键。如输入 Line,按 Enter 键,执行直线命令。命令名字母不分大小写。某些命令还有缩写名称。例如,除通过输入 Line 来启动直线命令外,还可以通过输入 L 来启动直线命令。如果启用了动态输入并设置为显示动态提示,用户则可以在光标附近的工具栏提示框中输入多个命令。

在命令行中,还可以使用 Backspace 键或 Delete 键删除命令行中的文字;也可以选中历史命令,并执行"粘贴到命令行"选项,将其粘贴到命令行中。

4. 使用透明命令

所谓透明命令,就是在执行某一命令时,该命令不终止又去执行另一命令,当另一命令执行完后又回到原命令状态,继续执行原命令。

不是所有命令都可以透明执行,只有那些不选择对象、不创造新对象、不导致重生成以及不结束绘图任务的命令才可以透明执行。

常使用的透明命令多为修改图形设置的命令、绘图辅助工具命令,例如 Snap、Grid、Zoom 等。要以透明方式使用命令,应在输入命令之前输入单引号(′)。在命令行中,透明命令的提示前有一个双折号(＞＞)。完成透明命令后,将继续执行原命令。

1.4.2 工具栏操作

在"二维草图与注释"工作界面是没有工具栏的,但在标题栏旁却有快速访问工具栏。

1. 工具栏的调用

首先通过快速访问工具栏选择"显示菜单栏"选项,然后在菜单栏选择"工具"→"工具栏"→"AutoCAD"命令,选择所需工具栏,如图 1-14 所示。如果已有工具栏,想调出其他工具栏,右键单击任意工具栏,然后单击快捷菜单上的某个工具栏。

2. 浮动工具栏与固定工具栏

浮动工具栏：将光标定位在工具栏结尾处的双条线上，然后按下定点设备上的按钮，将工具栏从固定位置拖走并释放按钮。

固定工具栏：将光标定位在工具栏的名称上或任意空白区，然后按下定点设备上的按钮，将工具栏拖到绘图区的顶部、底部或两侧的固定位置，当固定区域中显示工具栏的轮廓时，释放按钮。

图 1-14　调用工具栏

要将工具栏放置到固定区域中而不固定，请在拖动时按住 Ctrl 键。

3. 调整工具栏大小

将光标定位在浮动工具栏的边上，直到光标变成水平或垂直的双箭头为止。按住按钮并移动光标，直到工具栏变成需要的形状为止。

4. 工具栏的关闭

如果工具栏是固定的，使其浮动，然后单击工具栏右上角的"关闭"按钮。如果工具栏是浮动的，单击工具栏右上角的"关闭"按钮。

1.4.3　绘图状态控制

绘图状态控制是指利用状态栏中的绘图控制按钮，对绘图过程进行精确控制。在状态栏中，绘图控制按钮有捕捉、栅格、正交、极轴、对象捕捉、对象追踪、允许/禁止动态 UCS、动态输入、线宽、快捷特性等，如图 1-15 所示。

图 1-15　绘图控制按钮

1. 捕捉

按"草图设置"中设置好的捕捉间距捕捉点。打开"捕捉"，光标行走迟钝，因为光标沿捕捉点行走。关闭"捕捉"，光标行走自如。一般不打开"捕捉"。按 F9 键可以打开或关闭"捕捉"。

2. 栅格

按"草图设置"中设置好的栅格间距捕捉点。打开"栅格"，在绘图区显示栅格点，光标沿栅格点行走，每走一格均为设置好的间距。因为光标沿栅格点行走，所以光标行走迟钝。关闭"栅格"，光标行走自如。一般不打开"栅格"。按 F7 键可以打开或关闭"栅格"。

3. 正交

打开"正交"，光标沿直线水平或竖直行走，可以精确绘制水平线或竖直线；关闭"正交"，可以绘制任意直线。按 F8 键可以打开或关闭"正交"。

4. 极轴

打开"极轴"，在绘图时可以按设置好的极轴角捕捉直线或点，可以精确绘制角度线和三视图。绘制不同角度线，需设置不同极轴角，同时应及时调整极轴角。极轴是绘制角度线的一种方法。按 F10 键可以打开或关闭"极轴"。

5.对象捕捉

打开"对象捕捉",可以精确捕捉绘图对象,它是精确绘图的较好工具。捕捉的对象为"草图设置"中捕捉点。关闭"对象捕捉",是不能精确捕捉点的。按 F3 键可以打开或关闭"对象捕捉"。

6.对象追踪

打开"对象追踪",绘图时,移动光标至捕捉对象点,会产生追踪虚线,如图 1-16 所示。对象追踪常与对象捕捉联合使用。按 F11 键可以打开或关闭"对象追踪"。

7.动态输入

动态输入可以代替命令行,在光标行进过程中,随时进行距离、角度和坐标等值的输入,如图 1-17 所示,大大减少了在命令行中来回输入数据的麻烦。

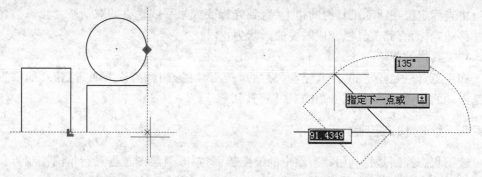

图 1-16　对象追踪　　　　　　　　　　　图 1-17　动态输入

打开"动态输入"时,正交、极轴、对象捕捉、对象追踪无论处于打开还是关闭状态,都能进行动态输入;如果关闭"动态输入",正交、极轴、对象捕捉、对象追踪处于打开状态,只能进行动态显示,不能进行动态输入。按 F12 键可以打开或关闭"动态输入"。

8.线宽

此处线宽是指线的显示宽度,不是指线的实际宽度。打开"线宽",屏幕显示设置好的显示线宽,如果没有设置显示线宽,屏幕显示默认显示线宽。默认显示线宽在"线宽设置"中设置。为了保证绘图的线宽正确,绘图时最好打开"线宽",以减少最后调整的麻烦。

1.4.4　图形对象的选择

对已绘制好的图素编辑及修改时均要进行选择操作。选择对象时 AutoCAD 用拾取框代替十字光标。常用的选择方式有以下几种。

1.单个选择

当需要选取图素时(命令区出现"选择对象:"或"Select Object:"),光标变成一个小方块,用鼠标直接点取被选目标,图素变虚则表示被选中。

2.窗口选择

当执行选择命令时,在"选择对象:"后键入"W",也可用鼠标在图素对角点击,拾取点从左向右指定一个矩形窗口,窗口边框显示为细实线,一次可以选取多个图素。如果一个对象仅是其中一部分在矩形窗口内,那么选择集中不包含该对象。

3. 窗交选择

当执行选择命令时,在"选择对象:"后键入"C",也可用鼠标在图素对角点击,拾取点从右向左指定一个矩形窗口,窗口边框显示为细虚线,同样,一次可以选取多个图素。凡是在窗口内的对象或与窗口边框相交的对象都被选择。

4. 其他常用方式

在出现"选择对象:"后键入"L"(Last),表示所选的是最近一次绘制的图素;键入"Cp",可选取多边形窗口;键入"All",表示所选的是全部(冻结层除外);键入"R"(Remove),再用鼠标直接点取相应图素,将其移出选择;键入"U"(Undo),取消选择。

选择模式的设置如下:

(1)启动命令的方法。

①在命令行中用键盘输入"Options";

②在主菜单中点击"工具"→"选项"→"选择集";

③单击应用程序菜单,选择"选项"→"选择集"。

(2)执行命令的过程。

执行"Options"命令后,系统弹出如图1-18所示的"选项"对话框。

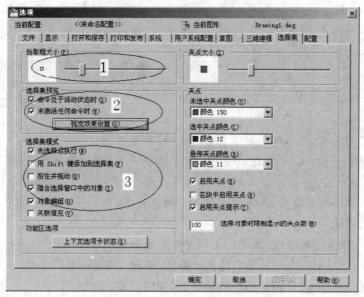

图1-18 "选项"对话框

(3)参数说明。

在"选项"对话框中,我们只介绍"拾取框大小"和"选择集模式"两个区域。

①"拾取框大小":用户可以通过滑块的移动来调节拾取框的大小。

②"选择集模式":

"先选择后执行":选择该复选框后,表示先选择几何元素,然后再执行编辑命令。

"用 Shift 键添加到选择集":选择该复选框后,表示在选择第一个几何元素后,按住 Shift 键可以增加选择其他几何元素。

"按住并拖动"：选择该复选框后，表示在选择图形时应按住鼠标左键进行拖动选择。

"隐含选择窗口中的对象"：选择该复选框后，表示在选择图形时隐含窗口。

"对象编组"：表示在选择对象时是否进行对象编组。

"关联填充"：选择该复选框后，表示在选择带填充的图形时，边界也被选择。

（4）注意事项。

对选择模式进行设置时，应根据具体情况和绘图习惯来进行设置，而不要盲目地进行选择。

1.4.5　图形显示控制

在绘图过程中，要经常地对所绘图形进行放大或缩小，以便能准确地观察图形。常用的显示控制命令有缩放、平移、重画与重生成等。只有正确熟练地掌握这些命令的使用方法，才能提高绘图速度，保证绘图质量。

1.缩放

（1）启动命令的方法。

①在命令行中用键盘输入"Zoom"；

②在主菜单中点击"视图"→"缩放"；

③用鼠标左键单击"缩放"工具栏上的按钮，如图1-19所示；

④在功能选项卡中选择"视图"→"导航"→

"缩放"。

（2）执行命令的过程。

图1-19　"缩放"工具栏

命令：_zoom

指定窗口的角点，输入比例因子（nX 或 nXP），或者

[全部（A）/中心（C）/动态（D）/范围（E）/上一个（P）/比例（S）/窗口（W）/对象（O）] ＜实时＞：

按 Esc 或 Enter 键退出，或单击右键显示快捷菜单。

（3）参数说明。

全部（A）：在绘图界限内，所画的图形全部显示在当前屏幕上。

中心（C）：指定中心点输入缩放比例或高度，来放大或缩小图形。

动态（D）：动态地确定缩放图形的位置，用视图框来调整。

范围（E）：不管在绘图界限内或外，把所画的图形全部显示在屏幕上。

上一个（P）：在屏幕上显示上一个缩放前的图形。

比例（S）：根据输入的比例数值来显示图形。

窗口（W）：执行该命令时，用矩形窗口来框住所要放大的图形。

对象（O）：将选定的一个或多个对象放大后，置于屏幕的中心。

2.平移

在不改变图形大小的情况下，为了更好地观察图形，用平移（Pan）命令来移动屏幕上的图形。

（1）启动命令的方法。

①在命令行中用键盘输入"Pan";

②在主菜单中点击"视图"→"平移",平移选项如图1-20所示;

③用鼠标左键单击"标准"工具栏上的 🖐 按钮;

④在功能选项卡中选择"视图"→"导航"→"平移"。

（2）执行命令的过程。

命令：_ pan

按 Esc 或 Enter 键退出，或单击右键显示快捷菜单。

（3）参数说明。

在执行完"Pan"命令后，屏幕上的光标就变成了一只小手 🖐，

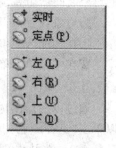

图1-20　平移选项

当我们按住鼠标左键进行移动时，屏幕上的图形也随着光标的移动而移动。将图形移动到合适位置后，可以按 Esc 键或 Enter 键退出，也可单击鼠标右键在显示快捷菜单中选择退出。

（4）注意事项。

在图1-20中提供了六种平移的方式，其中"定点"平移可以通过指定基点和位移值来平移视图。

3. 重画与重生成

重画（Redraw）：可以删除在某些编辑操作时留在显示区域中的加号形状的标记（称为点标记）和杂散像素。

重生成（Regen）：在当前视口中重生成整个图形并重新计算所有对象的屏幕坐标，还重新创建图形数据库索引，从而优化显示和对象选择的性能。

1.5　图层及其应用

1.5.1　图线特性与线型管理器

1. 图线特性

图线特性有颜色、线型与线宽。"特性"面板和"特性"工具栏分别如图1-21、图1-22所示。

在一张工程图中，不同的线型与线宽代表了不同的含义。因此，用 AutoCAD 绘图时，要对每条图线赋予颜色、线型与线宽。

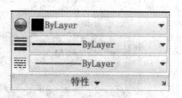

图1-21　"特性"面板

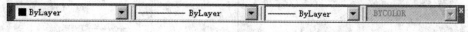

图1-22　"特性"工具栏

（1）颜色的调用。

图线的颜色可以直观地标示对象。图线颜色可以随图层指定，也可以不依赖图层明确指定。随图层指定颜色可以轻松识别图形中的每个图层；明确指定颜色会使同一图层

的对象之间产生差别。打印图纸时,颜色可以用于指示线宽。

为对象设置 ACI 颜色:

①在功能区中单击"常用"→"特性"→"对象颜色";

②在主菜单中单击"格式"→"颜色";

③在"特性"工具栏上单击"颜色"控制栏 ■ ByLayer 。

通过以上操作,可以在"颜色"控制栏中单击一种颜色,用它绘制所有新对象。也可以单击"选择颜色",显示"选择颜色"对话框,然后执行以下操作之一:

①在"索引颜色"选项卡上,单击一种颜色或在"颜色"框中输入颜色名或颜色编号,如图 1-23 所示。

②在"索引颜色"选项卡上,单击"ByLayer"以用指定给当前图层的颜色绘制新对象。

③在"索引颜色"选项卡上,单击"ByBlock"以在将对象编组到块中之前,用当前的颜色绘制新对象。在图形中插入块时,块中的对象将采用当前的颜色设置。

ACI 颜色是 AutoCAD 中使用的标准颜色。每种颜色均通过 ACI 编号(1 到 255 的整数)标示。标准颜色名称仅用于颜色 1 到 7。颜色指定如下:1 红、2 黄、3 绿、4 青、5 蓝、6 洋红、7 白/黑。

如果将当前颜色设置为"ByLayer",则将使用指定给当前图层的颜色来创建对象。如果不希望当前颜色成为指定给当前图层的颜色,则可以指定其他颜色。

如果将当前颜色设置为"ByBlock",则在将对象编组到块中之前,将使用 7 号颜色(白色或黑色)来创建对象。将块插入到图形中时,该块将采用当前颜色设置。

(2)线型的调用。

①在功能区中单击"常用"→"特性"→"线型";

②在主菜单中单击"格式"→"线型";

③在"特性"工具栏上单击"线型"控制栏 ———— ByLayer 。

通过以上操作,可以在"线型"控制栏内选择在线型管理器中设置好的线型,如图 1-24所示。

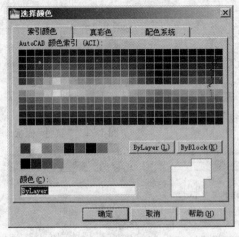

图 1-23　选择颜色

图 1-24　线型控制

(3)线宽的选用。

线宽的选用与线型的调用相似。线宽数值一般从 0.00 到 2.11,单位为毫米(mm)或英寸(in),选择其一作为绘制图线的宽度,将在图纸打印时打印出真实线宽。

在默认情况下,不管选用的线宽为多少,显示时都是一样粗细的,这是因为我们在初始"线宽设置"时设置了"默认""显示线宽"的"调整显示比例",如图 1-25 所示。可以通过设置"默认""显示线宽"的"调整显示比例",使绘图区的线宽显示更加合理。调整后的线宽并不代表打印时的真实线宽,真实线宽是线宽选择时的宽度。

图 1-25　线宽设置

2. 线型管理器

(1)启动命令的方法。

①在命令行中用键盘输入"Linetype";

②在主菜单中点击"格式"→"线型";

③在"图线特性"工具栏上点击"线型";

④在功能区中选择"常用"→"特性"→"线型"。

(2)参数说明。

执行该命令后,系统就会弹出如图 1-26 所示的"线型管理器"对话框。

在该对话框中,我们可以通过点击"加载"按钮,在"加载或重载线型"对话框(见图 1-27)中来增加不同线型;对已添加的线型,可以删除,也可以把选定的线型置为当前

图 1-26　"线型管理器"对话框

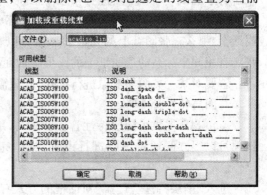

图 1-27　"加载或重载线型"对话框

线型来使用。通过"显示细节"与"隐藏细节"按钮可选择显示细节或隐藏细节。

在显示细节状态下,我们可以给线型设置"全局比例因子"。通过"全局比例因子",可以全局更改或分别更改每个对象的线型比例,可以以不同的比例使用同一种线型。在默认情况下,全局线型和独立线型的比例均设置为 1.0。比例越小,每个绘图单位中生成的重复图案数越多。对于太短,甚至不能显示一条虚线的直线,可以使用更小的线型比例。通常情况下,在 A3 以下图纸幅面上绘制图形时,线型的"全局比例因子"采用 0.3;在 A2 以上图纸幅面上绘制图形时,线型的"全局比例因子"采用 0.6。

如果线型库中没有需要的线型,可以通过"Linetype"命令创建新的线型。新的线型定义可以按下述方式创建:

命令:_linetype
当前线型:"ByLayer"
输入选项[?/创建(C)/加载(L)/设置(S)]:C↙
输入要创建的线型名:

1.5.2　图层与图层特性管理器

1. 图层的概念

用 AutoCAD 绘制的每一个图形对象,不仅具有形状、尺寸等几何特性,而且还具有相应的图形信息,如颜色、线型、线宽以及状态等。

为此,AutoCAD 引入图层概念,即在绘制图形时,将每个图形元素或同一类图形对象组织成一个图层,并给每一个图层指定相应的名称、线型、线宽、颜色和打印样式。例如在一张图纸上包括了图框、实线、虚线、中心线、尺寸标注等众多信息,我们可以将组成图形各个部分的信息分别指定绘制在不同的图层中,如将图框放置在某一个图层上,将尺寸标注放置在另一个图层上,再将实线、虚线、中心线分别放置在另外一些图层上,然后将这些不同的图层重叠在一块就成为了一张完整的图纸。如图 1-28 所示为将对象、标注、注释分别放在不同图层上。

简单地理解图层,就好像一张没有厚度的透明纸。每张透明纸都可以绘制图线、尺寸和文字等不同的图形信息。对于一张含有不同线型、不同颜色且由多个图形对象构成的复杂图形,如果把同一种线型和颜色的图形对象都分别放在同一张透明纸上,那么一张图纸上的完整图形就可以看成是由以上若干张具有相同坐标系的透明纸上的图形叠加而成的。

图 1-28　图层应用示例

若要对某一类图形对象进行操作,则只需要通过管理工具打开它所在的图层即可。

2. 图层特性管理器

AutoCAD 提供了图层特性管理器工具,用户通过"图层特性管理器"对话框中的各个选项可以很方便地对图层进行设置,从而完成建立新图层、设置图层的颜色和线型等操作。

进入"图层特性管理器"对话框的方式有四种:

(1)在命令行中输入"Layer"。

（2）在主菜单中选择"格式"→"图层"命令。

（3）单击"图层"工具栏上的"图层特性管理器" 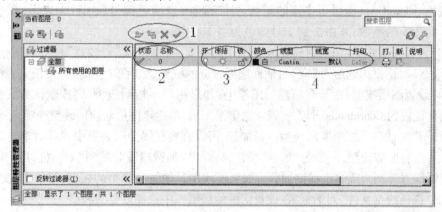 按钮。

（4）在功能区中选择"常用"→"图层"→"图层特性管理器" 按钮。

"图层特性管理器"对话框如图1-29所示。

图1-29 "图层特性管理器"对话框

在图1-29中,有四个主要部分:

图层管理部分(图1-29中的1部分):能够新建图层、删除图层、将图层置为当前图层。

图层设置部分(图1-29中的2、4部分):设置并修改图层的名称、颜色、线型、线宽。置为当前的图层,前面加有" ✔ "。

图层控制部分(图1-29中的3部分):能够打开与关闭图层、冻结与解冻图层、锁定与解锁图层。

1.5.3 图层操作

1.管理图层

（1）新建图层:单击 按钮,图层列表框中显示新创建的图层。第一次新建图层时,列表框中将显示名为"图层1"的图层,随后名称便依次为"图层2"、"图层3"等。该名称处于选中状态,可以直接输入一个新图层名,例如"墙线"等。

（2）删除图层:单击 ✖ 按钮,可以删除用户选中的要删除的图层。

注意:不能删除0图层、当前图层及包含图形对象的图层。

（3）将图层置为当前图层:单击 ✔ 按钮,将选中的图层设置为当前图层,将要创建的对象会被放置到当前图层中。

2.设置图层

设置图层一般包括设置图层名称、设置图层颜色、设置图层线宽、设置图层线型等内容。图层的命名应以无歧义、便于记忆、输入简单为原则;图层颜色的选用以图面清晰、对比分明为原则;图层线宽和图层线型的选用以符合国家制图标准为原则。

（1）设置图层名称:选择某一图层后单击"名称"选项,可修改该图层的名称。图层名称和颜色只能在图层特性管理器中修改,不能在图层控件中修改。通常情况下,图层名称应使用描述性文字,例如标注、墙线、柱子、轴线等。

(2)设置图层颜色:选定某图层,单击该图层对应的颜色选项,弹出"选择颜色"对话框。从调色板中选择一种颜色,或者在"颜色"文本框中直接输入颜色名(或颜色编号),指定颜色。AutoCAD 提供了丰富的颜色,共 255 种,以颜色编号(ACI)来表示,颜色编号是从 1 到 255 的整数,其中 1 到 7 号颜色为基本颜色。

(3)设置图层线宽:如果用户要改变图层的线宽,可单击位于"线宽"栏下的图标,系统弹出"线宽"对话框。通过"线宽"对话框选择合适的线宽,然后单击"确定"按钮完成操作。

(4)设置图层线型:在所有新建的图层上,如果用户不指明线型,则按默认方式把该图层的线型设置为 Continuous,即为实线。选定某图层,单击该图层对应的线型选项,系统弹出"选择线型"对话框。如果所需线型已经加载,可以直接在线型列表框中选择后单击"确定"按钮。若没有所需线型,可单击"加载"按钮,将弹出"加载或重载线型"对话框,用户可以通过此对话框选择一个或多个线型加载。如果要使用其他线型库中的线型,可单击"文件"按钮,弹出"选择线型文件"对话框,在该对话框的线型库中选择需要的线型。

另外,还可以设置图层的可打印性。如果关闭某一图层的打印设置,那么在打印输出时就不会打印该图层上的对象。但是,该图层上的对象在 AutoCAD 中仍然是可见的。该设置只影响解冻图层。对于冻结图层,即使打印设置是打开的,也不会打印输出该图层。

3. 控制图层

图层的控制管理包括打开与关闭图层、冻结与解冻图层、锁定与解锁图层。

(1)打开与关闭图层:当图层打开时,该图层上的图形可以在显示器上或打印机(绘图仪)上显示或输出;当图层关闭时,被关闭的图层仍然是图的一部分,但它们不能被显示和输出。用户可以根据需要随意单击 ♀ 图标切换图层开关状态。

(2)冻结与解冻图层:如果图层被冻结,则该图层上的图形不能被显示或绘制出来,它和被关闭的图层是基本相同的,但前者的实体不参加重生成、消隐、渲染或打印等操作,而被关闭的图层则参加这些操作。所以,在复杂的图形中冻结不需要的图层可以大大加快系统重新生成图形时的速度。需要注意的是,用户不能冻结当前层。

(3)锁定与解锁图层:锁定并不影响图形实体的显示,但用户不能改变被锁定图层上的实体,不能对其进行编辑操作。如果被锁定图层是当前图层,用户仍可在该图层上作图。当只想将某一图层作为参考图层而不想对其修改时,可以将该图层锁定。

1.5.4　图层应用

在实际应用中,对图层的颜色没有硬性的限制,但要从图面清晰、便于识读的原则来选择。

设置好图层后,在"AutoCAD 经典"工作界面里有一个"图层"工具栏和一个"特性"工具栏,如图 1-30 所示;在"二维草图与注释"工作界面里有一个"图层"面板和一个"特性"面板,如图 1-31 所示。

在图层区域单击,出现在"图层特性管理器"对话框中设置好的图层,包括图层状态控制按钮和图层名称。我们可以在此选择需要的图层作为当前图层并进行绘图操作,同

图 1-30 "图层"与"特性"工具栏

图 1-31 "图层"与"特性"面板

时我们还能对相应图层进行打开与关闭、冻结与解冻、锁定与解锁等操作。

在特性区域,随选定图层出现图层颜色、图层线宽、图层线型,其中打印样式一般呈灰色显示。在特性区域不同的选项中单击,我们可以选择不同的颜色、线宽和线型。如果是从事分图层绘图,不要在特性区域修改以上内容,按照 ByLayer(随图层)或 ByBlock(随块)绘制,否则,图层特性混乱,为以后修改带来麻烦。

1.6 实训指导

项目 1:AutoCAD 文档操作

内容:打开文档、编辑文档(改变图线属性)、保存文档、关闭文档。

目的:

(1)对打开后的 AutoCAD 图形文件进行属性编辑;

(2)对修改后的 AutoCAD 图形文件进行保存。

指导:

(1)打开 AutoCAD 2010,选择"文件"→"打开"命令,或在"标准"工具栏中单击"打开" 按钮,在"选择文件"对话框中,按照如图 1-32 所示的文件目录找到如图 1-33 所示的 db_samp. dwg 图形文件,然后点击"打开"。或者,按教师要求打开一个已绘制好的 AutoCAD文件。

(2)用平移命令将打开的图形移到绘图区的中间,用缩放命令对图形进行局部与整体缩放,以观察图形内容。也可以将鼠标滑轮和鼠标左键配合使用,对图形进行观察。

(3)打开"图形特性管理器"对话框,观察图形文件的图层设置情况,并根据自己对图形构造的理解,对图层进行颜色、线型、线宽修改,并观察修改后的图形变化。

(4)在"图形特性管理器"对话框中,对相关图层进行关闭、冻结和锁定等控制操作,观察图形变化。

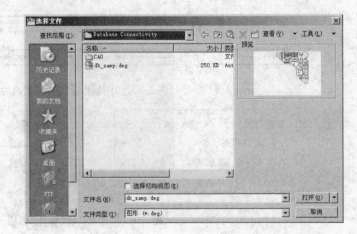

图 1-32　文件目录　　　　　　　　　　　　　　　图 1-33　选择文件

（5）选择"文件"→"另存为"命令,将修改完的文件以新的名称保存为"AutoCAD 2010 图形（*. dwg）"格式文件。

同时,练习将修改完的文件保存为"AutoCAD 2004/LT2004 图形（*. dwg）"、"Auto-CAD 图形标准（*. dws）"和"AutoCAD 图形样板（*. dwt）"格式文件。

项目 2：输出 AutoCAD 文档

内容：输出 *. pdf 电子文档和 *. bmp 图片文件。

目的：将修改后的 AutoCAD 图形文件（*. dwg）保存为 *. pdf 电子文档和 *. bmp 图片文件。

指导：

（1）按项目 1 操作打开一个 AutoCAD 文件,如上述 db_samp. dwg,或者按要求打开一个 AutoCAD 文件,如图 1-34 所示 ,并调整好图形在绘图区的位置。

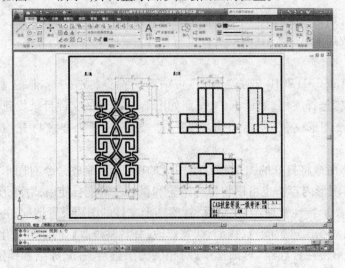

图 1-34　AutoCAD 文件

(2)点击应用程序菜单,选择"输出"→"PDF",系统进入"另存为 PDF"界面,在"输出(X)"后选择"窗口",在"页面设置"后选择"替代",在"页面替代设置"中设置 A4 纸横放,输入文件名,然后保存。

(3)点击应用程序菜单,选择"输出"→"其他格式",系统进入"输出数据"界面,在"文件类型"中选择"位图 *.bmp",输入文件名,然后保存。

(4)用 Adobe Reader 软件打开上述 PDF 文件,如图 1-35 所示。然后用看图软件或画图软件打开上述 BMP 文件,对比这两种文件的区别。

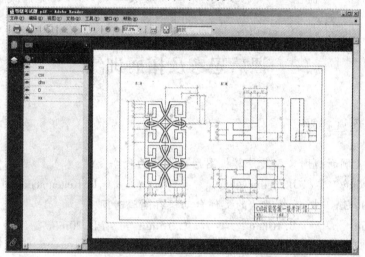

图 1-35　PDF 文件

项目 3:设置绘图图层

内容:设置建筑平面图常用图层。

目的:根据建筑平面图的绘图要求,依据建筑制图标准,按常规设置一个图层。

指导:

(1)分析建筑平面图的内容,一般包括:①图名、比例、朝向;②纵、横定位轴线及其编号;③墙、柱;④各房间名称,门、窗代号;⑤楼梯;⑥尺寸与标高;⑦剖面图的剖切符号;⑧详图索引符号;⑨其他构配件,如台阶、雨篷、阳台、卫生间、厨房、壁橱等固定设备及雨水管、明沟;⑩施工说明等。

(2)结合建筑制图标准,参考以下要求设置建筑平面图的图层:

图层名	颜色	线型	线宽	用途
粗实线	白色	实线	0.5mm	墙线、建筑轮廓线
中粗线	30	实线	0.25mm	门符号、洞口线等
细实线	品红色	实线	0.15mm	阳台、台阶等
虚线	黄色	虚线	0.25mm	不可见线
中心线	红色	点划线	0.15mm	轴线、对称线

尺寸线	绿色	实线	0.15mm	尺寸、轴线编号等
剖面线	青色	实线	0.15mm	填充剖面图案
文字	30	实线	默认	注写文字
门窗	30	实线	0.15mm	门窗符号
楼梯	30	实线	0.15mm	绘制楼梯
柱子	蓝色	实线	默认	填充柱截面

课后思考及拓展训练

一、单项选择题

1. 能够既刷新视图又刷新计算机图形数据库的命令是( )。
   A. Redraw   B. Redrawall   C. Regen   D. Regenmode

2. 在 AutoCAD 中,系统默认的文件自动保存间隔时间是( )。
   A. 5min   B. 10min   C. 15min   D. 20min

3. 系统预设的十字光标长度为屏幕大小的( )。
   A. 5%   B. 10%   C. 15%   D. 25%

4. 在 AutoCAD 中,另存文件系统默认的文件格式为( )。
   A. dxf 格式   B. dws 格式   C. dwg 格式   D. 3ds 格式

5. AutoCAD 2010 默认保存的文件类型是( )。
   A. AutoCAD 2004 图形文件   B. AutoCAD 2010 图形文件
   C. AutoCAD 图形样板文件   D. AutoCAD 图形标准文件

6. 按 F1 键可( )。
   A. 打开设计中心   B. 显示 AutoCAD 帮助信息
   C. 打开或关闭正交模式   D. 打开或关闭栅格模式

7. 关于文本窗口和命令行窗口,下面说法错误的是( )。
   A. 文本窗口与命令行窗口相似,用户可以在其中输入命令,查看提示信息
   B. 文本窗口显示当前工作任务的完整的命令历史记录
   C. 命令行窗口默认显示为 3 行
   D. 只有命令行窗口打开时才能显示文本窗口

8. 在"命令:"提示下,不能调用帮助功能的操作是( )。
   A. 键入 Help 后回车   B. 按 Ctrl + H
   C. 键入?(问号)后回车   D. 按功能键 F1

9. 要使对象的颜色随图层的改变而改变,对象的颜色应设置为( )。
   A. ByLayer   B. Color   C. ByBlock   D. 不固定

10. 一般情况下,空格键可代替 Enter 键执行回车操作,以下不能用空格键执行回车操作的是(   )。

    A. 输入命令   B. 输入命令选项   C. 输入坐标点   D. 输入文字

11. 打开或关闭正交模式的功能键是(   )。

    A. F2   B. F3   C. F8   D. F9

12. 当用虚线线型画线时,发现所画的线看上去像实线,这时应该用(   )来设置线型的比例因子。

    A. Linetype   B. Ltype   C. Factor   D. Ltscale

13. 取消命令执行的快捷方式是(   )。

    A. 按回车键   B. 按空格键   C. 按 Esc 键   D. 按 F1 键

14. 重复执行上一条命令的快捷方式是(   )。

    A. 按回车键   B. 按 Esc 键   C. 按空格键   D. 按 F1 键

15. 图层的状态设置为打开,以下说法正确的是(   )。

    A. 可显示图层上的对象   B. 可打印图层上的对象

    C. 可重生成图层上的对象   D. 以上都对

16. 用户可以创建的图层个数是(   )。

    A. 64   B. 255   C. 1024   D. 不限制

17. 下列不能被删除的图层是(   )。

    A. 0 图层   B. Defpoint

    C. 外部参照依赖图层   D. 以上都对

18. 某图层上的对象不能编辑,但是在屏幕上可见,可以捕捉其特征点,则该图层的状态是(   )。

    A. 冻结   B. 锁定   C. 解冻   D. 打开

19. 缩放和平移图形,视图发生了改变,以下说法正确的是(   )。

    A. 图形尺寸和坐标不变   B. 图形尺寸会随之放大或缩小

    C. 图形的坐标会改变   D. 既改变图形尺寸又改变坐标

20. 为使图层上的对象不显示,应将图层设置为(   )。

    A. 隐藏   B. 打开   C. 锁定   D. 关闭

二、多项选择题

1. 新建文件可以从"创建新图形"对话框中选择(   )创建。

    A. 从草图开始   B. 使用样板   C. 使用向导   D. 都不可以

2. 以下可以打开图形文件的方法是(   )。

    A. 在 AutoCAD 中使用 Open 命令   B. 鼠标左键双击图形文件名

    C. 选择文件,利用鼠标右键菜单   D. 选择"文件"→"打开"

3. 具有重画功能的命令是(   )。

    A. Redo   B. Redraw   C. Regen   D. Rectang

4. 下面关于栅格的说法,正确的是(   )。

A. 打开栅格模式,可以直观地显示图形的绘制范围和绘图边界。

B. 当捕捉设定的间距与栅格所设定的间距不同时,捕捉也按栅格进行,也就是说,当两者不匹配时,捕捉点也是栅格点。

C. 当捕捉设置的间距与栅格相同时,捕捉就可对屏幕上的栅格点进行。

D. 当栅格过密时,屏幕上将不会显示出栅格,对图形进行局部放大观察时也看不到栅格。

5. 与快速保存命令"Qsave"作用不相同的是(　　　)。

A. 选择"文件"→"保存"　　　　　　B. 选择"文件"→"另存为"

C. 在命令行中输入"Save"　　　　　D. 在命令行中输入"Saveas"

6. 当前图层的颜色是红色,线型是中心线,而画的图线却是白色细实线,可能的原因是(　　　)。

A. 图层设置错误　　　　　　　　　B. 该图层是 0 图层

C. "特性"工具栏中颜色和线型没有设置为"随层"

D. 计算机出故障了,错误的显示而已

7. 当图层被锁定时,仍然可以(　　　)。

A. 创建新的图形对象

B. 把该图层设置为当前图层

C. 将该图层上的图形对象作为辅助绘图时的捕捉对象

D. 将该图层作为修剪和延伸命令的目标对象

8. 在同一个图形中,各图层具有相同的 (　　　),用户可以对位于不同图层上的对象同时进行编辑操作。

A. 绘图界限　　　　　　　　　　　B. 显示时缩放倍数

C. 属性　　　　　　　　　　　　　D. 坐标系

9. 可以利用以下(　　　)方法来调用命令。

A. 在命令行输入命令　　　　　　　B. 单击工具栏上的按钮

C. 选择主菜单中的菜单项　　　　　D. 在图形窗口单击鼠标左键

10. 不能删除的图层是(　　　)。

A. 0 图层　　　　B. 当前图层　　　　C. 含有实体的图层　　　D. 外部引用依赖图层

三、判断正误题

1. 缩放命令"Zoom"和"Scale"都可以调整对象的大小,可以互换使用。

2. 在 AutoCAD 中,状态栏中的绝对坐标以直角坐标表示,相对坐标以极坐标表示。

3. AutoCAD 中名称为"0"的图层,缺省设置线型为 Continuous,颜色为 White,它们不能被改变。

4. 打开或关闭正交模式的功能键是 F4。

5. 在输入文字时,不能使用透明命令。

6. 在 AutoCAD 中,从键盘输入命令后按空格键与按回车键等效。

7. 执行 Redraw 和 Regne 命令的结果是一样的。

8. 以只读方式打开的文件不可被更改。

9. 执行完一条命令后直接按回车键或按空格键,可重复执行上一条命令。

10. 图层被锁定后,其上的实体既不能编辑,又不可见。

四、综合实训题

1. 自己找一个 AutoCAD 文件,启动 AutoCAD 2010 后打开它,并进行以下操作:

(1)对图形对象进行属性修改,包括修改图层、颜色、线型、线宽;

(2)将修改后的文件进行保存,分别保存为低版本的 *.dwg 文件和 *.dwt 样板文件;

(3)将修改后文件输出为 *.pdf 电子文件和 *.bmp 图片文件。

2. 按水利工程制图和建筑工程制图的规范要求分别设置图层。

第2章 简单二维图形的绘制与编辑

【知识目标】:通过本章的学习,了解 AutoCAD 的基本设置方法,熟悉简单二维图形的绘制方法,掌握简单二维图形的绘制与编辑命令。

【技能目标】:通过本章的学习,能够运用所学知识绘制简单二维图形,并对图形进行简单编辑。

2.1 点与线的绘制

2.1.1 点的绘制

1.点样式的设置

(1)启动命令的方法。

①在命令行中用键盘输入"Ddptype";

②在主菜单中点击"格式"→"点样式";

③在功能面板上选择"常用"→"实用工具"→"点样式"。

(2)执行命令的过程。

执行"Ddptype"命令后,系统会弹出如图 2-1 所示的"点样式"对话框。

(3)参数说明。

在"点样式"对话框中,各项的含义如下:

"点大小":用百分比来表示。有两种尺寸选择,一种是"相对于屏幕设置大小",另一种是"按绝对单位设置大小"。

另外,在该对话框中列出了一些点的样式图例,用户可以根据实际情况进行选择。

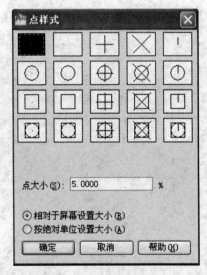

图2-1 "点样式"对话框

2.单点与多点

1)单点

(1)启动命令的方法。

①在命令行中用键盘输入"Point";

②在主菜单中点击"绘图"→"点"→"单点"。

(2)执行命令的过程。

命令: _point

当前点模式: PDMODE = 2 PDSIZE = -5.0000 （当前要绘制点的模式和大小）

指定点:　　　　（输入、选择或指定一点）

（3）参数说明。

"指定点":指定点的方式有两种,一种是用键盘输入点的坐标,另一种是选择特殊点。

在需要输入点时,同时按下 Shift 键和鼠标右键,利用弹出的快捷菜单来选择端点、圆心等,或者激活状态栏上的"对象捕捉"按钮,这是 AutoCAD 提供的智能化绘图方法之一。

2）多点

（1）启动命令的方法。

①在主菜单中点击"绘图"→"点"→"多点";

②在"绘图"工具栏上单击"点" · 按钮;

③在功能面板上选择"常用"→"绘图"→"多点"。

（2）执行命令的过程。

执行命令的过程与单点相同。

3.定数等分与定距等分

1）定数等分

（1）启动命令的方法。

①在命令行中用键盘输入"Divide";

②在主菜单中点击"绘图"→"点"→"定数等分";

③在功能面板上选择"常用"→"绘图"→"点"→"定数等分"。

（2）执行命令的过程。

命令:_divide

选择要定数等分的对象:　　　　（选择要等分的对象）

输入线段数目或［块(B)］:　　　　（输入将对象等分的数目）

（3）参数说明。

"输入线段数目":输入等分的数目。

"块(B)":在选定的对象上等间距地放置"块"("块"的含义在以后章节中介绍)。

（4）注意事项。

定数等分可以等分一些基本的二维对象,比如直线、圆、多段线和曲线。

（5）示例。

将图 2-2 中的样条曲线进行五等分。

命令:_divide

选择要定数等分的对象:

输入线段数目或［块(B)］:5↙

注意:首先要设置点样式。

结果如图 2-3 所示。

2）定距等分

（1）启动命令的方法。

①在命令行中用键盘输入"Measure";

图2-2　样条曲线

图2-3　五等分样条曲线

②在主菜单中点击"绘图"→"点"→"定距等分";

③在功能面板上,选择"常用"→"绘图"→"点"→"定距等分"。

(2)执行命令的过程。

命令:_measure

选择要定距等分的对象:　　　　(选择要等分的对象)

指定线段长度或[块(B)]:　　　(输入等分对象的长度)

(3)参数说明。

"指定线段长度":输入等分对象的长度数值。

"块(B)":在选定的对象上按指定的长度放置"块"("块"的含义在以后章节中介绍)。

(4)注意事项。

在进行定距等分时,点对象或块对象开始放置的位置与选择对象的位置有关,首先从选择对象时离单击左键位置最近的端点处开始放置,最后被分割的一段长度有可能等于或小于输入的长度数值。

(5)示例。

将图2-4中的椭圆弧进行定距等分,等分距离为20。

命令:_measure

选择要定距等分的对象:　　　(点击椭圆弧的右端)

指定线段长度或[块(B)]:20↙

结果如图2-5所示。

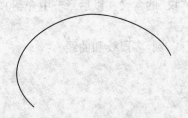

图2-4　椭圆弧

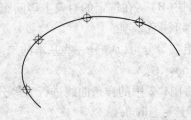

图2-5　按长度20等分椭圆弧

4.坐标与数据的输入方式

在 AutoCAD 中,当命令行提示输入点时,可以使用定点设备指定点,也可以在命令行提示下输入坐标值。点的坐标输入方式有以下几种:

(1)绝对直角坐标。

基于 UCS 原点(0,0)的坐标值叫绝对坐标。如在命令行中输入"20,30",表示此点在二维图形中的坐标为(20,30)。

（2）相对直角坐标。

相对直角坐标是相对上一个点的坐标。如果知道某点与前一点的位置关系，可以使用相对直角坐标。相对直角坐标的输入方式是在坐标前面添加一个"@"符号。如输入@30,40，表示此点沿 X 轴方向相对上一个点有 30 个单位，沿 Y 轴方向相对上一个点有 40 个单位。

（3）绝对极坐标。

绝对极坐标用点距 UCS 原点（0,0）的距离及点与 UCS 原点（0,0）的连线和 X 轴正方向的夹角表示。绝对极坐标的输入方式是在距离和角度之间加上"<"符号。如输入 30<45，表示此点距离原点有 30 个单位，和 X 轴正方向的夹角为 45°。

（4）相对极坐标。

相对极坐标用点距上一个点的距离和两点连线与 X 轴正方向的夹角表示。相对极坐标的输入方式是在坐标前面添加一个"@"符号。如输入 @20<45，表示此点距离上一个点有 20 个单位，并且该点与上一个点的连线和 X 轴正方向的夹角为 45°。

2.1.2　直线的绘制

这里所说的直线包括直线、射线和构造线。

1. 直线

（1）启动命令的方法。

①在命令行中用键盘输入"Line"；

②在主菜单中点击"绘图"→"直线"；

③在功能面板上选择"常用"→"绘图"→"直线"；

④在"绘图"工具栏上单击"直线" ✎ 按钮。

（2）执行命令的过程。

命令：_line 指定第一点：　　　（在屏幕上用左键单击选择第一点）

指定下一点或［放弃（U）］：　　　（在屏幕上用左键单击选择下一点）

指定下一点或［放弃（U）］：

指定下一点或［闭合（C）/放弃（U）］：　　　（单击右键选择退出，或输入"U"后回车，放弃上一步绘制的直线）

指定下一点或［闭合（C）/放弃（U）］：　　　（当连续绘制两条以上的直线时，输入"C"后回车，使所绘制的直线闭合）

（3）参数说明。

"指定第一点"：在屏幕上指定或用键盘输入直线上的第一点。

"指定下一点"：确定直线上的下一点。

"放弃（U）"：输入"U"后回车，系统放弃上一步绘制的直线。

"闭合（C）"：输入"C"后回车，系统会自动将所绘制的直线闭合。

（4）注意事项。

绘制水平直线和竖直直线时，我们可以打开正交模式（点击状态栏上的"正交"按钮或按 F8 键）直接输入两点之间的距离，来确定直线。

当点击状态栏上的"动态输入"按钮或按 F12 键打开动态输入后,绘制直线时,可以动态绘制任意方向和长度的线段,如图 2-6 所示。在图 2-6 中,执行"直线"命令,在屏幕上确定第一点后,可以先把光标移动到已知夹角,如 47°(直线与水平线的夹角)的位置上,然后输入线段的长度 100 并回车,接着绘制下一段直线。

(5)示例。

绘制如图 2-7 所示的图形。

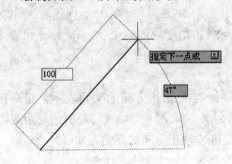

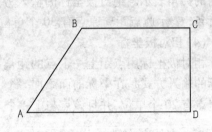

图 2-6　动态输入　　　　　　　　　　图 2-7　直线图形

命令:_line 指定第一点:　　　　（指定 A 点）

指定下一点或［放弃(U)］:@20,30✓　　　（指定 B 点）

指定下一点或［放弃(U)］:<正交 开> 40✓　　　（指定 C 点）

指定下一点或［闭合(C)/放弃(U)］:30✓　　　（指定 D 点）

指定下一点或［闭合(C)/放弃(U)］:C✓　　　（图形自动闭合）

2.射线

(1)启动命令的方法。

①在命令行中用键盘输入"Ray";

②在主菜单中点击"绘图"→"射线";

③在功能面板上选择"常用"→"绘图"→"射线"。

(2)执行命令的过程。

命令:_ray

指定起点:

指定通过点:

指定通过点:　　　（用回车来结束命令）

(3)参数说明。

"指定起点":指定射线的起点。

"指定通过点":指定射线通过的点。

(4)注意事项。

向一个方向无限延伸的直线称为射线,它通常作为创建其他对象的参照线来使用。

3.构造线

(1)启动命令的方法。

①在命令行中用键盘输入"Xline";

②在主菜单中点击"绘图"→"构造线";

③在功能面板上选择"常用"→"绘图"→"构造线";

④在"绘图"工具栏上单击"构造线" ↗ 按钮。

(2)执行命令的过程。

命令：_xline

指定点或［水平(H)/垂直(V)/角度(A)/二等分(B)/偏移(O)］：　　　　（在屏幕上指定第一点）

指定通过点：　　（在屏幕上指定第二点）

(3)参数说明。

"指定点"：指定构造线上的第一点。

"指定通过点"：指定构造线通过的第二点。

"水平(H)"：输入"H"后回车，画水平构造线。

"垂直(V)"：输入"V"后回车，画垂直构造线。

"角度(A)"：输入"A"后回车，再输入角度回车，画指定角度的构造线(这里的角度指构造线与水平线的夹角，正值与负值构造线方向不同)。

"二等分(B)"：输入"B"后回车，画已知角的平分线。系统有如下命令过程：

指定点或［水平(H)/垂直(V)/角度(A)/二等分(B)/偏移(O)］:b✓

指定角的顶点：

指定角的起点：

指定角的端点：

"偏移(O)"：输入"O"后回车，画已知线段的平行线。系统有如下命令过程：

指定点或［水平(H)/垂直(V)/角度(A)/二等分(B)/偏移(O)］:o✓

指定偏移距离或［通过(T)］＜1.0000＞:30✓　　　（输入两条平行线之间的垂直距离或通过一已知点）

选择直线对象：　　（选择已知线段）

指定向哪侧偏移：　　（选择在已知线段的哪一侧画平行线）

(4)注意事项。

我们通常可以利用"构造线"命令的"角度(A)"选项来作已知角度的斜线，这里的角度指的是斜线与水平线的夹角。

(5)示例。

作如图 2-8 所示的三角形 ABC。

命令：_line 指定第一点:(指定 A 点)

指定下一点或［放弃(U)］:＜正交 开＞40✓

（画直线 AB）

命令：_xline 指定点或［水平(H)/垂直(V)/角度(A)/二等分(B)/偏移(O)］:a✓

输入构造线的角度(0)或［参照(R)］:60✓

（画直线 AC）

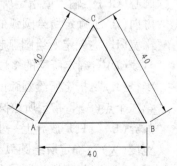

图 2-8　三角形

指定通过点：<对象捕捉 开> 　　　（选择 A 点）

指定通过点：

命令：_xline 指定点或 ［水平(H)/垂直(V)/角度(A)/二等分(B)/偏移(O)］：a↙

输入构造线的角度 (0) 或 ［参照(R)］：-60↙ 　　　（画直线 BC）

指定通过点： 　　（选择 B 点）

指定通过点：

2.1.3　曲线的绘制

曲线包括多段线、样条曲线、修订云线和圆弧。

1. 多段线

(1)启动命令的方法。

①在命令行中用键盘输入"Pline"；

②在主菜单中点击"绘图"→"多段线"；

③在功能面板上选择"常用"→"绘图"→"多段线"；

④在"绘图"工具栏上单击"多段线" ⤵ 按钮。

(2)执行命令的过程。

命令：_pline

指定起点：

当前线宽为 0.0000

指定下一个点或 ［圆弧(A)/半宽(H)/长度(L)/放弃(U)/宽度(W)］：

指定下一点或 ［圆弧(A)/闭合(C)/半宽(H)/长度(L)/放弃(U)/宽度(W)］：

(3)参数说明。

"圆弧(A)"：输入"A"后回车，进入绘制圆弧模式。系统有如下命令过程：

指定下一个点或 ［圆弧(A)/半宽(H)/长度(L)/放弃(U)/宽度(W)］：a↙

指定圆弧的端点或［角度(A)/圆心(CE)/方向(D)/半宽(H)/直线(L)/半径(R)/第二个点(S)/放弃(U)/宽度(W)］：

在这段命令行中,各选项含义如下：

"角度(A)"：输入所绘圆弧的圆心角。

"圆心(CE)"：输入或指定所绘圆弧的圆心。

"方向(D)"：确定所绘圆弧的起点的切线方向。

"半宽(H)"：确定所绘圆弧起点和端点一半的线宽。

"直线(L)"：确定所绘的多段线为直线段。

"半径(R)"：指定所绘圆弧的半径。

"第二个点(S)"：指定所绘圆弧的端点。

"放弃(U)"：只是放弃上一步绘制的圆弧，而不是退出整个命令。

"宽度(W)"：确定所绘圆弧起点和端点线宽。

"闭合(C)"：指定所绘制的多段线闭合。

"长度(L)"：指定所绘多段线中线段的长度。

（4）注意事项。

多段线是一个完整的对象。利用"多段线"命令不但可以定义整个线段的宽度,也可以定义线段起点、端点的宽度,使线宽以渐变方式变化。该命令常用来绘制粗实线或箭头。我们在绘图过程中应根据具体情况利用它所提供的功能。

（5）示例。

用"多段线"命令绘制图2-9。

命令：_pline

指定起点：

当前线宽为 0.0000

指定下一个点或［圆弧（A）/半宽（H）/长度（L）/放弃（U）/宽度（W）］：w✓

指定起点宽度 ＜0.0000＞：3✓

指定端点宽度 ＜3.0000＞：✓

指定下一个点或［圆弧（A）/半宽（H）/长度（L）/放弃（U）/宽度（W）］：35　　（绘制 AB）

指定下一点或［圆弧（A）/闭合（C）/半宽（H）/长度（L）/放弃（U）/宽度（W）］：w✓

指定起点宽度 ＜3.0000＞：0✓

指定端点宽度 ＜0.0000＞：3✓

指定下一点或［圆弧（A）/闭合（C）/半宽（H）/长度（L）/放弃（U）/宽度（W）］：25✓　　（绘制 BC）

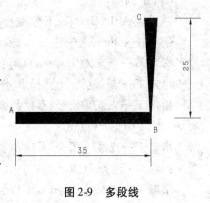

图2-9　多段线

2. 样条曲线

（1）启动命令的方法。

①在命令行中用键盘输入"Spline"；

②在主菜单中点击"绘图"→"样条曲线"；

③在功能面板上选择"常用"→"绘图"→"样条曲线"；

④在"绘图"工具栏上单击"样条曲线" 〜 按钮。

（2）执行命令的过程。

命令：_spline

指定第一个点或［对象（O）］：　　（在屏幕上选择第一点）

指定下一点：　　（在屏幕上选择第二点）

指定下一点或［闭合（C）/拟合公差（F）］＜起点切向＞：　　（在屏幕上选择第三点）

指定下一点或［闭合（C）/拟合公差（F）］＜起点切向＞：

指定起点切向：　　（指定起点的切线方向）

指定端点切向：　　（指定端点的切线方向）

（3）参数说明。

"对象（O）"：一条绘制好的多段线经过"样条曲线"命令编辑后,执行"对象（O）"将其转化为样条曲线。

"闭合(C)":将所绘制的曲线闭合。

"拟合公差(F)":拟合公差的大小代表曲线离控制点的距离。当拟合公差为 0 时,曲线通过控制点。绘制曲线时,可以修改拟合公差以使绘制的曲线更光滑。

(4)注意事项。

绘制样条曲线时,可以通过修改拟合公差来达到修改样条曲线的目的。

(5)示例。

通过点 A、B、C、D、E、F 绘制样条曲线(如图 2-10 所示)。

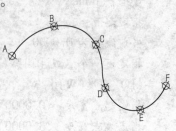

图 2-10　样条曲线

命令:_spline

指定第一个点或 [对象(O)]:　　　(选择 A 点)

指定下一点:　　(选择 B 点)

指定下一点或 [闭合(C)/拟合公差(F)] <起点切

向>:　　(选择 C 点)

指定下一点或 [闭合(C)/拟合公差(F)] <起点切

向>:　　(选择 D 点)

指定下一点或 [闭合(C)/拟合公差(F)] <起点切

向>:　　(选择 E 点)

指定下一点或 [闭合(C)/拟合公差(F)] <起点切向>:　　　(选择 F 点)

指定下一点或 [闭合(C)/拟合公差(F)] <起点切向>:

指定起点切向:　　(指定 A 点的切线方向)

指定端点切向:　　(指定 F 点的切线方向)

3. 修订云线

修订云线是由连续圆弧组成的多段线。可以从头开始创建修订云线,也可以将对象(例如圆、椭圆、多段线或样条曲线)转换为修订云线。

(1)启动命令的方法。

①在命令行中用键盘输入"Revcloud";

②在主菜单中点击"绘图"→"修订云线";

③在功能面板上选择"常用"→"绘图"→"修订云线";

④在"绘图"工具栏上单击"修订云线" 按钮。

(2)执行命令的过程。

命令:_revcloud

最小弧长:15　最大弧长:15　样式:普通

指定起点或 [弧长(A)/对象(O)/样式(S)] <对象>:

沿云线路径引导十字光标...

反转方向 [是(Y)/否(N)] <否>:

修订云线完成。

(3)参数说明。

"弧长(A)":指定修订云线中弧线的长度,其中有最小弧长和最大弧长之分。

"对象(O)":将一个对象转换为修订云线。其中要转换的对象的长度应该大于或等于指定的弧长,否则就无法转换。

"样式(S)":确定修订云线的样式,通过选择圆弧样式[普通(N)/手绘(C)]来实现。

(4)注意事项。

利用"修订云线"命令绘制的对象为多段线。

(5)示例。

采用手绘的方法绘制一段最小弧长为20、最大弧长为30的修订云线。

命令:_revcloud

最小弧长:15　最大弧长:15　样式:普通

指定起点或[弧长(A)/对象(O)/样式(S)]<对象>:a↙

指定最小弧长<15>:20↙

指定最大弧长<10>:30↙

指定起点或[弧长(A)/对象(O)/样式(S)]<对象>:s↙

选择圆弧样式[普通(N)/手绘(C)]<普通>:c↙

圆弧样式 = 手绘

指定起点或[弧长(A)/对象(O)/样式(S)]<对象>:

沿云线路径引导十字光标…

修订云线完成。

结果如图2-11所示。

4.圆弧

(1)启动命令的方法。

①在命令行中用键盘输入"Arc";

②在主菜单中点击"绘图"→"圆弧";

③在功能面板上选择"常用"→"绘图"→"圆弧";

④在"绘图"工具栏上单击"圆弧"  按钮。

(2)执行命令的过程。

图2-11　修订云线

AutoCAD中给出了十一种画圆弧的方法(如图2-12所示)。

在这里我们将绘制圆弧的方法以及命令过程给大家介绍如下:

①三点。

当执行"三点"命令时,系统有如下的命令过程:

命令:_arc 指定圆弧的起点或[圆心(C)]:　　　(选择或输入一点作为圆弧的起点)

指定圆弧的第二点或[圆心(C)/端点(E)]:　　　(选择或输入一点作为圆弧的第二点)

指定圆弧的端点:　　　(选择或输入一点作为圆弧的端点)

②起点、圆心、端点。

当执行"起点、圆心、端点"命令时,系统有如下的命令过程:

命令:_arc 指定圆弧的起点或[圆心(C)]:　　　(选择或输入一点作为圆弧的起点)

指定圆弧的第二点或[圆心(C)/端点(E)]:_c 指定圆弧的圆心:　　　(选择或输入

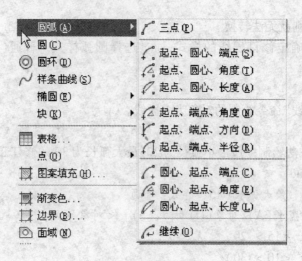

图 2-12 圆弧的十一种画法

一点作为圆弧的圆心)

    指定圆弧的端点或 [角度(A)/弦长(L)]：   （选择或输入一点作为圆弧的端点）

    ③起点、圆心、角度。

    当执行"起点、圆心、角度"命令时,系统有如下的命令过程：

    命令：_arc 指定圆弧的起点或 [圆心(C)]：   （选择或输入一点作为圆弧的起点）

    指定圆弧的第二点或 [圆心(C)/端点(E)]：_c 指定圆弧的圆心：   （选择或输入一点作为圆弧的圆心）

    指定圆弧的端点或 [角度(A)/弦长(L)]：_a 指定包含角：   （输入圆弧的圆心角）

    ④起点、圆心、长度。

    当执行"起点、圆心、长度"命令时,系统有如下的命令过程：

    命令：_arc 指定圆弧的起点或 [圆心(C)]：   （选择或输入一点作为圆弧的起点）

    指定圆弧的第二点或 [圆心(C)/端点(E)]：_c 指定圆弧的圆心：   （选择或输入一点作为圆弧的圆心）

    指定圆弧的端点或 [角度(A)/弦长(L)]：_l 指定弦长：   （指定圆弧所对应的弦长）

    ⑤起点、端点、角度。

    当执行"起点、端点、角度"命令时,系统有如下的命令过程：

    命令：_arc 指定圆弧的起点或 [圆心(C)]：   （选择或输入一点作为圆弧的起点）

    指定圆弧的第二点或 [圆心(C)/端点(E)]：

    指定圆弧的端点：   （选择或输入一点作为圆弧的端点）

    指定圆弧的圆心或 [角度(A)/方向(D)/半径(R)]：_a 指定包含角：   （输入圆弧的圆心角）

    ⑥起点、端点、方向。

    当执行"起点、端点、方向"命令时,系统有如下的命令过程：

    命令：_arc 指定圆弧的起点或 [圆心(C)]：   （选择或输入一点作为圆弧的起点）

指定圆弧的第二点或 ［圆心(C)/端点(E)］：

指定圆弧的端点：　　　（选择或输入一点作为圆弧的端点）

指定圆弧的圆心或 ［角度(A)/方向(D)/半径(R)］：_d 指定圆弧的起点切向：（确定圆弧起点的切线方向）

⑦起点、端点、半径。

当执行"起点、端点、半径"命令时,系统有如下的命令过程：

命令：_arc 指定圆弧的起点或 ［圆心(C)］：　　　（选择或输入一点作为圆弧的起点）

指定圆弧的第二点或 ［圆心(C)/端点(E)］：

指定圆弧的端点：　　　（选择或输入一点作为圆弧的端点）

指定圆弧的圆心或 ［角度(A)/方向(D)/半径(R)］：_r 指定圆弧半径：　　　（确定圆弧的半径）

⑧圆心、起点、端点。

当执行"圆心、起点、端点"命令时,系统有如下的命令过程：

命令：_arc 指定圆弧的起点或 ［圆心(C)］：_c 指定圆弧的圆心：　　　（选择或输入一点作为圆弧的圆心）

指定圆弧的起点：　　　（选择或输入一点作为圆弧的起点）

指定圆弧的端点或 ［角度(A)/弦长(L)］：　　　（选择或输入一点作为圆弧的端点）

⑨圆心、起点、角度。

当执行"圆心、起点、角度"命令时,系统有如下的命令过程：

命令：_arc 指定圆弧的起点或 ［圆心(C)］：_c 指定圆弧的圆心：　　　（选择或输入一点作为圆弧的圆心）

指定圆弧的起点：　　　（选择或输入一点作为圆弧的起点）

指定圆弧的端点或 ［角度(A)/弦长(L)］：_a 指定包含角：　　　（输入圆弧的圆心角）

⑩圆心、起点、长度。

当执行"圆心、起点、长度"命令时,系统有如下的命令过程：

命令：_arc 指定圆弧的起点或 ［圆心(C)］：_c 指定圆弧的圆心：　　　（选择或输入一点作为圆弧的圆心）

指定圆弧的起点：　　　（选择或输入一点作为圆弧的起点）

指定圆弧的端点或 ［角度(A)/弦长(L)］：_l 指定弦长：　　　（指定圆弧所对应的弦长）

⑪继续。

当执行"继续"命令时,系统有如下的命令过程：

命令：_arc 指定圆弧的起点或 ［圆心(C)］：　　　（系统以上一次命令中的结束点作为起点）

指定圆弧的端点：　　　（选择或输入一点作为圆弧的端点）

(3)注意事项。

在绘制简单二维图形时,要根据题目的已知条件,有选择地来使用圆弧的画法。

2.2 基本二维图形的绘制

2.2.1 矩形、正多边形的绘制

1. 矩形

（1）启动命令的方法。

①在命令行中用键盘输入"Rectang"；

②在主菜单中点击"绘图"→"矩形"；

③在功能面板上选择"常用"→"绘图"→"矩形"；

④在"绘图"工具栏上单击"矩形" ⬜ 按钮。

（2）执行命令的过程。

命令：_rectang

指定第一个角点或［倒角（C）/标高（E）/圆角（F）/厚度（T）/宽度（W）］：　　　（在屏幕上指定或键盘上输入一角点）

指定另一个角点或［面积（A）/尺寸（D）旋转（R）］：　　　（在屏幕上指定或键盘上输入另一角点）

（3）参数说明。

"倒角（C）"：输入"C"回车后，有如下的命令过程。

指定第一个角点或［倒角（C）/标高（E）/圆角（F）/厚度（T）/宽度（W）］:c✓

指定矩形的第一个倒角距离 <0.0000>:30 ✓　　　（指定第一个角点竖直方向的距离）

指定矩形的第二个倒角距离 <50.0000>:20 ✓　　　（指定第一个角点水平方向的距离）

指定第一个角点或［倒角（C）/标高（E）/圆角（F）/厚度（T）/宽度（W）］：

指定另一个角点：

"标高（E）"：输入"E"回车后，命令行要求输入标高。

"圆角（F）"：输入"F"回车后，有如下的命令过程。

指定第一个角点或［倒角（C）/标高（E）/圆角（F）/厚度（T）/宽度（W）］:f✓

指定矩形的圆角半径 <50.0000>:30 ✓　　　（指定圆角的半径）

指定第一个角点或［倒角（C）/标高（E）/圆角（F）/厚度（T）/宽度（W）］：

指定另一个角点：

"厚度（T）"：输入"T"回车后，命令行要求输入矩形的厚度。

"宽度（W）"：输入"W"回车后，命令行要求输入矩形的线宽。

"面积（A）"：输入"A"回车后，有如下的命令过程。

指定另一个角点或［面积（A）/尺寸（D）旋转（R）］:a✓

输入以当前单位计算的矩形面积 <200.0000>:2000 ✓　　（输入要绘制矩形的面积）

计算矩形标注时依据［长度（L）/宽度（W）］<长度>:✓　　　（以长度作为另一已知数据）

输入矩形长度 ＜10.0000＞:20✓

"尺寸(D)":输入"D"回车后,有如下的命令过程。

指定另一个角点或［面积(A)/尺寸(D)/旋转(R)］:d✓

指定矩形的长度 ＜20.0000＞:20✓　　　(输入要绘制矩形的长度)

指定矩形的宽度 ＜100.0000＞:20✓　　(输入要绘制矩形的宽度)

指定另一个角点或［面积(A)/尺寸(D)/旋转(R)］:　　(在指定的点上单击左键)

"旋转(R)":输入"R"回车后,有如下的命令过程。

指定另一个角点或［面积(A)/尺寸(D)/旋转(R)］:r✓

指定旋转角度或［拾取点(P)］＜0＞:30✓

(输入矩形与水平线的夹角,有正负之分)

指定另一个角点或［面积(A)/尺寸(D)/旋转(R)］:

(4)注意事项。

矩形是多段线中的一种,它同时具有多段线的属
性。另外 ,"标高(E)"、"厚度(T)"在绘制三维图形时
也会用到。

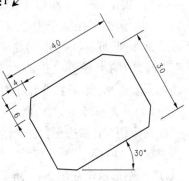

图 2-13　矩形

(5)示例。

绘制图 2-13。

命令：_rectang

当前矩形模式：倒角＝5.0000 x 3.0000 旋转＝331

指定第一个角点或［倒角(C)/标高(E)/圆角(F)/厚度(T)/宽度(W)］:c✓

指定矩形的第一个倒角距离 ＜5.0000＞:6✓

指定矩形的第二个倒角距离 ＜3.0000＞:4✓

指定第一个角点或［倒角(C)/标高(E)/圆角(F)/厚度(T)/宽度(W)］:　　(指
定第一个角点)

指定另一个角点或［面积(A)/尺寸(D)/旋转(R)］:r✓

指定旋转角度或［拾取点(P)］＜331＞:30✓

指定另一个角点或［面积(A)/尺寸(D)/旋转(R)］:d✓

指定矩形的长度 ＜20.0000＞:40✓

指定矩形的宽度 ＜15.0000＞:30✓

指定另一个角点或［面积(A)/尺寸(D)/旋转(R)］:

2. 正多边形

(1)启动命令的方法。

①在命令行中用键盘输入"Polygon";

②在主菜单中点击"绘图"→"正多边形";

③在功能面板上选择"常用"→"绘图"→"正多边形";

④在"绘图"工具栏上单击"正多边形"⬠按钮。

(2)执行命令的过程。

命令：_polygon 输入边的数目 ＜4＞:6✓

指定多边形的中心点或［边(E)］：　　　（指定一点为多边形的中心点）

输入选项［内接于圆(I)/外切于圆(C)］<I>：↙

指定圆的半径：　　　（指定内接于圆的半径）

(3)参数说明。

"指定多边形的中心点"：输入或指定中心点的位置来确定多边形，多边形大小由内切圆或外接圆的半径确定。

"边(E)"：根据多边形的边长来绘制多边形。

"内接于圆(I)/外切于圆(C)"：输入"I"时，圆的半径等于中心点到多边形顶点的距离，即正多边形内接于圆；输入"C"时，圆的半径等于中心点到多边形边的垂直距离，即正多边形外切于圆。

(4)注意事项。

在应用"正多边形"命令的过程中，注意区分"内接于圆(I)"和"外切于圆(C)"。图形示例如图 2-14 所示。

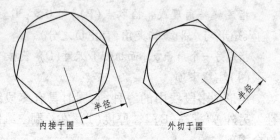

图 2-14　内接于圆和外切于圆

2.2.2　圆、椭圆(椭圆弧)和圆环的绘制

1.圆

(1)启动命令的方法。

①在命令行中用键盘输入"Circle"；

②在主菜单中点击"绘图"→"圆"；

③在功能面板上选择"常用"→"绘图"→"圆"；

④在"绘图"工具栏上单击"圆" ⊘ 按钮。

(2)执行命令的过程。

命令：_circle 指定圆的圆心或［三点(3P)/两点(2P)/相切、相切、半径(T)］：(在屏幕上指定一点)

指定圆的半径或［直径(D)］：　　　（在屏幕上指定或在键盘上输入圆的半径或直径）

(3)参数说明。

"指定圆的圆心"：确定圆心的位置。

"三点(3P)"：输入"3P"回车后，系统会出现以下的命令过程。

指定圆的圆心或［三点(3P)/两点(2P)/相切、相切、半径(T)］：3p ↙　　　（输入圆周上的三个点画圆）

指定圆上的第一点：　　　（在屏幕上指定一点）

指定圆上的第二点：　　　（在屏幕上指定一点）

指定圆上的第三点：　　　（在屏幕上指定一点）

"两点(2P)"：输入"2P"回车后，系统会出现以下的命令过程。

指定圆的圆心或〔三点(3P)/两点(2P)/相切、相切、半径(T)〕:2p↙ （输入圆直径的两个端点画圆）

　　指定圆直径的第一个端点： （在屏幕上指定一点）

　　指定圆直径的第二个端点： （在屏幕上指定一点）

　　"相切、相切、半径(T)"：输入"T"回车后,系统会出现以下的命令过程。

　　指定圆的圆心或〔三点(3P)/两点(2P)/相切、相切、半径(T)〕:t↙ （指定圆上的两个切点并输入半径画圆）

　　指定对象与圆的第一个切点： （在屏幕上指定切点）

　　指定对象与圆的第二个切点： （在屏幕上指定切点）

　指定圆的半径 ＜126.0015＞:200↙
（输入圆的半径）

（4）注意事项。

圆有六种画法,如图2-15所示。其中在平面几何作图时最常用的是"相切、相切、相切"这种画法,大家应熟练掌握。

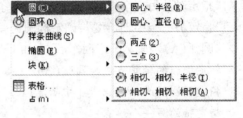

图2-15　圆的六种画法

（5）示例。

作一个圆与一直线和两圆相切,如图2-16所示。

点击图2-15中的"相切、相切、相切",系统会出现以下的命令过程：

命令：_circle

指定圆的圆心或〔三点(3P)/两点(2P)/相切、相切、半径(T)〕：_3p

指定圆上的第一点：_tan 到 （选择 A 点）

指定圆上的第二点：_tan 到 （选择 B 点）

指定圆上的第三点：_tan 到 （选择 C 点）

结果如图2-17所示。

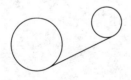

图2-16　圆的应用(一)

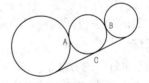

图2-17　圆的应用(二)

2. 椭圆(椭圆弧)

（1）启动命令的方法。

①在命令行中用键盘输入"Ellipse"；

②在主菜单中点击"绘图"→"椭圆"；

③在功能面板上选择"常用"→"绘图"→"椭圆"；

④在"绘图"工具栏上单击"椭圆" ⬭ 按钮。

（2）执行命令的过程。

命令：_ellipse

指定椭圆的轴端点或［圆弧（A）/中心点（C）］：　　　（在屏幕上指定一点作为轴的一个端点）

指定轴的另一个端点：　　　（在屏幕上指定一点作为轴的另一个端点）

指定另一条半轴长度或［旋转（R）］：　　　（在屏幕上指定或在键盘上输入椭圆的另一条轴的半轴长度）

（3）参数说明。

"指定椭圆的轴端点"：确定椭圆一条轴的一个端点。

"指定轴的另一个端点"：确定椭圆一条轴的另一个端点。

"指定另一条半轴长度"：确定椭圆另一条轴的半轴长度。

"圆弧（A）"：输入"A"回车后，有如下命令过程。

指定椭圆的轴端点或［圆弧（A）/中心点（C）］：a✓

指定椭圆弧的轴端点或［中心点（C）］：

指定轴的另一个端点：

指定另一条半轴长度或［旋转（R）］：

指定起始角度或［参数（P）］：0✓

指定终止角度或［参数（P）/包含角度（I）］：60✓

利用这种方式可以作出椭圆弧。

"中心点（C）"：指椭圆的中心点。

"旋转（R）"：将一条轴旋转来创建椭圆。输入的值越大，椭圆的离心率就越大。

（4）注意事项。

椭圆有两种画法，一种是已知椭圆长短轴的尺寸画椭圆，另一种是已知椭圆长短轴的长度和椭圆中心的位置画椭圆。在实际运用过程中要根据已知条件确定采用哪种画法。

椭圆弧的画法包括在椭圆的画法中，这里不再一一赘述。

3. 圆环

（1）启动命令的方法。

①在命令行中用键盘输入"Donut"；

②在主菜单中点击"绘图"→"圆环"；

③在功能面板上选择"常用"→"绘图"→"圆环"。

（2）执行命令的过程。

命令：_donut

指定圆环的内径 ＜10.0000＞：30✓　　　（输入圆环内圆的半径）

指定圆环的外径 ＜20.0000＞：50✓　　　（输入圆环外圆的半径）

指定圆环的中心点 ＜退出＞：　　　（选择一点作为圆环的中心点）

结果如图2-18所示。

图2-18　圆环

2.3 二维图形的编辑

2.3.1 删除与分解

1. 删除

(1)启动命令的方法。

①在命令行中用键盘输入"Erase";

②在主菜单中点击"修改"→"删除";

③在功能面板上选择"常用"→"修改"→"删除";

④在"修改"工具栏上单击"删除" ✐ 按钮。

(2)执行命令的过程。

命令：_erase

选择对象：找到 1 个　　　（选择要删除的对象）

选择对象：　　（单击右键删除对象）

(3)注意事项。

在绘图过程中,也可以先选择要删除的对象,然后执行删除命令。

2. 分解

分解是将一个完整的对象分解为若干个对象。在 AutoCAD 中能够成为完整对象的有块、多行文字、尺寸和多段线等,要想修改这些对象,就必须先对这些对象进行分解。

(1)启动命令的方法。

①在命令行中用键盘输入"Explode";

②在主菜单中点击"修改"→"分解";

③在功能面板上选择"常用"→"修改"→"分解";

④在"修改"工具栏上单击"分解" ✂ 按钮。

(2)执行命令的过程。

命令：_explode

选择对象：找到 1 个　　　（选择要分解的对象）

选择对象：

(3)注意事项。

对象被分解后会失去其原有的属性。比如矩形,在分解后会失去半宽、宽度等属性(如图 2-19 所示)。

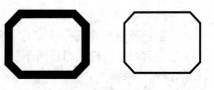

图 2-19　矩形分解

2.3.2 移动、复制与偏移

1. 移动

(1)启动命令的方法。

①在命令行中用键盘输入"Move";

②在主菜单中点击"修改"→"移动";

③在功能面板上选择"常用"→"修改"→"移动";

④在"修改"工具栏上单击"移动" ✛ 按钮。

(2)执行命令的过程。

命令：_move

选择对象：找到 1 个

选择对象：

指定基点或［位移(D)］<位移>：

(3)参数说明。

"指定基点"：指定一个点作为移动的基点。

"位移(D)"：输入"D"回车后，命令行要求输入一个坐标值。而对象移动的距离就是输入的坐标点与基点之间的距离。

(4)注意事项。

在绘图过程中，移动复杂图形时，尽量采用"复制"命令，而不采用"移动"命令。

2. 复制

(1)启动命令的方法。

①在命令行中用键盘输入"Copy";

②在主菜单中点击"修改"→"复制";

③在功能面板上选择"常用"→"修改"→"复制";

④在"修改"工具栏上单击"复制" ⚏ 按钮。

(2)执行命令的过程。

命令：_copy

选择对象：指定对角点：找到 3 个

选择对象：

当前设置：复制模式 = 多个

指定基点或［位移(D)/模式(O)］<位移>：指定第二个点或 <使用第一个点作为位移>：

指定第二个点或［退出(E)/放弃(U)］<退出>：

(3)参数说明。

"指定基点"：指定一个点作为复制的基点。

"位移(D)"：输入"D"回车后，命令行要求输入一个坐标值。复制的对象与原对象之间的距离为坐标之差。

"模式(O)"：输入"O"回车后，来设置一次复制单个对象还是一次复制多个对象。

(4)注意事项。

在打开正交模式的情况下，可以作水平直线或竖直直线的平行线，如图2-20所示。

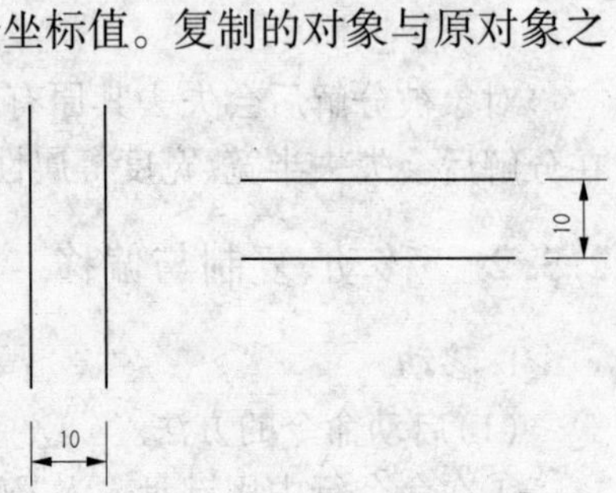

3. 偏移

(1)启动命令的方法。

①在命令行中用键盘输入"Offset";

图 2-20　平行线

②在主菜单中点击"修改"→"偏移";

③在功能面板上选择"常用"→"修改"→"偏移";

④在"修改"工具栏上单击"偏移"⚃按钮。

(2)执行命令的过程。

命令：_offset

当前设置：删除源＝否　图层＝源　OFFSETGAPTYPE＝0

指定偏移距离或［通过(T)/删除(E)/图层(L)］＜30.0000＞：

选择要偏移的对象，或［退出(E)/放弃(U)］＜退出＞：

指定要偏移的那一侧上的点，或［退出(E)/多个(M)/放弃(U)］＜退出＞：

(3)参数说明。

"指定偏移距离"：偏移距离为偏移后的对象与原对象的距离，这里的距离指的是垂直距离。

"通过(T)"：通过已知点来偏移对象。

"删除(E)"：删除源对象。

"图层(L)"：设置新对象所在的图层。

"多个(M)"：连续偏移多个对象。

(4)注意事项。

用"偏移"命令可以作一组平行线、一组同心圆和一组相似的图样。"偏移"命令的对象必须是一个完整的对象。如图 2-21 所示为用"偏移"命令绘制的图形。

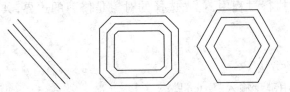

图 2-21　用"偏移"命令绘制的图形

2.3.3　修剪、延伸与拉长

1.修剪

修剪在编辑图形时用得非常多，因此大家要熟练掌握。

(1)启动命令的方法。

①在命令行中用键盘输入"Trim";

②在主菜单中点击"修改"→"修剪";

③在功能面板上选择"常用"→"修改"→"修剪";

④在"修改"工具栏上单击"修剪"✄按钮。

(2)执行命令的过程。

命令：_trim

当前设置：投影＝UCS,边＝无

选择剪切边...

选择对象或＜全部选择＞：指定对角点：找到 3 个　　　（选择要修剪对象的边界线）

选择要修剪的对象,或按住 Shift 键选择要延伸的对象,或[栏选(F)/窗交(C)/投影(P)/边(E)/删除(R)/放弃(U)]:　　　（选择要修剪的对象）

(3)参数说明。

"栏选(F)":采用栏选的方式选择对象。

"窗交(C)":采用矩形窗交的方式选择对象。

"投影(P)":输入"P"后回车,系统有如下的命令提示。

选择要修剪的对象,或按住 Shift 键选择要延伸的对象,或[栏选(F)/窗交(C)/投影(P)/边(E)/删除(R)/放弃(U)]:p↙

输入投影选项[无(N)/UCS(U)/视图(V)]＜UCS＞:　　　（确定在哪个绘图环境中进行修剪）

"边(E)":输入"E"后回车,系统有如下的命令提示:

选择要修剪的对象,或按住 Shift 键选择要延伸的对象,或[栏选(F)/窗交(C)/投影(P)/边(E)/删除(R)/放弃(U)]:e↙

输入隐含边延伸模式[延伸(E)/不延伸(N)]＜不延伸＞:e↙

"删除(R)":无须退出"修剪"命令,来删除选定的对象。

"放弃(U)":放弃上一步删除的对象。

(4)注意事项。

"修剪"命令在执行过程中,首先选择的对象是修剪的边界,其次才选择要修剪的对象。

2.延伸

(1)启动命令的方法。

①在命令行中用键盘输入"Extend";

②在主菜单中点击"修改"→"延伸";

③在功能面板上选择"常用"→"修改"→"延伸";

④在"修改"工具栏上单击"延伸"-／按钮。

(2)执行命令的过程。

命令:_extend

当前设置:投影＝UCS,边＝无

选择边界的边...

选择对象或＜全部选择＞:指定对角点:找到 2 个　　　（选择要延伸到的边界线）

选择对象:　　　（单击右键确认）

选择要延伸的对象,或按住 Shift 键选择要修剪的对象,或[栏选(F)/窗交(C)/投影(P)/边(E)/放弃(U)]:

(3)参数说明。

"栏选(F)/窗交(C)":选择延伸对象的两种方式。

其他参数与修剪中类似。

(4)注意事项。

对象在延伸后会成为一个完整的对象,而完整的对象对执行后续的有关命令是非常有帮助的。

3. 拉长

(1)启动命令的方法。

①在命令行中用键盘输入"Lengthen";

②在主菜单中点击"修改"→"拉长";

③在功能面板上选择"常用"→"修改"→"拉长"。

(2)执行命令的过程。

命令:_lengthen

选择对象或[增量(DE)/百分数(P)/全部(T)/动态(DY)]:　　　(选择要拉长的对象)

当前长度:20.7211　　　(当前拉长对象的参数)

选择对象或[增量(DE)/百分数(P)/全部(T)/动态(DY)]:

(3)参数说明。

"增量(DE)":定量拉长直线和增加圆弧的弧长(实际上是增加圆弧包含的角度)。输入"DE"回车后,系统有以下的命令提示:

输入长度增量或[角度(A)]<0.0000>:100✓　　　(输入长度或角度的增量,有正负之分,正为拉长,负为缩短)

选择要修改的对象或[放弃(U)]:　　　(选择要拉长的对象)

"百分数(P)":按原直线长的百分率拉长。输入"P"回车后,系统有以下的命令提示:

输入长度百分数<100.0000>:50✓　　　(缩短为原长的一半,只能是正值,不能带百分号)

选择要修改的对象或[放弃(U)]:

"全部(T)":输入"T"回车后,系统有以下的命令提示。

指定总长度或[角度(A)]<1.0000)>:90✓　　　(输入拉长后对象总长度或总包含角度)

选择要修改的对象或[放弃(U)]:

"动态(DY)":定性不定量拉长直线,即动态拉长对象。

(4)注意事项。

"拉长"命令不仅可以用于直线,还可以用于圆弧,不仅可以拉长对象,还可以缩短对象。

2.3.4　旋转、缩放与拉伸

1. 旋转

(1)启动命令的方法。

①在命令行中用键盘输入"Rotate";

②在主菜单中点击"修改"→"旋转";

③在功能面板上选择"常用"→"修改"→"旋转";

④在"修改"工具栏上单击"旋转"⟳按钮。

(2)执行命令的过程。

命令:_rotate

UCS 当前的正角方向：ANGDIR = 逆时针 ANGBASE = 0

选择对象：找到 1 个

选择对象：

指定基点：

指定旋转角度，或［复制(C)/参照(R)］＜0＞：　　　（输入正值按逆时针旋转，输入负值按顺时针旋转）

(3)参数说明。

"复制(C)"：使"旋转"命令具有复制功能。

"参照(R)"：旋转的角度是新角度减去参照角度。

(4)注意事项。

在执行"旋转"命令时要注意 ANGDIR 的取值，当 ANGDIR 的值是 0 时，输入正值按逆时针旋转；当 ANGDIR 的值是 1 时，输入正值按顺时针旋转。

2. 缩放

在这里要注意区分窗口缩放和实时缩放与"缩放"命令的区别，"缩放"命令改变了图形的尺寸大小，而不只是改变图形的显示大小。

(1)启动命令的方法。

①在命令行中用键盘输入"Scale"；

②在主菜单中点击"修改"→"缩放"；

③在功能面板上选择"常用"→"修改"→"缩放"；

④在"修改"工具栏上单击"缩放"　按钮。

(2)执行命令的过程。

命令：_scale

选择对象：指定对角点：找到 2 个　　　（选择所要缩放的对象）

选择对象：

指定基点：　　　（选择一点作为缩放的基点）

指定比例因子或［复制(C)/参照(R)］＜1.0000＞：　　　（输入缩放的比例因子或用参照方式进行缩放）

(3)参数说明。

"指定比例因子"：输入扩大或缩小的比例值。

"复制(C)"：使"缩放"命令具有复制功能。

"参照(R)"：以新长度与参照长度的比值作为缩放的比例。

(4)注意事项。

比例因子为正值，大于 1 时为放大，小于 1 时为缩小。在实际作图过程中，如果不知道缩放的比例，可以采用"参照(R)"的方法来缩放。

3. 拉伸

(1)启动命令的方法。

①在命令行中用键盘输入"Stretch"；

②在主菜单中点击"修改"→"拉伸"；

③在功能面板上选择"常用"→"修改"→"拉伸"；

④在"修改"工具栏上单击"拉伸"![按钮。

（2）执行命令的过程。

命令：_stretch

以交叉窗口或交叉多边形选择要拉伸的对象...　　　　（可以用两种方式选择对象）

选择对象：指定对角点：找到 3 个

选择对象：

指定基点或［位移（D）］＜位移＞：　　　（指定拉伸的基点或输入坐标确定位移）

指定第二个点或 ＜使用第一个点作为位移＞：　　　（指定基点拉伸后的位置）

（3）参数说明。

"指定基点"：指定某一点为基点拉伸对象。

"位移（D）"：输入一个距离值（确定与基点的距离）为位移值，以选中对象上的某个点为基点拉伸对象。

（4）注意事项。

"拉伸"命令只拉伸交叉窗口部分选中的对象，移动位于选择框内的顶点和端点，其他在选择框外的顶点和端点不移动，如图 2-22 所示。

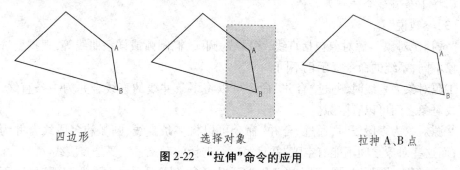

四边形　　　　　　选择对象　　　　　　拉抻 A、B 点

图 2-22　"拉伸"命令的应用

2.3.5　打断与合并

1. 打断

（1）启动命令的方法。

①在命令行中用键盘输入"Break"；

②在主菜单中点击"修改"→"打断"；

③在功能面板上选择"常用"→"修改"→"打断"；

④在"修改"工具栏上单击"打断"![按钮。

（2）执行命令的过程。

命令：_break 选择对象：

指定第二个打断点 或［第一点（F）］：

（3）参数说明。

"选择对象"：在用左键选择对象的同时，也选择了第一个打断点。

"指定第二个打断点"：选择第二个打断点。

"第一点(F)":如果要自定义第一个打断点,可以执行此命令。

(4)注意事项。

执行"打断"命令时,因为第一个打断点与第二个打断点是按逆时针方向确定的,所以选择对象的位置不同,打断后留下的线段也不同。

2. 合并

(1)启动命令的方法。

①在命令行中用键盘输入"Join";

②在主菜单中点击"修改"→"合并";

③在功能面板上选择"常用"→"修改"→"合并";

④在"修改"工具栏上单击"合并" ⊶ 按钮。

(2)执行命令的过程。

命令:_join 选择源对象:

选择要合并到源的直线:找到 1 个

选择要合并到源的直线:

已将 1 条直线合并到源

(3)参数说明。

"选择源对象":源对象包括直线、多段线、圆弧、椭圆弧或样条曲线等,根据所选择的源对象不同,系统的命令提示也不同。

①源对象为直线时,通过"合并"命令可以将多条共线的直线合并为一条直线,而这些直线对象之间可以有空隙。

②源对象为多段线时,通过"合并"命令可以将多条直线、圆弧和多段线合并为一个对象,而这些对象之间不能有空隙,并且第一个选择的对象一定要是多段线。

③源对象为圆弧时,通过"合并"命令可以将多条圆弧合并为一个圆弧对象,而这些圆弧对象必须有一个共同圆心,并且圆弧之间可以有空隙。

④源对象为椭圆弧时,通过"合并"命令可以将多条椭圆弧合并为一个椭圆弧对象,而这些椭圆弧对象必须在同一个椭圆上,并且椭圆弧之间可以有空隙。

⑤源对象为样条曲线时,通过"合并"命令可以将多条样条曲线合并为一个样条曲线对象,而这些样条曲线对象必须在同一个平面上,并且应是闭合的。

(4)注意事项。

在应用"合并"命令时要注意应用的对象,应用的对象不同,命令的过程也不同。而经过合并后的对象是一个完整的对象。

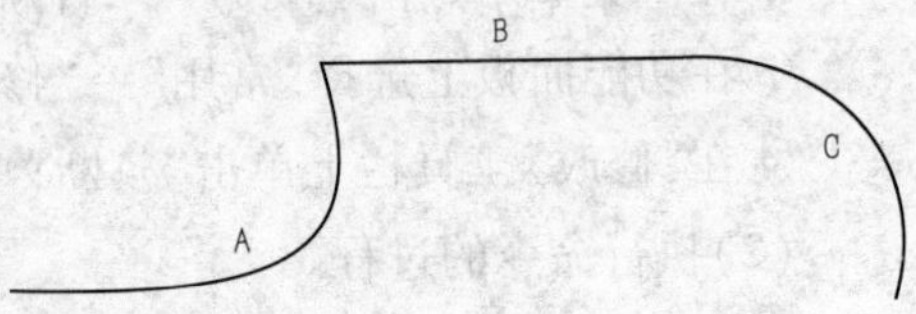

(5)示例。

将图2-23中的多段线A、直线B和圆弧C用合并的命令连接起来。

图2-23 "合并"命令的应用

命令:_join 选择源对象: (选择多段线A)

选择要合并到源的对象:找到 1 个   (选择直线B)

选择要合并到源的对象：找到 1 个,总计 2 个 　　　（选择圆弧 C）

选择要合并到源的对象： 　　（单击右键确认）

2 条线段已添加到多段线

2.3.6　倒角与圆角

1.倒角

（1）启动命令的方法。

①在命令行中用键盘输入"Chamfer"；

②在主菜单中点击"修改"→"倒角"；

③在功能面板上选择"常用"→"修改"→"倒角"；

④在"修改"工具栏上单击"倒角" ⬜ 按钮。

（2）执行命令的过程。

命令：_chamfer

（"修剪"模式）当前倒角距离 1 = 0.0000,距离 2 = 0.0000

选择第一条直线或［放弃(U)/多段线(P)/距离(D)/角度(A)/修剪(T)/方式(E)/多个(M)］：

选择第二条直线,或按住 Shift 键选择要应用角点的直线：

（3）参数说明。

"放弃(U)":放弃上一次操作命令。

"多段线(P)":将两条多段线形成倒角。

"距离(D)":第一个倒角距离是水平方向上的尺寸,第二个倒角距离是垂直方向上的尺寸。

"角度(A)":系统要求输入倒角斜线与水平线的夹角。

"修剪(T)":设置修剪的两种模式,一种是修剪,另一种是不修剪。它的作用是选择是否将形成倒角的两个对象的多余部分修剪掉。

"方式(E)":选择修剪的方法(按距离或角度)。

"多个(M)":同时将多个对象形成倒角。

（4）注意事项。

两个倒角距离可以相等,也可以不相等。

（5）示例。

将矩形进行倒角。距离 1 = 8,距离 2 = 8。

命令：_chamfer

（"修剪"模式）当前倒角距离 1 = 0.0000,距离 2 = 0.0000

选择第一条直线或［放弃(U)/多段线(P)/距离(D)/角度(A)/修剪(T)/方式(E)/多个(M)］：d↙

指定第一个倒角距离 ＜0.0000＞:8↙

指定第二个倒角距离 ＜3.0000＞:8↙

选择第一条直线或［放弃(U)/多段线(P)/距离(D)/角度(A)/修剪(T)/方式(E)/

多个(M)]:m↙

选择第一条直线或 [放弃(U)/多段线(P)/距离(D)/角度(A)/修剪(T)/方式(E)/多个(M)]:

选择第二条直线,或按住 Shift 键选择要应用角点的直线:

结果如图 2-24 所示。

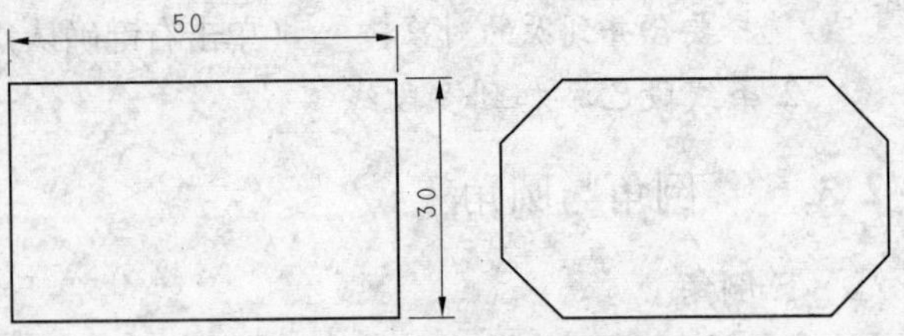

图 2-24　"倒角"命令的应用

2. 圆角

(1)启动命令的方法。

①在命令行中用键盘输入"Fillet";

②在主菜单中点击"修改"→"圆角";

③在功能面板上选择"常用"→"修改"→"圆角";

④在"修改"工具栏上单击"圆角" ▱ 按钮。

(2)执行命令的过程。

命令:_fillet

当前设置:模式 = 修剪,半径 = 0.0000

选择第一个对象或 [放弃(U)/多段线(P)/半径(R)/修剪(T)/多个(M)]:

选择第二个对象,或按住 Shift 键选择要应用角点的对象:

(3)参数说明。

"放弃(U)":放弃上一次操作命令。

"多段线(P)":将多段线形成圆角。

"半径(R)":输入形成圆角的半径。

"修剪(T)":设置修剪的两种模式,一种是修剪,另一种是不修剪。它的作用为选择是否将形成圆角的两个对象的多余部分修剪掉。

"多个(M)":同时将多个对象形成圆角。

(4)注意事项。

圆弧、圆、椭圆、椭圆弧、直线、多段线、射线、样条曲线和构造线都可以进行圆角操作。

(5)示例。

将直线和样条曲线用圆角连接起来。

命令:_fillet

当前设置:模式 = 修剪,半径 = 10.0000

选择第一个对象或 [放弃(U)/多段线(P)/半径(R)/修剪(T)/多个(M)]:r↙

指定圆角半径 <10.0000>:8↙　　　(设置圆角半径)

选择第一个对象或 [放弃(U)/多段线(P)/半径(R)/修剪(T)/多个(M)]:　　(选择直线)

选择第二个对象,或按住 Shift 键选择要应用角点的对象:　　(选择样条曲线)

结果如图 2-25 所示。

图 2-25　"圆角"命令的应用

2.4 实训指导

项目1:绘制直线平面图形

　　内容:绘制如图2-26所示的直线平面图形。

　　目的:运用"直线"、"构造线"、"复制"、"修剪"等绘图与修改命令绘制二维图形。

　　指导:

　　(1)用"直线"命令绘制中心线,用"矩形"命令绘制长40、宽50的矩形。

　　(2)用"分解"命令分解所绘制的矩形。

　　(3)用"构造线"、"复制"命令绘制其余部分,并用"修剪"命令进行编辑。

项目2:绘制曲线平面图形

　　内容:绘制如图2-27所示的曲线平面图形。

　　目的:运用"圆"、"圆角"、"复制"、"修剪"等绘图与修改命令绘制二维图形。

　　指导:

　　(1)用"直线"命令绘制中心线,用"圆"命令绘制图形轮廓。

　　(2)用"椭圆"、"圆角"命令绘制图形内部轮廓。

　　(3)用"修剪"命令进行编辑。

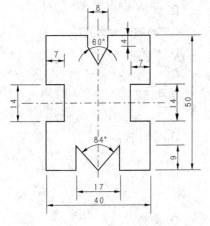

图 2-26　直线平面图形

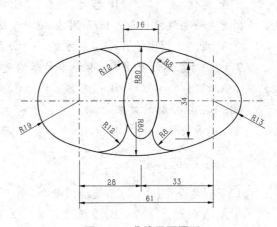

图 2-27　曲线平面图形

课后思考及拓展训练

一、单项选择题

1. AutoCAD 中的"复制"(Copy)命令(　　　)。

　　A. 只能在同一文件中复制

B. 可以在不同文件之间复制

C. 既可以在同一文件中复制,也可以在不同文件之间复制

D. 只能将对象以块的形式进行复制

2. 用"延伸"(Extend)命令进行对象延伸时(　　)。

　　A. 必须在二维空间中延伸　　　　　　B. 可以在三维空间中延伸

　　C. 可以延伸封闭线框　　　　　　　　D. 可以延伸文字对象

3. 用"移动"(Move)命令把一个对象向 X 轴正方向移动 10 个单位,向 Y 轴正方向移动 6 个单位,输入错误的是(　　)。

　　A. 第一点:任意;第二点:#10,6　　　B. 第一点:0,0;第二点:10,6

　　C. 第一点:0<0;第二点:@10,6　　　D. 第一点:任意;第二点:@10,6

4. 在 AutoCAD 中,不能进行比例缩放的对象是(　　)。

　　A. 直线　　　　　B. 点　　　　　C. 圆　　　　　D. 椭圆

5. 用"缩放"(Scale)命令缩放对象时,不可以(　　)。

　　A. 只在 X 轴方向缩放　　　　　　　B. 将参照长度缩放为指定的新长度

　　C. 将基点选择在对象之外　　　　　　D. 缩放小数倍

6. 下列对象执行"偏移"(Offset)命令后,大小和形状保持不变的是(　　)。

　　A. 圆　　　　　B. 圆弧　　　　　C. 椭圆　　　　　D. 直线

7. 不能对样条曲线进行编辑的命令是(　　)。

　　A. 延伸　　　　　B. 移动　　　　　C. 修剪　　　　　D. 复制

8. 已知一条线段长度是1377,用 Scale 命令缩小为323,应采用的缩放方式是(　　)。

　　A. 指定比例因子　　B. 参照方式　　C. 复制方式　　D. 任意方式

9. 以下对象不能使用 Break 命令打断的是(　　)。

　　A. 椭圆　　　　　B. 多段线　　　　　C. 样条曲线　　　　　D. 矩形

10. 不可以分解的对象是(　　)。

　　A. 多段线　　　　　B. 点　　　　　C. 矩形　　　　　D. 修订云线

二、多项选择题

1. 下列命令中(　　)不是绘图命令。

　　A. 复制　　　　　B. 多段线　　　　　C. 圆角　　　　　D. 倒角

2. 用"复制"命令复制对象时,可以(　　)。

　　A. 原地复制对象　　　　　　　　　　B. 同时复制多个对象

　　C. 一次把对象复制到多个位置　　　　D. 复制对象到其他图层

3. 用"偏移"命令偏移对象时(　　)。

　　A. 必须指定偏移距离

　　B. 可以指定偏移通过特殊点

　　C. 可以偏移开口曲线和封闭线框

　　D. 原对象的某些特征可能在偏移后消失

4. 用"移动"命令把一个对象向 X 轴正方向移动 8 个单位,向 Y 轴正方向移动 5 个单

位,应该输入(   )。

    A.第一点:0,0;第二点:8,5   B.第一点:任意;第二点:@8,5

    C.第一点:任意;第二点:8,5   D.第一点:0<180;第二点:8,5

5.以下关于"移动"命令和"复制"命令有相似之处的正确说法是(   )。

    A.都有复制实体的功能

    B.操作中都要选择基点

    C.操作中都不能旋转或缩放所选实体

    D.都能进行多重操作

6.用"旋转"命令旋转对象时,基点的位置(   )。

    A.根据需要任意选择   B.一般取在对象特殊点上

    C.可以取在对象中心   D.不能选在对象之外

7.以下不含有复制功能的编辑命令有(   )。

    A.复制   B.偏移   C.移动   D.删除

8.用"直线"命令画直线,其起点坐标为(10,10),终点坐标为(5,10),则对第二点坐标值的输入以下方式对的是(   )。

    A.@5<0   B.@5<180   C.-5,0   D.@-5,0

9.对直线、多段线、圆和圆弧执行"偏移"命令将产生(   )。

    A.等距同心圆   B.等距等长平行线

    C.等距等圆心角的同心圆弧   D.等距多段线

10.若图面已有一点 A(2,2),要输入另一点 B(4,4),以下方法正确的是(   )。

    A.4,4   B.@2,2   C.@4,4   D.@2<45

三、判断正误题

1.用"多段线"命令只能绘制直线平面图形。

2."圆角"命令可用于两条相互平行的直线。

3."圆角"命令不可以对样条曲线对象进行圆角。

4.在 AutoCAD 中,不封闭的边界不能转化为多段线。

5.移动对象时给定基点坐标"5,-8",要求指定第二点时直接回车,则对象向右移动5个单位,向下移动8个单位。

6.线宽不为0的多段线,被分解后其宽度不变。

7.拉伸对象时可以不用交叉窗口选择对象。

8.用"圆角"命令创建圆角时半径可以是0。

9.用"倒角"命令创建倒角时半径可以是0。

10.用"偏移"命令偏移得到的对象是和源对象形状大小相同的对象。

四、作图题

绘制如图 2-28~图 2-32 所示的平面图形。

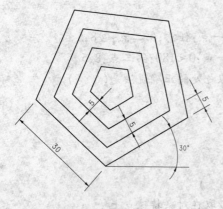

图 2-28　平面图形(一)

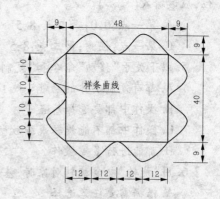

样条曲线

图 2-29　平面图形(二)

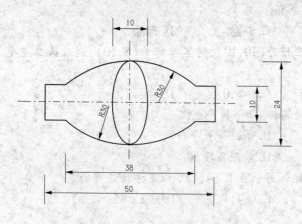

图 2-30　平面图形(三)

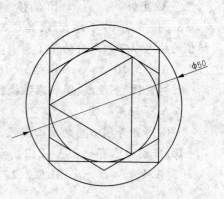

图 2-31　平面图形(四)

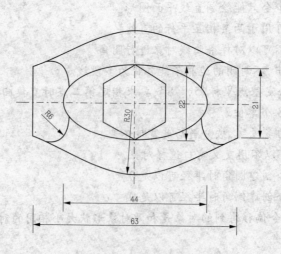

图 2-32　平面图形(五)

第3章 复杂二维图形的绘制与编辑

【知识目标】:通过本章的学习,了解绘图单位和图形界限,熟悉复杂二维图形的绘制方法,掌握复杂二维图形的绘制与编辑命令。

【技能目标】:通过本章的学习,能够运用所学知识绘制复杂二维图形,并对图形进行编辑。

3.1 绘图前的准备

3.1.1 绘图单位与图形界限

1. 绘图单位

(1)启动命令的方法。

①在命令行中用键盘输入"Ddunits";

②在主菜单中点击"格式"→"单位"。

(2)执行命令的过程。

执行"Ddunits"命令后,会调出如图 3-1 所示的"图形单位"对话框。

(3)参数说明。

①"长度"选项区。

"类型":通过下拉列表框来设置长度类型。

"精度":通过下拉列表框来设置数值精度。

②"角度"选项区。

"类型":通过下拉列表框来设置角度类型。

"精度":通过下拉列表框来设置数值精度。

③"插入时的缩放单位":一般采用系统缺省设置,即毫米。

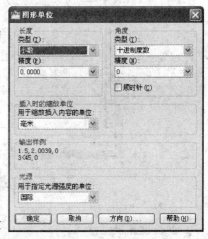

图 3-1 "图形单位"对话框

④"光源":用来设定光源强度。

⑤"方向":一般采用系统缺省设置,即东方向为 0 度。单击"方向"按钮后出现"方向控制"对话框,如图 3-2 所示。

2. 图形界限

(1)启动命令的方法。

①在命令行中用键盘输入"Limits";

②在主菜单中点击"格式"→"图形界限"。

（2）执行命令的过程。

命令:_limits

重新设置模型空间界限:

指定左下角点或［开(ON)/关(OFF)］<0.0000,0.0000>:✓

指定右上角点 <6.7901,5.9071>:420,297 ✓

（3）参数说明。

"指定左下角点":指定栅格界限左下角点。

"指定右上角点":指定栅格界限右上角点。

"［开(ON)/关(OFF)］":打开或关闭图形界限的检查　图3-2　"方向控制"对话框
功能。

当图形界限检查打开时,将无法输入栅格界限外的点。因为图形界限检查只测试输入点,所以对象的某些部分可能会延伸出栅格界限。

（4）示例。

以 A3 图幅为例来说明图形界限的设置(栅格显示 A3 图幅的图形界限),如图3-3 所示。

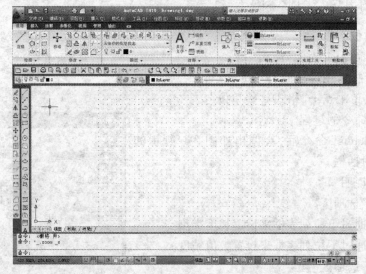

图3-3　设置 A3 图幅的图形界限

命令:_limits

重新设置模型空间界限:

指定左下角点或［开(ON)/关(OFF)］<0.0000,0.0000>:✓

指定右上角点 <420.0000,297.0000>:420,297 ✓

命令:<栅格 开>

3.1.2　"选项"对话框的设置

"选项"对话框可以用来调整应用程序和图形窗口元素的属性,还可以控制 AutoCAD
绘图时的常规功能。"选项"对话框中的某些设置会影响在绘图区中的工作方式。"选项"对话框共分十个选项卡,在本书中将重点介绍在绘图过程中常用的部分,其他未介绍的部分大家可自行学习。

启动"选项"对话框的方式有三种：第一种是输入"Options"；第二种是在主菜单中点击"工具"→"选项"；第三种是单击右键，在快捷菜单中选择"选项"，如图3-4所示。

1."显示"选项卡

在"选项"对话框中点击"显示"选项卡，如图3-5所示。

图3-4 快捷菜单

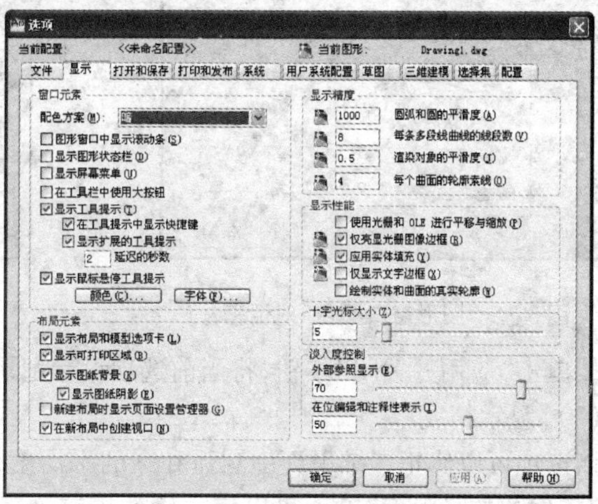

图3-5 "显示"选项卡

（1）"窗口元素"。

在"窗口元素"中不但可以对工作界面中的工具栏、绘图区及滚动条进行显示控制，而且还可以对窗口中各元素的颜色和命令行窗口的字体进行设置。

如果勾选"窗口元素"中的"显示屏幕菜单"，就会在绘图区中出现如图3-6所示的"屏幕菜单"对话框。"屏幕菜单"对话框可以方便我们绘图。

在"窗口元素"中单击 颜色(C)... 按钮，系统会出现如图3-7所示的对话框，在该对话框中可以改变模型和布局空间的背景色以及对十字光标的颜色进行设置。具体操作如下：

①在"图形窗口颜色"对话框中，可以在"上下文"中选择要修改的元素，在"界面元素"中选择要修改的界面元素。

②从"颜色"列表框中选择要使用的颜色。

③单击"应用并关闭"按钮，关闭"图形窗口颜色"对话框。

图3-6 "屏幕菜单"对话框

在"窗口元素"中点单击 字体(F)... 按钮系统会出现如图3-8所示的对话框，在该对话框中可以修改应用程序窗口和文本窗口中使用的字体。此设置不影响图形中的文字。具体操作过程如下：

①在"命令行窗口字体"对话框中，选择适当的字体、字形和字号。当前选择的样例

将显示在"命令行字体样例"下。

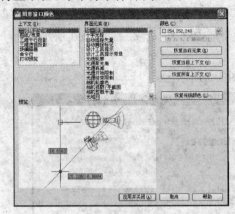
图3-7 "图形窗口颜色"对话框

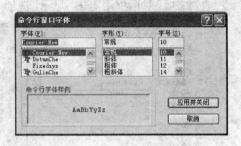
图3-8 "命令行窗口字体"对话框

②单击"应用并关闭"按钮,将当前选项设置记录到系统注册表中并关闭该对话框。

(2)"显示精度"。

该选项可以修正二维平面中圆弧和圆的平滑度,以及改变多段线曲线的线段数。改变"渲染对象的平滑度"的值可以使立体效果渲染得更加逼真,改变"每个曲面的轮廓素线"的值可以使立体表面更光滑。

(3)"十字光标大小"。

该选项可以改变绘图区中十字光标的大小。大光标有利于捕捉对象。建议不要改变此选项的初始默认值。

2."用户系统配置"选项卡

在"选项"对话框中点击"用户系统配置"选项卡,如图3-9所示。

(1)"自定义右键单击"。

在"Windows 标准操作"中点击 自定义右键单击(I)... 按钮,出现如图3-10所示的对话框,在"自定义右键单击"对话框中可以确定鼠标右键的操作功能。

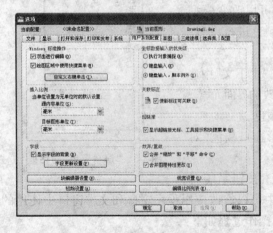
图3-9 "用户系统配置"选项卡

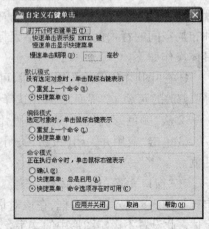
图3-10 "自定义右键单击"对话框

（2）"线宽设置"。

点击 线宽设置(L)… 按钮，出现如图 3-11 所示的对话框，在该对话框中可以对线宽显示进行设置。在"线宽"选项内选择"ByLayer"，勾选"显示线宽"项，选择"默认"线宽为0.25mm，"调整显示比例"按图示调整。

（3）"初始设置"。

点击 初始设置(A)… 按钮，出现如图 3-12 所示的对话框，在该对话框中用户可以根据自己的专业领域，对 AutoCAD 2010 的绘图环境进行设置。系统提供建筑、土木工程、电气工程、制造业、机械、电气和给排水、结构工程，以及其他常规设计和文档等七个选项，用户在绘图前可有目的地选择，以方便绘图。

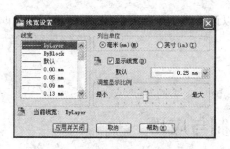

图 3-11　"线宽设置"对话框　　　图 3-12　"AutoCAD 2010 - 初始设置"对话框

除以上两项设置外，还可以对"文件"、"系统"、"草图"、"选择集"等选项卡内的相关内容进行设置。

3.1.3　AutoCAD 2010 绘图环境设置

打开 AutoCAD 2010 应用程序，进入绘图界面。用"New"命令新建一张图。

（1）设置绘图单位。

在主菜单中点击"格式"→"单位"，出现"图形单位"对话框，在此对话框中进行单位设置。

（2）设置图形界限。

执行"Limits"命令来设置图幅大小（以 A2 图幅为例）。

命令：_limits

重新设置模型空间界限：

指定左下角点或〔开（ON）/关（OFF）〕＜112.2129,13.0680＞：0,0✓

指定右上角点＜453.2131,238.7880＞：594,420✓

（3）显示图形界限，使整张图满屏幕显示。

用"Zoom"命令使整张图满屏幕显示。

（4）设置绘图辅助工具模式。

在主菜单中点击"工具"→"草图设置",出现"草图设置"对话框。此对话框包括"捕捉和栅格"、"极轴追踪"、"对象捕捉"、"动态输入"和"快捷特性"五个选项卡,用户可根据需要来进行选择。

(5)设置图层,包括颜色、线型和线宽等设置。

打开"图层特性管理器"对话框,根据不同专业领域和制图标准来设置图层,包括颜色、线型和线宽等设置。

(6)设置文字样式。

输入"Style"命令,回车后系统会弹出"文字样式"对话框。在该对话框中可以通过设置字体名、字高和倾斜角度来得到我们所需要的文字样式。

(7)设置尺寸标注样式。

在主菜单中点击"格式"→"标注样式",出现"标注样式管理器"对话框。在设置该对话框时,制图标准不同,设置的内容也不同。这将在后续的有关章节中讲述。

(8)创建所需要的图块。

在绘制二维平面图形时,有些相似的图形可以设置成图块保存起来,以便应用时随时插入。

(9)将前面进行的设置命名保存。

3.2 多线的绘制与应用

3.2.1 多线样式的设置

在绘制建筑工程专业图时,经常会用到"多线"命令。在使用"多线"命令时,首先应根据所绘图形的需要设置一种或多种多线样式,然后再有选择地调用。

(1)启动命令的方法。

①在命令行中用键盘输入"Mlstyle";

②在主菜单中点击"格式"→"多线样式"。

(2)执行命令的过程。

命令:_mlstyle

执行命令后,系统弹出"多线样式"对话框,如图 3-13 所示,在"多线样式"对话框中,点击"新建"按钮,弹出"创建新的多线样式"对话框,设置新样式名,如图 3-14 所示。然后点击"继续"按钮来设置新建多线样式的特性,如图 3-15 所示,图中各项的含义如下:

"说明":给新建的多线样式添加一个说明。

"封口":有四个选项,分别是直线、外弧、内弧和角度,通过选择不同的选项来改变所绘多线起点和端点的封口形状。

"图元":在这个区域中,可以增加多线的数量,也可设置多线之间的距离,改变多线中每条线的颜色,还可加载不同的线型。

"填充":设置所绘多线的填充色。

图 3-13　"多线样式"对话框

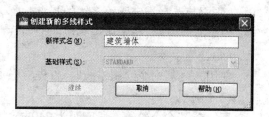

图 3-14　"创建新的多线样式"对话框

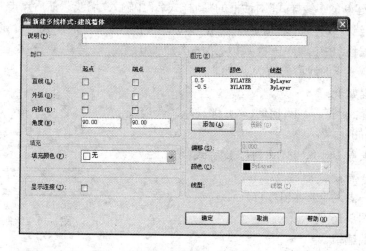

图 3-15　设置新建多线样式的特性

"显示连接"：控制相邻的两条多线顶点处接头的显示。

3.2.2　多线的绘制与编辑

1. 多线的绘制

（1）启动命令的方法。

①在命令行中用键盘输入"Mline"；

②在主菜单中点击"绘图"→"多线"。

（2）执行命令的过程。

命令：_mline

当前设置：对正 = 上,比例 = 20.00,样式 = STANDARD

指定起点或［对正(J)/比例(S)/样式(ST)］：

指定下一点：

指定下一点或［放弃(U)］：

(3)参数说明。

"样式"：多线样式的名称。可以通过"多线样式"对话框来进行设置。

"对正(J)"：绘制多线时，确定对正类型。对正类型有"上"、"无"、"下"之分。

"比例(S)"：控制所绘多线的间距比例。

"样式(ST)"：选择采用哪种样式的多线。

"指定起点"：指定所绘多线的起点。

"指定下一点"：指定所绘多线的下一点。

(4)注意事项。

在用"多线"命令绘制多线时，首先应根据所绘图形设置好多线样式。

(5)示例。

用"多线"命令绘制一段间距为240mm的墙线。

①在"多线样式"对话框中，点击"新建"按钮。

②在"创建新的多线样式"对话框的"新样式名"中输入"墙线"，然后点击"继续"按钮。

③在"新建多线样式"对话框中点击"添加"按钮，增加一条多线。分别选中三条多线，依次在"偏移"栏中输入三次数值，第一次是120，第二次是0，第三次是－120。然后将中间的那条多线的线型修改为点划线。

绘图过程如下：

当前设置：对正 = 下，比例 = 1.00，样式 = 墙线

命令：_mline

指定起点或［对正(J)/比例(S)/样式(ST)］：

指定下一点：

指定下一点或［放弃(U)］：

结果如图3-16所示。

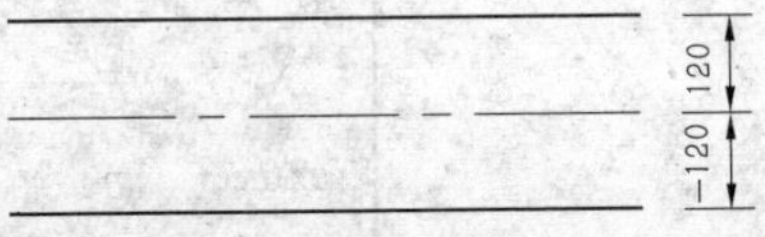

图3-16　绘制多线

2.多线的编辑

AutoCAD 2010为我们提供了方便的多线编辑方法。在这里多线编辑实际上是编辑多线交接的方式。

(1)启动命令的方法。

①在命令行中用键盘输入"Mledit"；

②在主菜单中点击"修改"→"对象"→"多线"。

(2)执行命令的过程。

命令：_mledit

选择第一条多线：

选择第二条多线：

选择第一条多线 或［放弃(U)］：

(3)参数说明。

当我们输入"Mledit"回车后，系统会弹出如图3-17所示的"多线编辑工具"对话框，

在该对话框中,用户可选择一种工具来编辑多线。该对话框将以四列显示样例图像,其中第一列控制交叉的多线,第二列控制 T 形相交的多线,第三列控制角点结合和顶点,第四列控制多线中的打断。

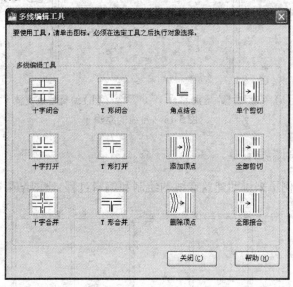

图 3-17　"多线编辑工具"对话框

十字闭合:在两条多线之间创建闭合的十字交点。

十字打开:在两条多线之间创建打开的十字交点。打断将插入第一条多线的所有元素和第二条多线的外部元素。

十字合并:在两条多线之间创建合并的十字交点。选择多线的次序并不重要。

T 形闭合:在两条多线之间创建闭合的 T 形交点。

T 形打开:在两条多线之间创建打开的 T 形交点。

T 形合并:在两条多线之间创建合并的 T 形交点。将多线修剪或延伸到与另一条多线的交点处。

角点结合:在多线之间创建角点结合。将多线修剪或延伸到它们的交点处。

添加顶点:向多线上添加一个顶点。

删除顶点:从多线上删除一个顶点。

单个剪切:在选定多线元素中创建可见打断。

全部剪切:创建穿过整条多线的可见打断。

全部接合:将已被剪切的多线线段重新接合起来。

(4)示例。

编辑两条相交的墙线(如图 3-18(a)所示)。

命令:_mledit　　　(在图 3-17 中选择 ⊨)

选择第一条多线:　　(选择墙线 A)

选择第二条多线:　　(选择墙线 B)

选择第一条多线 或 [放弃(U)]:

结果如图 3-18(b)所示。

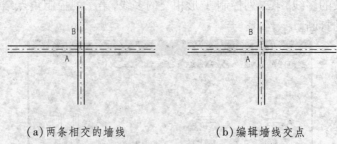

（a）两条相交的墙线　　　　　　（b）编辑墙线交点

图 3-18　多线的编辑

3.2.3　绘制建筑墙线

下面通过一个例子来说明建筑墙线的绘制和编辑过程,绘图结果如图 3-19 所示。

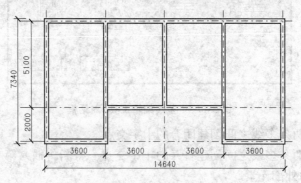

图 3-19　建筑墙线

1.多线的设置

在主菜单中点击"格式"→"多线样式",系统弹出"多线样式"对话框,在该对话框中,首先点击"新建"按钮来设置新样式名,如图 3-20 所示,然后点击"继续"按钮来设置所建建筑墙线的特性,如图 3-21 所示。

图 3-20　设置新样式名

图 3-21　设置所建建筑墙线的特性

2.用"直线"命令绘制轴线网

结果如图 3-22 所示。

3.多线的绘制

在主菜单中点击"绘图"→"多线",命令过程如下:

命令：_mline

当前设置：对正 ＝ 上,比例 ＝ 0.01,样式 ＝ 建筑墙线

指定起点或［对正(J)/比例(S)/样式(ST)］:s↙

输入多线比例 ＜0.01＞:1↙

当前设置：对正 ＝ 上,比例 ＝ 1.00,样式 ＝ 建筑墙线

指定起点或［对正(J)/比例(S)/样式(ST)］:j↙

输入对正类型［上(T)/无(Z)/下(B)］＜上＞:z↙

当前设置：对正 ＝ 无,比例 ＝ 1.00,样式 ＝ 建筑墙线

指定起点或［对正(J)/比例(S)/样式(ST)］:

结果如图 3-23 所示。

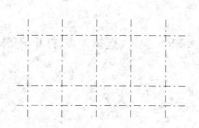

图 3-22　绘制轴线网

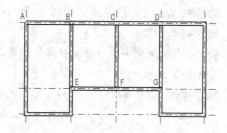

图 3-23　绘制建筑墙线

4.多线的编辑

(1)点击"修改"→"对象"→"多线",打开"多线编辑工具"对话框。

(2)用"角点结合"修改图 3-23 中的 A 处。

(3)用"T 形合并"修改图 3-23 中的 B、C、D、F 处。

(4)用"分解"命令分解图 3-23 中的建筑墙线,并用"修剪"命令修剪 E、G 处。

编辑建筑墙线时,对于无法用多线编辑工具进行修改的建筑墙线,要用"分解"命令炸开建筑墙线,然后进行编辑。

3.3　变换对象绘制二维图形

3.3.1　镜像图形

1.启动命令的方法

(1)在命令行中用键盘输入"Mirror";

(2)在主菜单中点击"修改"→"镜像";

(3)在功能面板上选择"常用"→"修改"→"镜像";

(4)在"修改"工具栏上单击"镜像" ⚠ 按钮。

2. 执行命令的过程

命令：_mirror

选择对象：指定对角点：找到 6 个　　　　（选择要镜像的对象）

选择对象：　　　（单击右键确认）

指定镜像线的第一点：指定镜像线的第二点：　　　（指定对称轴线上的两个点）

要删除源对象吗？［是(Y)/否(N)］＜N＞:↙

3. 注意事项

文本镜像有可读与不可读之分,需用系统变量"MIRRTEXT"进行设置。设置"MIRRTEXT"的值为 0 时,文本镜像后可读;设置"MIRRTEXT"为 1 时,文本镜像后不可读。

4. 示例

将图 3-24 进行镜像。

命令：_mirror

选择对象：指定对角点：找到 4 个

选择对象：

指定镜像线的第一点：指定镜像线的第二点：＜正交 开＞　　　（选择 A 点,打开正交）

要删除源对象吗？［是(Y)/否(N)］＜N＞:↙

结果如图 3-25 所示。

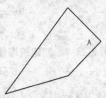 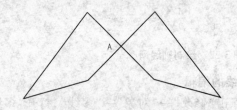

图 3-24　四边形　　　　　　　　　　　图 3-25　"镜像"结果

3.3.2　阵列图形

1. 启动命令的方法

(1)在命令行中用键盘输入"Array";

(2)在主菜单中点击"修改"→"阵列";

(3)在功能面板上选择"常用"→"修改"→"阵列";

(4)在"修改"工具栏上单击"阵列" ⚏ 按钮。

2. 执行命令的过程

输入"Array"命令回车后,系统弹出如图 3-26 所示的"阵列"对话框。

3. 参数说明

在"阵列"对话框中,主要选项的含义如下:

(1)矩形阵列(见图 3-26)。

"行数"、"列数":输入矩形阵列中的行数和列数。

"行偏移"、"列偏移":确定矩形阵列中的行间距和列间距。注意,输入正值和负值时,添加对象的方向不同。

"阵列角度":确定矩形阵列的角度,输入正值时按逆时针旋转,输入负值时按顺时针旋转。

"选择对象" 按钮:选择要阵列的对象,即点击该按钮后,系统又回到绘图界面,要求用户选择对象。

(2)环形阵列(见图3-27)。

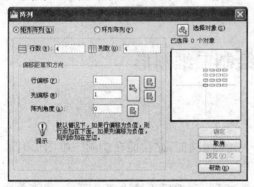
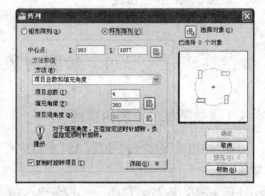

图3-26 "阵列"对话框—矩形阵列   图3-27 "阵列"对话框—环形阵列

"中心点":输入或选择环形阵列的中心点。

"方法":有三种方法可以选择,即项目总数和填充角度、项目总数和项目间角度、填充角度和项目间角度。

"项目总数"、"填充角度"、"项目间角度":环形阵列的三个参数,根据选择的方法不同,系统只要求确定其中的两个即可。"项目总数"只能输入,而"填充角度"和"项目间角度"可以输入,也可以在屏幕上指定。

"复制时旋转项目":确定环形阵列时对象是否旋转。

4. 注意事项

在矩形阵列中,输入的行偏移为正值时,向对象的上方阵列;输入的行偏移为负值时,向对象的下方阵列。而输入的列偏移为正值时,向对象的右边阵列;输入的列偏移为负值时,向对象的左边阵列。

5. 示例

将图3-28进行矩形阵列和环形阵列。

图3-28 箭头

(1)进行矩形阵列。

操作过程如下:

①在"修改"工具栏上单击"阵列"按钮,弹出如图3-26所示的对话框。

②在"行数"中输入4,在"列数"中输入2,"行偏移"为5,"列偏移"为80,"阵列角度"为0。

③点击"选择对象"按钮,返回绘图界面选择箭头。

④点击"确定"按钮。

结果如图3-29所示。

图3-29 矩形阵列箭头

（2）进行环形阵列。

操作过程如下：

①在"修改"工具栏上单击"阵列"按钮，弹出如图 3-26 所示的对话框，选择"环形阵列"选项，如图 3-27 所示。

②在"项目总数"中输入 10，"填充角度"为 360。

③点击"选择对象"按钮，返回绘图界面选择箭头。

④点击"中心点"按钮，返回绘图界面选择 A 点。

⑤点击"确定"按钮。

结果如图 3-30 所示。

图 3-30　环形阵列箭头

3.4　参照对象绘制二维图形

3.4.1　参照对象绘制构造线

在"构造线"命令的"角度（A）"参数中有一项参照功能，此功能在绘制二维图形时非常重要。

在主菜单中点击"绘图"→"构造线"，输入"A"回车，然后再输入"R"回车，系统有如下命令过程：

命令：_xline 指定点或 ［水平（H）/垂直（V）/角度（A）/二等分（B）/偏移（O）］：a✓

输入构造线的角度（0）或 ［参照（R）］：r✓　　　（进入参照功能）

选择直线对象：　　　（选择参照的基准对象）

输入构造线的角度 ＜0＞：　　　（输入与基准对象的夹角）

指定通过点：

命令过程中的"选择直线对象"可以选择直线、多段线、射线或构造线；"输入构造线的角度 ＜0＞"是指输入与选定参照线之间的夹角，此角度从参照线开始按逆时针方向旋转。

下面通过一个例子来说明参照功能的用法。

示例：绘制一条构造线，使构造线与多段线（见图 3-31）的夹角为 45°。

命令：_xline 指定点或 ［水平（H）/垂直（V）/

图 3-31　多线段

角度（A）/二等分（B）/偏移（O）］：a✓

输入构造线的角度（0）或 ［参照（R）］：r✓

选择直线对象：　　　（选择多段线）

输入构造线的角度 ＜0＞：45✓

指定通过点：＜对象捕捉 开＞　　　（选择 A 点）

指定通过点：✓

结果如图 3-32 所示。

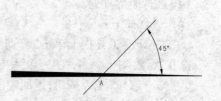

图 3-32　利用参照功能绘制构造线

3.4.2 参照对象旋转、缩放图形

1.参照对象旋转图形

"旋转"命令中的参照功能,是将对象从指定的参照角度旋转到新的角度。对象旋转的角度为两个角度的增量值。

在主菜单中点击"修改"→"旋转",输入"R"回车,系统有如下命令过程:

命令:_rotate

UCS 当前的正角方向:ANGDIR = 逆时针 ANGBASE = 0

选择对象:指定对角点:找到 1 个

选择对象:

指定基点:

指定旋转角度,或［复制(C)/参照(R)］<15 >:r↙   (进入参照功能)

指定参照角 <0 >:   (输入参照角度)

指定新角度或［点(P)］<0 >:   (输入新的角度)

命令过程中的"指定参照角 <0 >"和"指定新角度或［点(P)］<0 >"都可以通过输入角度的方式或指定的方式来确定参照角度和新角度。

下面通过一个例子来说明旋转中参照功能的用法。

示例:将图 3-33 中的圆按指定的角度 A 旋转。

命令:_rotate

UCS 当前的正角方向:ANGDIR = 逆时针 ANGBASE = 0

选择对象:指定对角点:找到 1 个

选择对象:

指定基点:<对象捕捉 开>   (选择 1 点)

指定旋转角度,或［复制(C)/参照(R)］<45 >:r↙

指定参照角 <15 >:指定第二点: (选择 1 点和 2 点)

指定新角度或［点(P)］<60 >:   (选择 3 点)

结果如图 3-34 所示。

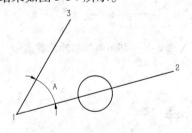

图 3-33　旋转前的平面图形

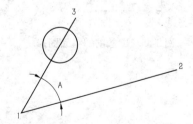

图 3-34　利用参照功能旋转图形

2.参照对象缩放图形

参照对象缩放图形就是利用"缩放"命令中的参照功能,以现有距离作为参照长度,然后再指定新的长度,以这两个长度的比值作为比例因子来缩放对象。

在主菜单中点击"修改"→"缩放",输入"R"回车,系统有如下命令过程:

命令: _scale

选择对象:找到 1 个

选择对象:

指定基点:

指定比例因子或［复制(C)/参照(R)］<1.0000>:r✓　　　(进入参照功能)

指定参照长度 <1.0000>:　　　(输入距离或指定两点作为参照长度)

指定新的长度或［点(P)］<1.0000>:　　　(输入距离或指定两点作为新的长度)

命令过程中的"指定参照长度 <1.0000>"和"指定新的长度或［点(P)］<1.0000>"都可以通过输入距离的方式或指定两点的方式来确定长度。

下面通过一个例子来说明缩放中参照功能的用法。

示例:将图 3-35 中的圆按指定的长度进行缩放。

命令: _scale

选择对象:找到 1 个

选择对象:

指定基点:<对象捕捉 开>

指定比例因子或［复制(C)/参照(R)］<10.0000>:r✓　　　(进入参照功能)

指定参照长度 <10.0000>:指定第二点:　　　(分别选择 A 点和 B 点)

指定新的长度或［点(P)］<100.0000>:p✓

指定第一点:指定第二点:　　　(分别选择 C 点和 D 点)

结果如图 3-36 所示。

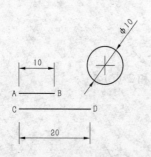

图 3-35　缩放前的平面图形

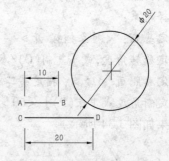

图 3-36　利用参照功能缩放图形

3.5　实训指导

项目 1:用"阵列"命令绘制二维图形

内容:绘制如图 3-37 所示的平面图形。

目的： 用"阵列"命令快速绘制二维图形。

指导：

（1）用"直线"命令绘制中心线，用"圆"、"构造线"命令绘制图形的中间部分，如图 3-38 所示。

（2）用"直线"命令绘制要阵列的对象，如图 3-39 所示。

（3）用"阵列"命令将图形进行阵列，并用"修剪"命令进行编辑。

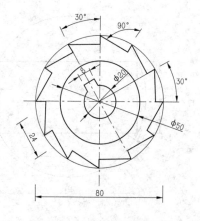

图 3-37　项目 1 平面图形

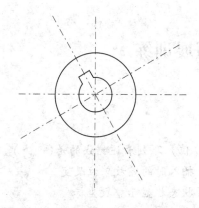

图 3-38　绘制中心线和图形的中间部分

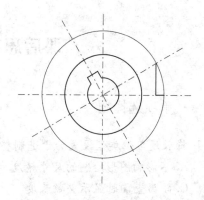

图 3-39　绘制要阵列的部分

项目 2　参照对象缩放二维图形

内容： 绘制如图 3-40 所示的平面图形。

目的： 利用参照功能快速缩放二维图形。

指导：

（1）用"矩形"命令任意绘制一长宽比为 2∶1 的矩形，比如长 30、宽 15。

（2）用"圆"命令绘制矩形的外接圆，如图 3-41 所示。

（3）利用参照功能缩放所绘图形。过程如下：

命令：_scale

选择对象：指定对角点：找到 2 个　　　（选择所绘矩形和圆）

选择对象：

指定基点：　　（选择圆心作为基点）

指定比例因子或 ［复制（C）/参照（R）］ <1.0000>：r↙　　　（进入参照功能）

指定参照长度 <1.0000>：指定第二点：　　（选择圆心和圆上任意一点）

指定新的长度或 ［点（P）］ <1.0000>：40↙　　　（输入圆的半径）

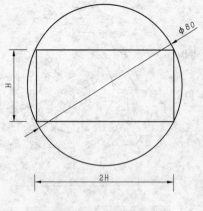

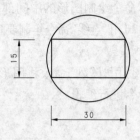

图 3-40　项目 2 平面图形　　　　　　　　　　图 3-41　绘制矩形和圆

课后思考及拓展训练

一、单项选择题

1. 将长度单位类型设置为十进制整数(小数 0 位),下列表述错误的是( )。
   A. 不影响图形绘制的尺寸精度　　　　　　B. 插入时的缩放单位改变
   C. 距离查询时显示整数长度　　　　　　　D. 状态栏显示整数坐标

2. 用于设置 AutoCAD 图形界限的命令是( )。
   A. Snap　　　　　B. Grid　　　　　C. Limits　　　　　D. Options

3. 在用多线编辑工具时,选择"十字打开"选项,总是切断所选的( )。
   A. 第一条多线　　B. 第二条多线　　C. 任一条多线　　D. 两条多线

4. 要应用"镜像"(Mirror)命令镜像文字后使文字内容仍保持原来排列方式,则应先使系统变量"MIRRTEXT"的值设为( )。
   A. 0　　　　　　　B. 1　　　　　　　C. On　　　　　　D. Off

5. 在( )情况下,多线可以进行修剪。
   A. 分解　　　　　B. 结合　　　　　C. 断开　　　　　D. 编组

6. 使用"Array"命令时,如需使阵列后的图形向右上角排列,则( )。
   A. 行偏移为正,列偏移为正　　　　　　B. 行偏移为负,列偏移为负
   C. 行偏移为负,列偏移为正　　　　　　D. 行偏移为正,列偏移为负

7. 打开"多线编辑工具"对话框的命令是( )。
   A. Pe　　　　　　B. Ml　　　　　　C. Mledit　　　　　D. Pmedit

8. 要在 A4 图纸上绘制 1:2 比例的图形,应设定的图形界限是 ( )。
   A. 420 × 297　　B. 297 × 210　　C. 594 × 420　　D. 840 × 594

9. 在 AutoCAD 中,关于"缩放"命令的描述正确的是( )

A. 比例因子只能为参数　　　　　　B. 有复制功能

C. 没有参照功能　　　　　　　　　D. 只能缩放二维图形

10. 用"缩放"(Scale)命令缩放对象时,不可以(　　　)。

A. 只在 X 轴方向上缩放　　　　　B. 将参照长度缩放为指定的新长度

C. 将基点选择在对象之外　　　　　D. 缩放小数倍

二、多项选择题

1. 用"阵列"命令阵列对象时有(　　　)等阵列类型。

A. 曲线阵列　　　　B. 矩形阵列　　　　C. 正多边形阵列　　　　D. 环形阵列

2. 用"镜像"命令镜像对象时(　　　)。

A. 必须创建镜像线

B. 可以镜像文字,但镜像后文字不可读

C. 镜像后可选择是否删除源对象

D. 用系统变量"MIRRTEXT"控制文字是否可读

3. 以下含有复制功能的编辑命令有(　　　)。

A. 复制(Copy)　　　B. 偏移(Offset)　　C. 阵列(Array)　　　D. 镜像(Mirror)

4. 使用"阵列"命令复制可以输入(　　　)。

A. Ar　　　　　　　B. Array　　　　　　C. A　　　　　　　D. Ax

5. 以下不是阵列类型的两个选项是(　　　)。

A. 矩形阵列　　　　B. 环形阵列　　　　C. 移动阵列　　　　D. 旋转阵列

6. "镜像"命令中的镜像线可以是(　　　)。

A. 曲线　　　　　　B. 斜线　　　　　　C. 水平线　　　　　D. 垂直线

7. 用"缩放"命令缩放对象时(　　　)。

A. 可以只在 X 轴方向上缩放　　　B. 可以将参照长度缩放为指定的新长度

C. 基点可以选择在对象之外　　　　D. 可以缩放小数倍

8. 扩展的绘图命令有(　　　)。

A. Copy　　　　　　B. Mirror　　　　　C. Array　　　　　D. Snap

9. 在"新建多线样式"对话框中可以(　　　)。

A. 改变多线的数量和偏移值　　　　B. 改变多线的颜色

C. 改变多线的线型　　　　　　　　D. 改变多线的封口方式

三、判断正误题

1. "Zoom"命令和"Scale"命令都可以调整对象显示的大小,可以互换使用。

2. 当系统变量"MIRRTEXT"的值为 1 时,文字不镜像,即文字的方向不变。

3. 环形阵列的填充角度为负值时按顺时针旋转,为正值时按逆时针旋转。

4. 在矩形阵列过程中,行偏移为正值时,所选对象向下阵列。

5. 当对文本进行镜像时,当 MIRRTEXT =0 时文本镜像后可读。

6. 设置多线样式时只能设置 3 条平行线。

7. 设置图形界限的命令是 Binoy。

8. 在 A3 图纸上绘制 1∶100 比例的图形,应设定的图形界限是 420×297。

9. 用"镜像"命令镜像对象时只能以竖直直线或水平直线作为对称线。

10. 使用矩形阵列只能将对象向左上角阵列。

四、作图题

绘制如图 3-42 ~ 图 3-46 所示的平面图形。

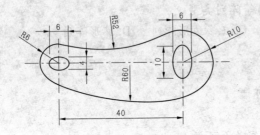

图 3-42　平面图形(一)

图 3-43　平面图形(二)

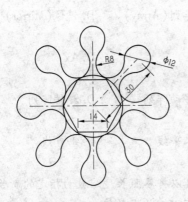

图 3-44　平面图形(三)

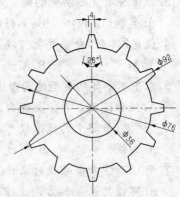

图 3-45　平面图形(四)

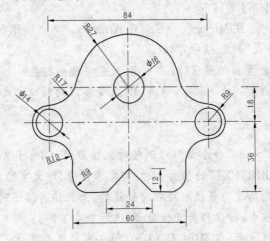

图 3-46　平面图形(五)

第4章 二维图形的高级编辑与精确绘制图形

【知识目标】通过本章的学习,了解二维图形的高级编辑,熟悉精确绘图的相关内容,掌握图形对象几何特性的查询方法。

【技能目标】通过本章的学习,能够运用所学知识编辑复杂二维图形,并会对几何对象进行特性查询。

4.1 二维图形的高级编辑

4.1.1 二维图形的快速编辑

这里介绍"编辑"菜单(见图4-1)中的剪切、复制和粘贴等功能。

1. 剪切

(1)启动命令的方法。

①在命令行中用键盘输入"Cutclip";

②在主菜单中点击"编辑"→"剪切";

③在功能面板上选择"常用"→"剪贴板"→"剪切";

④在"标准"工具栏上单击"剪切"⊠按钮。

(2)执行命令的过程。

命令:_cutclip

选择对象:指定对角点:找到23个

选择对象:✓

(3)功能说明。

"剪切"命令是将选定的对象先复制到剪贴板,粘贴后删除原对象。剪贴板中的对象可以粘贴到原图形中,也可以粘贴到其他图形和其他应用程序中。

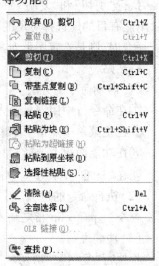

图4-1 "编辑"菜单

2. 复制

(1)启动命令的方法。

①在命令行中用键盘输入"Copyclip";

②在主菜单中点击"编辑"→"复制";

③在功能面板上选择"常用"→"剪贴板"→"复制";

④在"标准"工具栏上单击"复制"▯按钮。

（2）执行命令的过程。

命令：_copyclip

选择对象：指定对角点：找到 36 个

选择对象：✓

（3）功能说明。

"复制"命令是将选定的对象复制到剪贴板,粘贴后不删除原对象。剪贴板中的对象可以粘贴到原图形中,也可以粘贴到其他图形和其他应用程序中。粘贴的对象保留原对象的特性。

3. 带基点复制

（1）启动命令的方法。

①在命令行中用键盘输入"Copybase"；

②在主菜单中点击"编辑"→"带基点复制"。

（2）执行命令的过程。

命令：_copybase 指定基点：　　　　（指定复制对象的基准点）

选择对象：指定对角点：找到 36 个

选择对象：✓

（3）功能说明。

执行"剪切"和"复制"命令后,当执行"粘贴"命令时,以选择对象时的左下点为插入点,不能有目的地选择对象的某一点为插入点。而执行"带基点复制"命令后,当执行"粘贴"命令时,则是选定图形对象的某一点为插入点。

4. 粘贴

（1）启动命令的方法。

①在命令行中用键盘输入"Pasteclip"；

②在主菜单中点击"编辑"→"粘贴"；

③在功能面板上选择"常用"→"剪贴板"→"粘贴"；

④在"标准"工具栏上单击"粘贴" 按钮。

（2）执行命令的过程。

命令：_pasteclip 指定插入点：

（3）功能说明。

将执行"复制"、"剪切"、"带基点复制"命令时复制到剪贴板的内容粘贴在相应位置。粘贴的对象保留原对象的特性。

粘贴对象时有五种粘贴方式（见图 4-2）,在使用过程中要根据绘图需要进行选择。

图 4-2　粘贴方式

4.1.2　夹点设置和编辑

夹点是控制图形对象的特殊点,在用 AutoCAD 2010 进行绘图时,所绘制的每一个对象都有一系列的控制点,可以通过修改对象的控制点来达到编辑对象的目的。

1. 夹点设置

（1）启动命令的方法。

①在命令行中用键盘输入"Options"；

②在主菜单中点击"工具"→"选项"，再选择"选择集"选项卡。

（2）执行命令的过程。

执行"Options"命令后，系统会弹出"选项"对话框，在该对话框中点击"选择集"选项卡（如图 4-3 所示）。

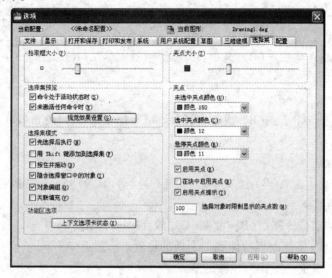

图 4-3　"选择集"选项卡

（3）参数说明。

在该对话框中，我们只介绍"夹点大小"和"夹点"两个区域。

"夹点大小"：可通过移动滑块来调节夹点的大小。

"未选中夹点颜色"：确定未选中的夹点的颜色。可通过下拉列表进行选择。

"选中夹点颜色"：确定选中的夹点的颜色。可通过下拉列表进行选择。

"悬停夹点颜色"：确定光标停留的夹点的颜色。可通过下拉列表进行选择。

"启用夹点"：选中该复选框后，表示在选择对象后出现夹点。

"在块中启用夹点"：选中该复选框后，表示在选择块后出现夹点。

"启用夹点提示"：当光标停留在夹点上时，显示夹点的特定提示。

（4）注意事项。

在作图过程中，应根据需要启动夹点，因为启动夹点后系统处理图形的速度会明显减慢。

2. 夹点编辑

（1）启动命令的方法。

首先选择要编辑的对象，使它的周围出现一系列的控制点，然后把光标放在要编辑的控制点上，单击左键选择该控制点（如果在选择控制点时按 Shift 键，则可以同时选择多个控制点),则系统就进入了对该点的编辑状态。

（2）执行命令的过程。

当用鼠标左键单击某一个控制点后,系统有如下的命令提示:

命令:　　　　（在要编辑的控制点上单击左键）

＊＊拉伸＊＊

指定拉伸点或［基点(B)/复制(C)/放弃(U)/退出(X)］:　　　（按空格键切换）

＊＊移动＊＊

指定移动点或［基点(B)/复制(C)/放弃(U)/退出(X)］:　　　（按空格键切换）

＊＊旋转＊＊

指定旋转角度或［基点(B)/复制(C)/放弃(U)/参照(R)/退出(X)］:　　　（按空格键切换）

＊＊比例缩放＊＊

指定比例因子或［基点(B)/复制(C)/放弃(U)/参照(R)/退出(X)］:　　　（按空格键切换）

＊＊镜像＊＊

指定第二点或［基点(B)/复制(C)/放弃(U)/退出(X)］:　　　（按空格键切换）

（3）参数说明。

①"指定拉伸点或［基点(B)/复制(C)/放弃(U)/退出(X)］"。

"指定拉伸点":将控制点拉伸到一个新的位置。

"基点(B)":指定一点作为拉伸的基点。

"复制(C)":拉伸时,将原对象复制一份进行拉伸,即原对象保持不变。

"放弃(U)":放弃上一步操作。

"退出(X)":退出夹点编辑命令。

②"指定移动点或［基点(B)/复制(C)/放弃(U)/退出(X)］"。

"指定移动点":将控制点移动到一个新的位置。

"基点(B)":指定一点作为移动的基点。

"复制(C)":移动时,将原对象复制一份进行移动,即原对象保持不变。

"放弃(U)":放弃上一步操作。

"退出(X)":退出夹点编辑命令。

③"指定旋转角度或［基点(B)/复制(C)/放弃(U)/参照(R)/退出(X)］"。

"指定旋转角度":输入旋转的角度,以控制点为圆心进行旋转。

"基点(B)":指定一点作为旋转的基点。

"复制(C)":旋转时,将原对象复制一份进行旋转,即原对象保持不变。

"放弃(U)":放弃上一步操作。

"参照(R)":指定参照角度。

"退出(X)":退出夹点编辑命令。

④"指定比例因子或［基点(B)/复制(C)/放弃(U)/参照(R)/退出(X)］"。

"指定比例因子":输入放大或缩小的比例因子。

"基点(B)":指定一点作为比例缩放的基点。

"复制(C)":缩放时,将原对象复制一份进行缩放,即原对象保持不变。

"放弃(U)":放弃上一步操作。

"参照(R)":指定参照长度。

"退出(X)":退出夹点编辑命令。

⑤"指定第二点或［基点(B)/复制(C)/放弃(U)/退出(X)］"。

"指定第二点":指定镜像线上的第二点(第一点是控制点)。

"基点(B)":指定一点作为镜像线的基点。

"复制(C)":镜像时,将原对象复制一份进行镜像,即原对象保持不变。

"放弃(U)":放弃上一步操作。

"退出(X)":退出夹点编辑命令。

(4)注意事项。

夹点编辑完成后,按 Esc 键退出操作。另外,切换夹点编辑操作也可以用快捷菜单来完成。比如在选择完某一个控制点后,把光标放在该控制点上,然后单击右键,系统会弹出如图4-4所示的快捷菜单,用户可以通过此快捷菜单进行命令选择。夹点编辑是比较简单但又应用比较广泛的编辑命令,建议大家熟练掌握。

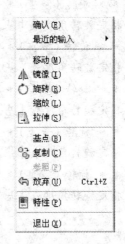

图4-4 "夹点编辑"快捷菜单

(5)示例。

用夹点编辑绘制图4-5。

①绘制两个对角点距离为36的正六边形,如图4-6所示。

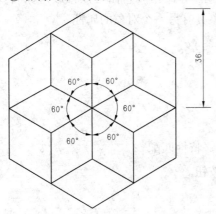

图4-5 平面图形

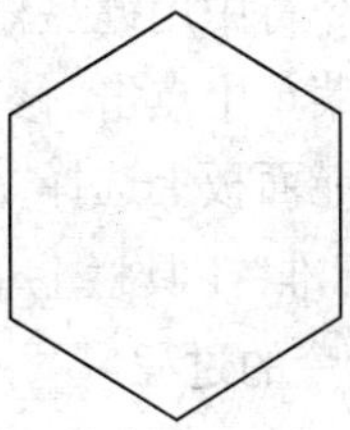

图4-6 正六边形

②用夹点编辑绘制其他正六边形。

命令: (选择正六边形)

命令: (左键点击正六边形最下面的顶点)

＊＊拉伸＊＊

指定拉伸点或［基点(B)/复制(C)/放弃(U)/退出(X)］：　　（按空格键）

＊＊移动＊＊

指定移动点或［基点(B)/复制(C)/放弃(U)/退出(X)］：　　（按空格键）

＊＊旋转＊＊

指定旋转角度或［基点(B)/复制(C)/放弃(U)/参照(R)/退出(X)］：c↙

＊＊旋转(多重)＊＊

指定旋转角度或［基点(B)/复制(C)/放弃(U)/参照(R)/退出(X)］：60↙

＊＊旋转(多重)＊＊

指定旋转角度或［基点(B)/复制(C)/放弃(U)/参照(R)/退出(X)］：120↙

＊＊旋转(多重)＊＊

指定旋转角度或［基点(B)/复制(C)/放弃(U)/参照(R)/退出(X)］：180↙

＊＊旋转(多重)＊＊

指定旋转角度或［基点(B)/复制(C)/放弃(U)/参照(R)/退出(X)］：240↙

＊＊旋转(多重)＊＊

指定旋转角度或［基点(B)/复制(C)/放弃(U)/参照(R)/退出(X)］：300↙

＊＊旋转(多重)＊＊

指定旋转角度或［基点(B)/复制(C)/放弃(U)/参照(R)/退出(X)］：

4.2　二维图形的特性编辑

特性编辑有"特性匹配"、"特性"和"快捷特性"等命令。它们可以修改对象自身所具有的属性(图层、颜色、线型、线宽等)，或使对象具有另一个对象的属性。

4.2.1　特性匹配

1. 启动命令的方法

(1)在命令行中用键盘输入"Matchprop"；

(2)在主菜单中点击"修改"→"特性匹配"；

(3)在功能面板上选择"常用"→"剪贴板"→"特性匹配"；

(4)在"标准"工具栏上单击"特性匹配"📋按钮。

2. 执行命令的过程

命令：_matchprop

选择源对象：　　（选择一个对象作为源对象,选择完后光标变成一小刷子"🖌"）

当前活动设置：颜色　图层　线型　线型比例　线宽　厚度　打印样式　文字标注　填充图案　多段线　视口　表格　　（当前源对象所具有的特性）

选择目标对象或［设置(S)］：　　（选择要修改的对象,可以连续选择）

选择目标对象或［设置(S)］：↙　　（回车结束选择）

3. 参数说明

"设置(S)":输入"S"回车后,系统会弹出如图4-7
所示的"特性设置"对话框。用户通过该对话框可以
设置要复制源对象的哪些特性。

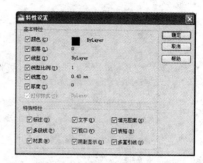

图4-7　"特性设置"对话框

4. 示例

将图4-8中圆的线宽变为矩形的线宽。

操作过程如下:

(1)单击"特性匹配"按钮;

(2)点击矩形的边线;

(3)当光标变成小刷子后,将小刷子移到圆的边线上,如图4-9所示;

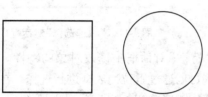

图4-8　平面图形

图4-9　特性匹配操作

(4)点击圆的边线;

(5)按 Esc 键或单击鼠标右键结束操作。

4.2.2　特性

1. 启动命令的方法

(1)在命令行中用键盘输入"Properties";

(2)在主菜单中点击"修改"→"特性";

(3)在功能面板上选择"视图"→"选项板"→"特性";

(4)在"标准"工具栏上单击"特性" 按钮。

2. 执行命令的过程

执行"Properties"命令后,系统会弹出如图4-10所示的"特性"对话框。

3. 参数说明

在"特性"对话框的上面显示了一个下拉列表框,当未选择对象时,显示为"无选择";
当选择对象后,显示为该对象的名称。在该对话框的左边为标题框,可以点击标题框中的
"×"关闭对话框,也可以点击标题框中的" "来隐藏对话框或显示对话框,同时也可以
对该对话框进行特性操作。在对话框的右上角有一个"快速选择" 按钮,点击它会弹出
如图4-11所示的"快速选择"对话框,我们可以通过该对话框来快速地选择对象。

在"特性"对话框中,未选择对象时有"常规"、"三维效果"、"打印样式"、"视图"和
"其他"五项内容,选择对象后则有"常规"、"几何图形"等内容,用户可以通过这些选项
内容来编辑对象。可以编辑的对象有图层、线型、颜色、线型比例、线宽等。

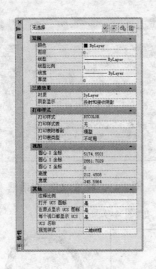

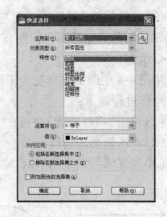

图 4-10　"特性"对话框　　　　　　　　图 4-11　"快速选择"对话框

在编辑对象前,首先应该选择对象,然后在"特性"对话框中修改对象的特性。修改对象的特性时,有些可以输入一个新的数据,有些可以通过下拉列表框进行选择。在修改完对象的特性后,按回车键,则对象就随修改内容作相应改变。按"×"退出操作。

注意:特性编辑的快捷方式是把光标放在图形上,然后双击左键。另外,特性操作可以作为一种变量对图形对象进行参数化操作。

4.示例

将图 4-12 中的椭圆长轴改为 40,短轴改为 30。

操作过程如下:

(1)左键点击椭圆边线(不要连同尺寸一起选择);

(2)点击"特性"按钮;

(3)将"特性"对话框中"几何图形"下的长轴半径改为"20",短轴半径改为"15"(见图 4-13);

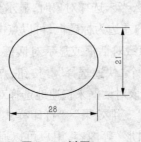

图 4-12　椭圆

图 4-13　在"特性"对话框中修改椭圆尺寸

(4)关闭"特性"对话框。

结果如图 4-14 所示。

注意:在"特性"对话框中修改椭圆尺寸的同时,椭圆标注的尺寸也随着变化了。

4.2.3　快捷特性

1.启动命令的方法

左键点击状态栏上的"快捷特性" ▣ 按钮。

2.功能说明

启动"快捷特性"命令,选择对象后,系统就会在选择对象的旁边出现"快捷特性"对话框(见图 4-15)。在该对话框中可以显示所选对象的特性,而显示的内容可以通过"自定义用户界面"对话框(点击功能面板上的"管理"→"自定义设置"→"用户界面"出现该对话框,见图 4-16)来进行更改。但是大家要注意,如果选择的是两个或者两个以上的对象,"快捷特性"对话框中所显示的特性是这些对象共有的特性。

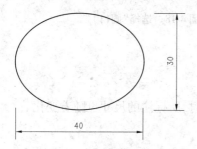

图 4-14　修改后的椭圆

图 4-15　"快捷特性"对话框

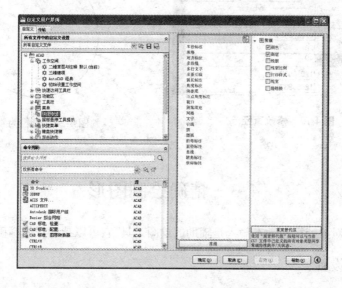

图 4-16　"自定义用户界面"对话框

3.注意事项

在使用"快捷特性"命令编辑对象时,有一个系统变量"QPMODE"。它的值为 0 时关闭"快捷特性"对话框的显示,它的值为 1 时打开"快捷特性"对话框的显示,而它的值为 2 时,"快捷特性"对话框只在编辑"自定义用户界面"对话框中自定义的对象时才显示,这对编辑图形是非常有帮助的。

4. 示例

将图 4-17 中直径为 30 的圆改为直径为 40 的圆。

操作过程如下:

(1)选择圆和尺寸标注;

(2)在"快捷特性"对话框中选择"圆(1)"(见图 4-18);

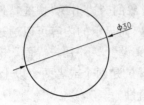

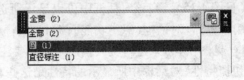

图 4-17 直径为 30 的圆   图 4-18 选择"圆(1)"

(3)在"直径"选项中将 30 改为 40,如图 4-19 所示;

(4)按 Esc 键退出"快捷特性"对话框。

结果如图 4-20 所示。

注意:在"快捷特性"对话框中修改圆的尺寸的同时,所标注的尺寸也随着变化。

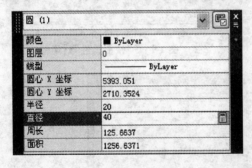

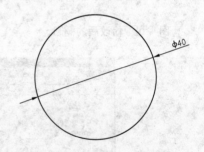

图 4-19 修改直径   图 4-20 直径为 40 的圆

4.3 精确绘制图形

草图设置、对象捕捉和动态输入是辅助的绘图工具,它可以帮助我们精确地绘制图形。

4.3.1 草图设置

1. 启动命令的方法

(1)在命令行中用键盘输入"Dsettings";

(2)在主菜单中点击"工具"→"草图设置";

（3）将光标移到状态控制按钮上单击右键，然后选择"设置"。

2. 功能说明

在命令行中用键盘输入"Dsettings"，然后回车，系统会弹出"草图设置"对话框。在该对话框中有五个选项板：捕捉和栅格、极轴追踪、对象捕捉、动态输入和快捷特性。

（1）捕捉和栅格。

在该选项板上有五个选区（见图4-21），分别是启用捕捉、启用栅格、极轴间距、栅格行为和捕捉类型。其中比较重要的是捕捉类型选区，当启动"等轴测捕捉"时，光标变为"✚"形状，按 F5 键在水平等轴测、正面等轴测和侧面等轴测之间转换，可以绘制轴测图，特别是对绘制等轴测圆非常有意义。

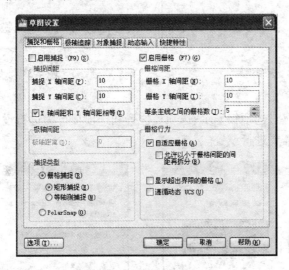

图 4-21　捕捉和栅格

（2）极轴追踪。

在该选项板中主要进行极轴角设置（见图4-22）。可以通过"增量角"进行设置，也可通过"附加角"进行设置。但不管是设置"增量角"，还是设置"附加角"，在绘图时，它们都是以所设角值的整数倍追踪。另外，启用"附加角"时，可以按要求设置多个"附加角"值。

（3）对象捕捉。

在绘制图形时，利用对象捕捉能够捕捉到指定对象上的精确位置。比如，使用对象捕捉可以精确捕捉到圆的圆心或线段的中点。在绘制图样前要首先进行"对象捕捉"选项板的设置（见图4-23），最好不要全选，如果全选，可能因这些捕捉点离得太近而无法准确捕捉到想要的点。一般绘图时选择常用的端点、中点、圆心、交点和切点就可以了。如果临时需要其他的捕捉点，可以进行重新设置。

（4）动态输入。

在该选项板中有三个选项，分别是"指针输入"、"标注输入"和"动态提示"，见图4-24。"指针输入"主要设置后续点的坐标格式和可见性；"标注输入"设置标注输入的字段数，按 Tab 键可以对标注字段逐个进行切换；"动态提示"是对动态光标的颜色、大小和透明度进行设置。

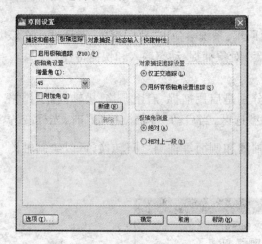

图 4-22　极轴追踪

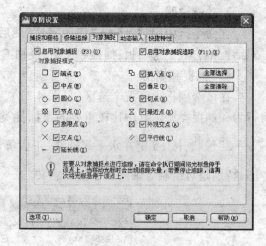

图 4-23　对象捕捉

（5）快捷特性。

该选项板主要是对选项板显示、选项板位置和选项板行为进行设置（见图4-25）。在绘图过程中要根据需要进行设置。

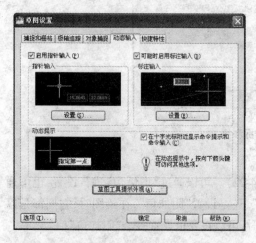

图 4-24　动态输入

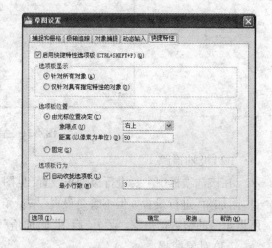

图 4-25　快捷特性

4.3.2　对象捕捉

1. 单点捕捉

在绘制图形时，有时需要精确地捕捉到某一点，这时就可以利用"对象捕捉"工具栏或"对象捕捉"快捷菜单来进行捕捉。

（1）启动命令的方法。

调出"对象捕捉"工具栏的方法是：在任意工具栏上，点击鼠标右键，出现工具栏快捷菜单，勾选"对象捕捉"，则出现如图4-26所示的"对象捕捉"工具栏。

图 4-26 "对象捕捉"工具栏

"对象捕捉"快捷菜单调出的方法是:在绘图区,按住 Shift 键或 Ctrl 键,同时单击鼠标右键,则出现如图 4-27 所示的"对象捕捉"快捷菜单。

① —•: 临时追踪点。

② ⌐: 捕捉自某一点。

③ ∕: 捕捉端点。

④ ∕: 捕捉中点。

⑤ ✕: 捕捉交点。

⑥ ✕: 捕捉外观交点。

⑦ ‑‑: 捕捉延长线。

⑧ ◎: 捕捉圆心。

⑨ ✿: 捕捉象限点。

⑩ ○: 捕捉切点。

⑪ ⊥: 捕捉垂足。

⑫ ∥: 捕捉平行线。

⑬ ⊠: 捕捉插入点。

⑭ •: 捕捉节点。

⑮ ✕: 捕捉最近点。

⑯ ⚑: 无捕捉。

⑰ ⚑: 对象捕捉设置。

图 4-27 "对象捕捉"快捷菜单

(2)举例。

绘制图 4-28 中两圆的公切线。

①先点击"直线" ∕ 按钮,再点击"捕捉切点" ○ 按钮。

②在小圆圆周上点击一下鼠标左键,找到第一个切点,再点击"捕捉切点" ○ 按钮。

③在大圆圆周上点击一下鼠标左键,最后按一次回车键结束,如图 4-29 所示。

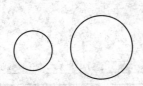

图 4-28　小圆和大圆

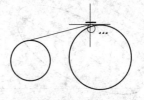

图 4-29　绘制公切线

2.自动捕捉

自动捕捉分为极轴追踪捕捉与对象追踪捕捉,具体操作如下:

（1）极轴追踪捕捉：在状态栏上，打开极轴追踪和对象捕捉，移动光标到已设置好极轴角的位置，动点与上一点之间产生一条虚线，并给出极轴角和极轴长度，如图4-30所示。

（2）对象追踪捕捉：在状态栏上，打开极轴追踪、对象捕捉追踪和对象捕捉，移动光标到需要对应的两点位置，结果在两点之间产生两条相交虚线，捕捉并给出极轴角，如图4-31所示。

图4-30　极轴追踪捕捉

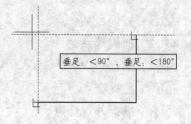

图4-31　对象追踪捕捉

一般在绘制图形过程中，需要将极轴追踪、对象捕捉和对象捕捉追踪同时打开，这对提高作图速度是非常有帮助的。

4.3.3　动态输入

下面通过一个例子来说明动态输入操作的方法。

示例：绘制如图4-32所示的椭圆。

（1）打开"草图设置"对话框，点击"动态输入"选项。

（2）点击"标注输入"下的"设置"按钮，出现如图4-33所示的"标注输入的设置"对话框。

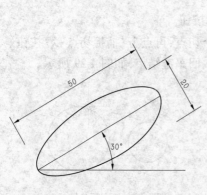

图4-32　椭圆

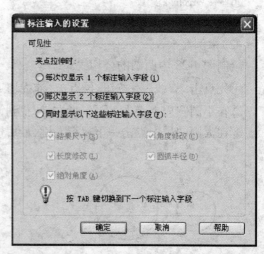

图4-33　"标注输入的设置"对话框

（3）在"标注输入的设置"对话框中选择"每次显示2个标注输入字段"选项，点击"确定"按钮，然后关闭"草图设置"对话框。

（4）启动"椭圆"命令，在屏幕上单击左键作为椭圆长轴的起点。

（5）移动鼠标，准备绘椭圆长轴的第二点，出现
动态输入坐标。在长度值处输入50，按 Tab 键，在长
度值50后出现一把黄锁，锁定长度值不变并进入角
度输入，输入角度30，如图4-34所示。

（6）按回车键，绘椭圆的短轴，出现动态输入坐
标后，输入另一条半轴长度为10，再按一次回车键结
束命令。

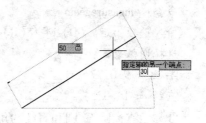

图4-34　输入长轴的长度和角度

4.4　对象几何特性查询

对象几何特性查询是 AutoCAD 2010 中的重要内容，其查询结果的准确性与前面的精
确绘图内容紧密相关，因此精确绘图是对象几何特性查询的前提。

（1）启动命令的方法。

①在主菜单中点击"工具"→"查询"（见图4-35）；

②在功能面板上选择"常用"→"实用工具"→"测量"（见图4-36）；

③调出"查询"工具栏（见图4-37）。

（2）功能说明。

①▤：查询两点之间的距离。

操作方法如下：

命令：_measuregeom

输入选项［距离（D）/半径（R）/角度（A）/面积（AR）/体积（V）］＜距离＞：_dis-
tance

指定第一点：

指定第二个点或［多个点（M）］：

距离 ＝ 43.6920，XY 平面中的倾角 ＝ 13，与 XY 平面的夹角 ＝ 0

X 增量 ＝ 42.5342，　 Y 增量 ＝ 9.9916，　 Z 增量 ＝ 0.0000

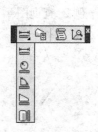

图4-35　"查询"菜单　　　　图4-36　功能面板上与查询有关的选项　　　图4-37　"查询"工具栏

②▣：查询圆弧和圆的半径。

操作方法如下：

命令：_measuregeom

输入选项〔距离(D)/半径(R)/角度(A)/面积(AR)/体积(V)〕＜距离＞：_radius

选择圆弧或圆：

半径 ＝ 9.0177

直径 ＝ 18.0354

③🖾:查询圆弧、圆和直线的角度。

操作方法如下：

命令：_measuregeom

输入选项〔距离(D)/半径(R)/角度(A)/面积(AR)/体积(V)〕＜距离＞：_angle

选择圆弧、圆、直线或 ＜指定顶点＞：

指定角的第二个端点：

角度 ＝ 71°

④🖾:查询对象的面积。

操作方法如下：

命令：_measuregeom

输入选项〔距离(D)/半径(R)/角度(A)/面积(AR)/体积(V)〕＜距离＞：_area

指定第一个角点或〔对象(O)/增加面积(A)/减少面积(S)/退出(X)〕＜对象(O)＞：

指定下一个点或〔圆弧(A)/长度(L)/放弃(U)〕：

指定下一个点或〔圆弧(A)/长度(L)/放弃(U)/总计(T)〕＜总计＞：

面积 ＝ 25.5567,周长 ＝ 23.7164

下面通过几个例子来说明上述命令行中有关参数的用法。

例1:查询正六边形(见图4-38)的面积。

命令：_measuregeom

输入选项〔距离(D)/半径(R)/角度(A)/面积(AR)/体积(V)〕＜距离＞：_area

指定第一个角点或〔对象(O)/增加面积(A)/减少面积(S)/退出(X)〕＜对象(O)＞：↙

选择对象：　　(选择正六边形)

面积 ＝ 132.0145,周长 ＝ 42.7697

例2:查询图4-39中正六边形的面积加圆的面积。

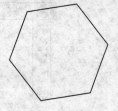

图 4-38　正六边形

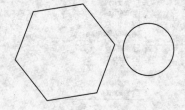

图 4-39　正六边形和圆

命令：_measuregeom

输入选项［距离（D）/半径（R）/角度（A）/面积（AR）/体积（V）］＜距离＞：_area

指定第一个角点或［对象（O）/增加面积（A）/减少面积（S）/退出（X）］＜对象（O）＞：a↙

指定第一个角点或［对象（O）/减少面积（S）/退出（X）］：o↙

（"加"模式）选择对象：　　（选择正六边形）

面积 ＝ 132.0145，周长 ＝ 42.7697

总面积 ＝ 132.0145

（"加"模式）选择对象：　　（选择圆）

面积 ＝ 40.4591，圆周长 ＝ 22.5483

总面积 ＝ 172.4736

例3：查询图4-39中正六边形的面积减圆的面积。

命令：_measuregeom

输入选项［距离（D）/半径（R）/角度（A）/面积（AR）/体积（V）］＜距离＞：_area

指定第一个角点或［对象（O）/增加面积（A）/减少面积（S）/退出（X）］＜对象（O）＞：a↙

指定第一个角点或［对象（O）/减少面积（S）/退出（X）］：o↙

（"加"模式）选择对象：　　（选择正六边形）

面积 ＝ 132.0145，周长 ＝ 42.7697

总面积 ＝ 132.0145

指定第一个角点或［对象（O）/减少面积（S）/退出（X）］：s↙

指定第一个角点或［对象（O）/增加面积（A）/退出（X）］：o↙

（"减"模式）选择对象：　　（选择圆）

面积 ＝ 40.4591，圆周长 ＝ 22.5483

总面积 ＝ 91.5554

⑤▦：查询对象的体积。

操作方法如下：

命令：_measuregeom

输入选项［距离（D）/半径（R）/角度（A）/面积（AR）/体积（V）］＜距离＞：_volume

指定第一个角点或［对象（O）/增加体积（A）/减去体积（S）/退出（X）］＜对象（O）＞：↙

选择对象：

体积 ＝ 141371.6694

⑥▦：查询面域或三维实体的质量特性。

查询面域的质量特性：在查询前首先要将图形转化为面域，
比如将如图4-40所示的五边形转化为面域。命令过程如下：

命令：_region

选择对象：指定对角点：找到 5 个　　（选择五边形）

选择对象：

已提取 1 个环。

已创建 1 个面域。

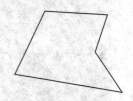

图4-40　五边形

然后查询五边形的质量特性。命令过程如下：

命令：_massprop

选择对象：找到 1 个　　（选择五边形）

选择对象：

— — — — — — — — — — — — — — 面域 — — — — — — — — — — — — — — —

面积：	463.9387
周长：	98.8930
边界框：	X：2402.1960 — — 2435.0373
	Y：2134.7674 — — 2158.0175
质心：	X：2418.2927
	Y：2146.5424
惯性矩：	X：2137681468.9625
	Y：2713201168.2634
惯性积：	XY：2408289644.1728
旋转半径：	X：2146.5509
	Y：2418.3029

主力矩与质心的 X - Y 方向：

I：16806.2293 沿 [0.9807 − 0.1955]

J：23074.2153 沿 [0.1955 0.9807]

查询三维实体的质量特性：下面通过一个例子来说明查询三维实体的质量特性的方法和过程。

示例：查询如图 4-41 所示的带轮的质量特性。

命令：_massprop

选择对象：找到 1 个　　（选择带轮）

选择对象：↙

结果如图 4-42 所示。

⑦ 🗐：列表查询。

列表查询不仅可以查询对象的类型，而且还可以查询对象所在的图层颜色、线型和线宽以及对象的厚度、标高等信息。

图 4-41　带轮

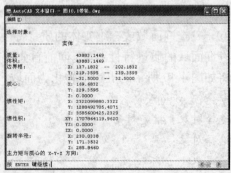

图 4-42　带轮的质量特性

如列表查询图 4-41，结果如图 4-43 所示。

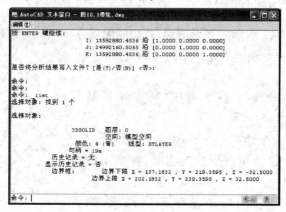

图 4-43　列表查询带轮

4.5　实训指导

项目 1：用"对象捕捉"命令绘制二维图形

内容：绘制如图 4-44 所示的平面图形。

目的：用"对象捕捉"命令快速绘制二维图形。

指导：

（1）用"直线"命令绘制中心线，用"圆"、"椭圆"命令绘制图形的框架部分，如图 4-45 所示。

（2）用"直线"命令绘制四条公切线中的一条，如图 4-46 所示。

（3）用"镜像"命令绘制其余的三条公切线。

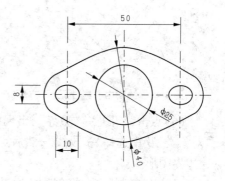

图 4-44　项目 1 平面图形

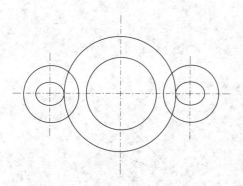

图 4-45　绘制中心线及圆和椭圆

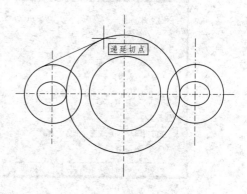

图 4-46　绘制公切线

项目 2:查询二维图形的面积

内容:绘制如图 4-47 所示的平面图形,查询阴影部分(即有剖面线部分)面积。

目的:用"查询"命令快速查询二维图形的面积。

指导:

(1)用"直线"命令绘制中心线,并用"圆"命令绘制直径为 50 的圆,如图 4-48 所示。

(2)用"多边形"命令绘制正方形,如图 4-48 所示。

(3)用"圆"命令绘制正方形的内切圆,如图 4-49 所示。

(4)用"圆"和"阵列"命令绘制四段圆弧,如图 4-49 所示。

(5)用"圆"命令绘制中间的小圆。

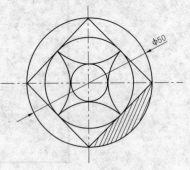

图 4-47　项目 2 平面图形

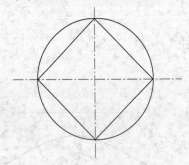

图 4-48　绘制中心线、圆及正方形

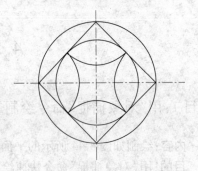

图 4-49　绘制内切圆及圆弧

(6)点击"绘图"→"边界",出现如图 4-50 所示的"边界创建"对话框,在该对话框的"对象类型"中选择"多段线",然后点击"拾取点"按钮,在图形阴影部分中单击左键,创建边界图形。

(7)用"复制"命令将创建的边界图形移出,如图 4-51 所示。

图 4-50　"边界创建"对话框

图 4-51　边界图形

(8)点击"工具"→"查询"→"面积"。命令过程如下：

命令：_measuregeom

输入选项 ［距离(D)/半径(R)/角度(A)/面积(AR)/体积(V)］ <距离>：_area

指定第一个角点或 ［对象(O)/增加面积(A)/减少面积(S)/退出(X)］ <对象(O)>：↙

选择对象：

面积 = 178.3739,周长 = 74.6252

课后思考及拓展训练

一、单项选择题

1.使用动态输入时,打开或关闭动态输入的功能键是(　　)。

　　A. F12　　　　　　　B. F11　　　　　　　C. DYN　　　　　　D. Esc

2.打开或关闭正交模式的功能键是(　　)。

　　A. F2　　　　　　　B. F3　　　　　　　C. F8　　　　　　D. F9

3.在动态输入下绘制直线,坐标输入的约定是(　　)。

　　A.第一点为绝对坐标,第二点为相对坐标

　　B.输入 @ 转换为相对坐标

　　C.输入 # 转换为绝对坐标

　　D.以上都对

4.打开动态输入绘制直线,在"指定第一点:"提示下输入"100,100",在"指定下一点:"提示下输入"200,100",绘制的直线(　　)。

　　A.第二点的端点坐标为:300,200

　　B.第二点的端点坐标为:200,100

　　C.与关闭动态输入时绘制出的结果相同

　　D.为长度100的水平线

5.对象追踪不能单独使用,必须配合(　　)一起使用。

　　A.对象捕捉　　　B.捕捉　　　　　C.极轴追踪　　　　D.延伸捕捉

6.利用极轴工具绘制水平线和垂直线,以下极轴增量角设置错误的是(　　)。

　　A. 0　　　　　　　B. 30　　　　　　　C. 45　　　　　　　D. 90

7.关于正交、极轴、对象捕捉、对象追踪的描述,错误的是(　　)。

　　A.正交与极轴不可同时开启

　　B.极轴可以实现正交功能

　　C.对象捕捉可以捕捉对象外的点

　　D.对象追踪可以单独使用,无须打开对象捕捉

8.要在不同的对象捕捉点之间循环切换,可以按(　　)键。

A. Tab　　　　　B. Shift　　　　　C. Alt　　　　　D. Ctrl

9. 极轴增量角设为默认的 90°，用"直线"（Line）命令配合极轴工具绘制直线时，以下正确的说法是（　　）。

A. 只能向上画 90°垂直线

B. 只能向上画 90°垂直线或向下画 270°垂直线

C. 可以画水平线和垂直线

D. 还要打开正交才能画水平线和垂直线

10. 启用延伸捕捉，不能捕捉的点是（　　）。

A. 直线延长线上的点　　　　　B. 圆弧延长线上的点

C. 直线外任意一点　　　　　　D. 直线上任意一点

11. AutoCAD 默认的对象捕捉模式中不包括（　　）。

A. 端点　　　　　B. 中点　　　　　C. 交点　　　　　D. 圆心

12. 临时需要捕捉切点，以下有关操作方法的叙述正确的是（　　）。

A. 按 Shift + 右键，从"对象捕捉"快捷菜单中选择"切点"

B. 输入捕捉名称 TAN

C. 必须预先设置捕捉切点

D. A、B 正确

13. 要打开或关闭对象夹点，可以（　　）。

A. 使用"Entgrip"命令　　　　　B. 按 F3 键

C. 在"选项"对话框的"选择集"选项卡中设置

D. 一直打开"启用夹点"

14. 精确绘图的特点是（　　）。

A. 精确的颜色　　　　　　　　B. 精确的线宽

C. 精确的几何数量关系　　　　D. 精确的文字大小

15. 当光标处于绘图区时，使用（　　）可调用"对象捕捉"快捷菜单。

A. Tab + 右键单击　　　　　　B. Alt + 右键单击

C. Shift + 右键单击　　　　　　D. 右键单击

二、多项选择题

1. 在等轴测捕捉模式下，可以通过按以下（　　）键在三个轴测平面之间切换。

A. F5　　　　　B. Ctrl + D　　　　　C. Ctrl + E　　　　　D. F8

2. 要绘制水平线和垂直线，可以（　　）。

A. 按 F8 键，直接画线　　　　　B. 按 F7、F9 键，在栅格上画线

C. 精确画线，引入三种坐标　　　D. 采用对象捕捉

3. 在需输入点坐标时用捕捉中点方式可以捕捉实体中点，下列叙述错误的有（　　）。

A. 可以捕捉圆的中心

B. 连续两次使用捕捉中点方式可以捕捉一直线中点与端点之间的中点

C. 可以捕捉圆弧的中点

D. 可以捕捉正多边形的中心

4. 过圆外一点 A 作圆的切线,下列叙述错误的有(　　)。

　　A. 用"直线"命令作直线,起点为 A 点,终点为圆心

　　B. 用"直线"命令作直线,起点为 A 点,终点用捕捉切点方式在圆周上捕捉

　　C. 用"直线"命令作直线,起点为 A,终点用捕捉交点方式在圆周上捕捉

　　D. 用"直线"命令作直线,起点为 A,终点为圆周上任意点

5. 在正等轴测图中,原立体左、右侧面和水平面上的圆都将变成椭圆。要在 AutoCAD 中画正等轴测图中的这类椭圆,以下方法错误的是(　　)。

　　A. 正等测模式下的"圆"命令　　　　　　B. "椭圆"命令

　　C. "圆"命令/"正等测"选项

　　D. 正等测模式下的"椭圆"命令/"正等测"选项

6. 将一个封闭的二维对象转化为面域可以用(　　)

　　A. REGION　　　　　B. 边界　　　　　C. PEDIT　　　　　D. REGOON

7. 在绘图中能够精确定位坐标点的辅助工具有(　　)。

　　A. 栅格　　　　　B. 对象捕捉　　　　　C. 间隔捕捉　　　　　D. 以上都正确

8. 下列选项属于对象捕捉的有(　　)。

　　A. 圆心　　　　　B. 最近点　　　　　C. 外观交点　　　　　D. 延伸

9. 采用 QUA 捕捉方法能捕捉圆上(　　)象限点。

　　A. 0°　　　　　B. 30°　　　　　C. 90°　　　　　D. 270°

10. 使用夹点编辑命令可以将对象进行(　　)。

　　A. 移动　　　　　B. 旋转　　　　　C. 按比例缩放　　　　　D. 偏移

三、判断正误题

1. 打开或关闭正交的功能键是 F4。

2. 打开或关闭对象捕捉的功能键是 F3。

3. 动态输入的开关控制功能键是 F12。

4. 打开或关闭对象追踪的功能键是 F11。

5. 打开或关闭极轴的功能键是 F12。

6. 在绘图时,一旦打开正交后,在屏幕上只能画水平线和垂直线。

7. SNAP 的步距值不能大于 GRID 的栅格点间距值。

8. 动态输入是 AutoCAD 2010 版的新功能。

9. 在 AutoCAD 中绘制二维等轴测视图时,切换各等轴测平面的功能键是 F5。

10. 在打开对象捕捉下,仅可以设置一种对象捕捉模式。

四、作图题

绘制如图 4-52 ~ 图 4-56 所示的平面图形,并查询阴影部分的面积。

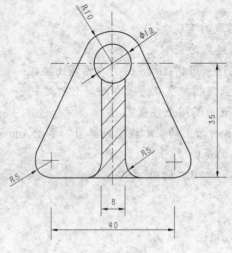

图 4-52　平面图形(一)

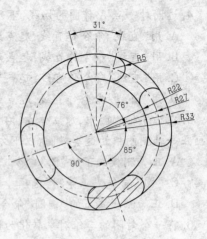

图 4-53　平面图形(二)

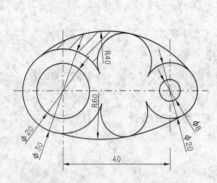

图 4-54　平面图形(三)

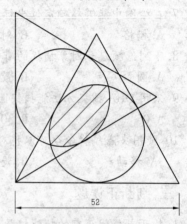

图 4-55　平面图形(四)

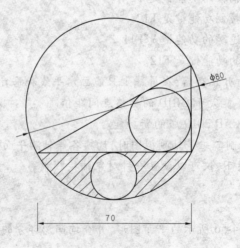

图 4-56　平面图形(五)

第5章 图案填充与绘制工程图样

【知识目标】：通过本章的学习，了解三视图和剖视图相关知识，熟悉用 AutoCAD 2010 绘制工程图样的方法，掌握图案填充的方法。

【技能目标】：通过本章的学习，能够运用所学知识绘制和编辑复杂的工程图。

5.1 图案填充

5.1.1 图案填充

在用剖视图和断面图表达工程形体时，需要在实体部分填充材料。AutoCAD 2010 为我们提供了图案填充的命令和一些填充材料，为绘制剖视图与断面图带来很大方便。

1.利用"图案填充和渐变色"对话框进行填充

（1）启动命令的方法。

①在命令行中用键盘输入"Bhatch"或"Gradient"；

②在主菜单中点击"绘图"→"图案填充"或"渐变色"；

③在功能面板上选择"常用"→"绘图"→"图案填充"或"渐变色"；

④在"绘图"工具栏上单击"图案填充"[ ]或"渐变色"[ ]按钮。

（2）执行命令的过程。

在功能面板上单击"常用"→"绘图"→"图案填充"，系统会弹出如图 5-1 所示的"图案填充和渐变色"对话框。

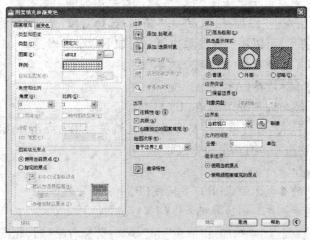

图 5-1 "图案填充和渐变色"对话框——"图案填充"选项卡

(3)参数说明。

在该对话框中有两个选项卡:一个是图案填充,另一个是渐变色。下面将常用选项的含义介绍如下:

①"图案填充"选项卡。

"类型":图案的类型有三种,即预定义、用户定义和自定义。

"图案":选择所要填充的图案材料,用户可在下拉列表框中选择,也可通过单击其后按钮在填充图案选项板(见图5-2)中选择。

"样例":填充图案的示例。

"自定义图案":用户自己定义的图案材料。

"角度":输入或选择填充图案中材料的倾斜角度。

"比例":输入或选择填充图案中材料的比例。

"双向":当"图案填充"选项卡上的"类型"设置为"用户定义"时,此选项可用,它是将用户定义的图案绘制成90°交叉线。

"相对图纸空间":此选项在布局中可用,它是相对于图纸的空间单位缩放填充图案。

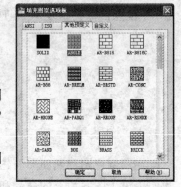

图5-2　填充图案选项板

"间距":当"图案填充"选项卡上的"类型"设置为"用户定义"时,此选项可用,它是设定用户定义图案中的直线间距。

"ISO笔宽":当"图案填充"选项卡上的"类型"设置为"预定义",并将"图案"设置为可用的ISO图案时,此选项可用,它是以选定的笔宽来缩放ISO预定义图案。

"使用当前原点":将填充图案的开始点设置为默认。

"指定的原点":用户可通过"单击以设置新原点"、"默认为边界范围"、"存储为默认原点"等选项,来指定新的填充图案的开始点。

"添加:拾取点":点击该按钮,系统回到绘图区,在要填充的区域内单击左键。

"添加:选择对象":点击该按钮,系统要求选择要填充的对象。

"删除边界":当点击"添加:拾取点"和"添加:选择对象"后,此按钮可用。点击该按钮后,系统回到选择区,可以添加或删除边界。有如下命令过程:

拾取内部点或 [选择对象(S)/删除边界(B)]:

选择对象或 [添加边界(A)]:

选择对象或 [添加边界(A)/放弃(U)]:

"重新创建边界":当进行填充图案编辑时,此选项可用。点击该按钮后,系统回到选择区,可以重新创建边界。有如下命令过程:

命令:_hatchedit

输入边界对象的类型 [面域(R)/多段线(P)] <多段线>:↙

要重新关联图案填充与新边界吗? [是(Y)/否(N)] <N>:

"查看选择集":当点击"添加:拾取点"和"添加:选择对象"后,此按钮可用。

"关联":控制填充后的对象是否是一个整体。图5-3为关联和不关联的区别。

"创建独立的图案填充"：在同时填充几个独立的闭合对象时，是否将填充的图案创建为一个独立的整体。

"绘图次序"：确定与图案重合的对象放置的先后次序。

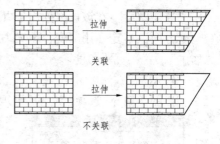

图5-3　关联和不关联的区别

"继承特性"：选择该按钮后，用户可以使要填充的对象具有某一个已填充对象的特性。

"孤岛显示样式"：在它的下面有三个选项——"普通"、"外部"、"忽略"。用户可以选择一种来处理选择区域内的孤岛。

"对象类型"：在前面"保留边界"被选中后，该选项才亮显。可以选择新边界的类型，一种是面域，另一种是多段线。

"边界集"：当用"拾取点"的方式选择对象时，系统对要填充的对象边界进行检测。

"允许的间隙"：通过设置公差，来定义对象的图案填充边界的间隙值。默认值为0，此值指定对象必须封闭区域而没有间隙。

"继承选项"：在使用"继承特性"填充图案时，来选择图案填充原点的位置。可以有两种选择，一种是使用当前原点，另一种是使用源图案填充的原点。

②"渐变色"选项卡（见图5-4）。

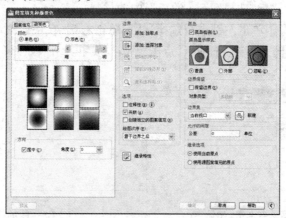

图5-4　"渐变色"选项卡

在"渐变色"选项卡中，我们主要介绍颜色和方向两个选区；其他选区与前面介绍的"图案填充"选项卡一样，这里就不重复介绍了。

"单色"：指的是用单色填充，它指定选择的某一个颜色逐渐从深到浅过渡。在选择"单色"后，它的下面将显示"颜色样本"和"暗—明"滑块。

"颜色样本"：左键双击后，出现"选择颜色"对话框（见图5-5），用户可通过该对话框来选择所需要的单色。

"暗—明"滑块：用来调节单色与白色的比例。

"双色"：指的是用双色填充，用户可以选择两种颜色，并指定在两种颜色之间进行渐变填充。在选择"双色"后，其后显示两个"颜色样本"，分别为颜色1和颜色2。

"渐变图案":在该选区列出了九个图案样例,用户可根据实际情况进行选择。

"方向":确定在用渐变色填充时的位置和方向。其后有两个参数可以调节,一个是"居中",另一个是"角度"。

(4)示例。

用"图案填充"选项卡中的"继承特性"填充图5-6中的圆。

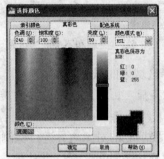
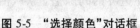

图5-5 "选择颜色"对话框

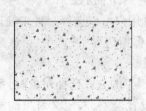
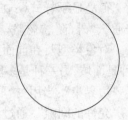

图5-6 平面图形

步骤如下:

①执行"Bhatch"命令,在"图案填充"选项卡中点击"继承特性"按钮,系统回到绘图界面,光标变成"▫✎"后,选择图5-6的矩形中的材料。

②在图5-6的圆中单击左键进行选择,然后单击右键,在快捷菜单中点击"确认"(见图5-7),系统回到"图案填充"选项卡,点击"确定"按钮。结果如图5-8所示。

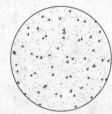

图5-7 在快捷菜单中点击"确认"　　　　　　　图5-8 圆的填充

2. 利用"工具选项板窗口"进行填充

(1)启动命令的方法。

①在命令行中用键盘输入"Toolpalettes";

②在主菜单中点击"工具"→"选项板"→"工具选项板";

③在功能面板上选择"视图"→"选项板"→"工具选项板";

④在"标准"工具栏上单击"工具选项板窗口"按钮。

(2)执行命令的过程。

执行"Toolpalettes"命令后,在屏幕上弹出"工具选项板"工具栏(见图5-9),在该工具栏上我们可以调出"图案填充"选项卡。方法是:首先将光标放在"工具选项板"工具栏上,然后单击右键,在快捷菜单中选择"自定义选项板"(见图5-10),在弹出的"自定义"

对话框中将"选项板"中的"图案填充"拉到"选项板组"中的"土木工程"下面(见图 5-11),最后关闭该对话框,那么在"工具选项板"工具栏上就出现了"图案填充"选项卡(见图 5-12)。

图 5-9　"工具选项板"工具栏

图 5-10　在快捷菜单中选择"自定义选项板"

图 5-11　"自定义"对话框

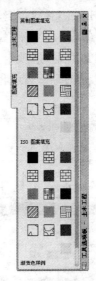

图 5-12　"图案填充"选项卡

(3)参数说明。

在"图案填充"选项卡上列出了三种填充样例:一种是"英制图案填充",另一种是"ISO 图案填充",最后一种是"渐变色样例"。用户可根据需要来进行选择。

(4)示例。

下面我们举一个图案填充的例子来说明它的使用方法。

在图 5-13 中填充砖块图案,具体步骤如下:

①在"英制图案填充"区的砖块图案上单击右键,出现一快捷菜单(见图5-14)。在该快捷菜单上选择"特性",弹出"工具特性"对话框(见图5-15),在该对话框中将比例调整为10。

图5-13 矩形　　图5-14 快捷菜单　图5-15 "工具特性"对话框　　图5-16 填充结果

②左键在砖块图案上单击,然后将砖块图案拖动到矩形中。填充结果如图5-16所示。

3. 在"图案填充"选项卡上创建和使用填充图案

在填充的过程中,有时需要自己创建图案,以便在以后的绘图中使用。

(1)创建填充图案。

①在屏幕上绘制一个常用的图案,以浆砌石图案为例,如图5-17所示。

②执行"Block"命令,将绘制的图形形成图块。

③点击"编辑"→"复制",将形成的图块进行复制。

④在"图案填充"选项卡上单击右键,在弹出的快捷菜单上点击"粘贴"(见图5-18),就将浆砌石图案加到了"图案填充"选项卡上,如图5-19所示。

图5-17 浆砌石图案

 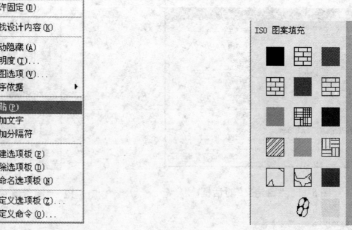

图5-18 在快捷菜单上点击"粘贴"　　图5-19 "图案填充"选项卡中出现浆砌石图案

(2)使用定义的填充图案。

在图5-20中填充浆砌石图案。

①把光标放在"图案填充"选项卡的浆砌石图案上,单击右键,选择"特性",在"工具特性"对话框中调整比例为0.5。

②左键在"图案填充"选项卡的浆砌石图案上单击,然后将浆砌石图案拖动到图 5-20 中。

③利用上述方法进行多次填充,并将浆砌石图案移动到适当位置,结果如图 5-21 所示。

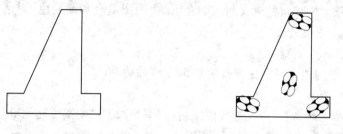

图 5-20　断面图　　　　　图 5-21　填充浆砌石图案结果

5.1.2　编辑图案填充

编辑图案填充的命令是"Hatchedit",它可以用来编辑填充后的图案,主要是对图案的类型、比例和角度等项目进行修改。

(1)启动命令的方法。

①在命令行中用键盘输入"Hatchedit";

②在主菜单中点击"修改"→"对象"→"图案填充";

③在功能面板上选择"常用"→"修改"→"编辑图案填充";

④在"修改Ⅱ"工具栏上单击"编辑图案填充" 按钮。

(2)执行命令的过程。

命令:_hatchedit

选择图案填充对象:　　　　(选择要编辑的图案后,系统会弹出如图 5-22 所示的"图案填充编辑"对话框,用户可在该对话框中选择要修改的参数)

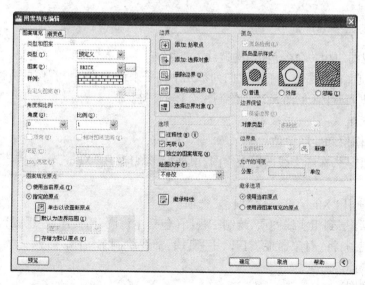

图 5-22　"图案填充编辑"对话框

(3)参数说明。

在图 5-22 的对话框中包括了两个选项卡——"图案填充"选项卡和"渐变色"选项卡。这两个选项卡中项目的含义与前面介绍的"图案填充和渐变色"对话框完全相同,这里就不介绍了。

(4)示例。

将图 5-23 中的填充图案比例改为 0.5,角度改为 90°。

命令:_hatchedit

选择图案填充对象: (选择图案后,在图 5-22 的"图案填充编辑"对话框中,将角度改为 90,比例改为 0.5,单击"确定"按钮)

结果如图 5-24 所示。

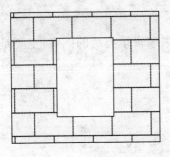
图 5-23　原填充图案

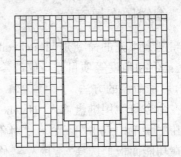
图 5-24　编辑后的填充图案

5.2　绘制工程图样

5.2.1　绘制三视图

绘制三视图的相关命令包括"构造线"、"直线"、"圆"、"修剪"、"正交"、"对象捕捉"和"对象捕捉追踪"等命令。下面我们列举几个例子来说明绘制三视图的方法。

例 1:根据直观图(见图 5-25),绘制组合体的三视图。

步骤如下:

(1)设置图层和绘图单位。

(2)变换图层,在细实线图层上绘图,根据投影规律,用"Xline"命令搭建作图线框,如图 5-26 所示。

注意:主要用"Xline"命令中"偏移"选项。

(3)变换图层到粗实线图层,绘制三视图(包括主视图、俯视图、左视图)。

①作主视图:将"对象捕捉"打开,用"直线"命令绘制主视图。

②作俯视图。

③作左视图。

结果如图 5-27 所示。

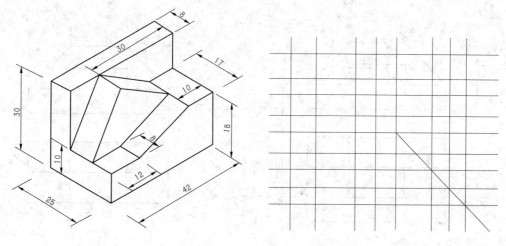

图 5-25　直观图

图 5-26　搭建作图线框

(4)变换图层到虚线图层,将左视图上边的一条实线改为虚线,并删除辅助线。结果如图 5-28 所示。

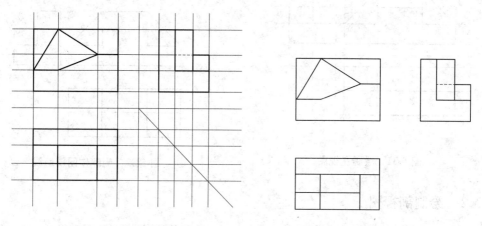

图 5-27　绘制三视图

图 5-28　删除辅助线

例 2:抄绘两视图(见图 5-29),并补绘第三视图。

步骤如下:

(1)设置图层和绘图单位,打开"正交"和"对象捕捉"。

(2)变换图层到粗实线图层,用"直线"命令绘制所给的主视图。

(3)变换图层到细实线图层,用"Xline"命令作竖直辅助线。

(4)变换图层到粗实线图层,用"直线"命令绘制所给的俯视图,如图 5-30 所示。

(5)变换图层到细实线图层,用"Xline"命令作水平辅助线和 45°斜线。

(6)变换图层到粗实线图层,用"直线"命令绘制左视图,如图 5-31 所示。

(7)删除作图辅助线。

结果如图 5-32 所示。

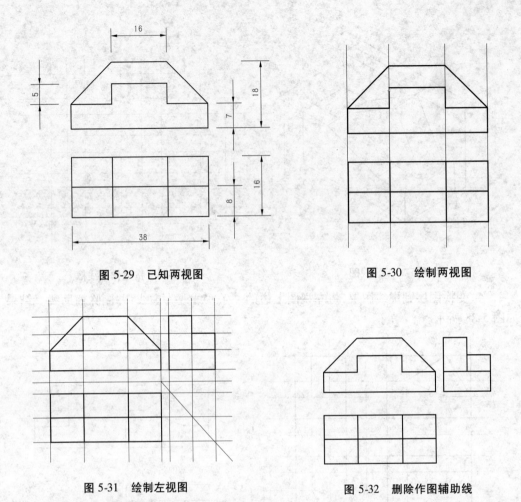

图 5-29　已知两视图

图 5-30　绘制两视图

图 5-31　绘制左视图

图 5-32　删除作图辅助线

5.2.2　绘制剖视图

绘制剖视图的相关命令主要包括在本章中介绍的"图案填充"命令和前面介绍过的基本绘图命令、基本编辑命令。下面我们列举几个例子来说明绘制剖视图的方法。

例1:已知两视图(见图5-33),作 A—A 和 B—B 全剖视图(材料:混凝土)。

步骤如下:

(1)变换图层到粗实线图层,用"直线"、"复制"和"偏移"等命令绘制俯视图。

(2)变换图层到虚线图层,用"直线"命令在俯视图上加上虚线。

(3)变换图层到轴线图层,用"直线"命令在俯视图上加上轴线。

(4)变换图层到细实线图层,用"Xline"命令作竖直辅助线。

(5)变换图层到粗实线图层,用"直线"、"复制"和"偏移"等命令绘制 A—A 全剖视图。

(6)变换图层到细实线图层,用"Bhatch"命令对 A—A 全剖视图进行填充,结果如图5-34所示。

(7)变换图层到细实线图层,用"Xline"命令作水平辅助线和竖直辅助线及45°斜线。

(8)变换图层到粗实线图层,用"直线"和"偏移"等命令绘制 B—B 全剖视图。

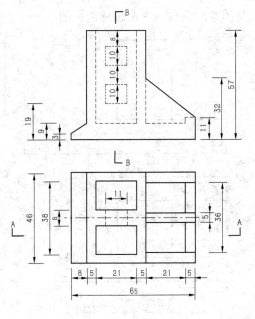

图 5-33　已知两视图

（9）变换图层到细实线图层，用"Bhatch"命令对 B—B 全剖视图进行填充，结果如图 5-35 所示。

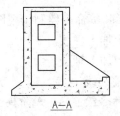

图 5-34　A—A 全剖视图

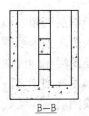

图 5-35　B—B 全剖视图

（10）修剪并标注剖切符号，完成全图，如图 5-36 所示。

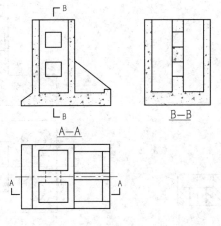

图 5-36　A—A 和 B—B 全剖视图

例2:已知两视图(见图5-37),作 A—A 阶梯剖视图。

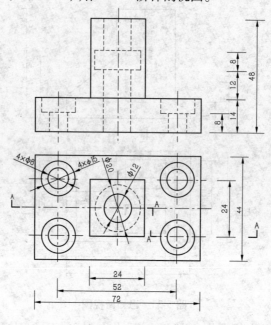

图 5-37　已知两视图

步骤如下:

(1)变换图层到粗实线图层,用"直线"、"圆"和"偏移"等命令绘制俯视图。

(2)变换图层到虚线图层,用"直线"命令在俯视图上加上虚线。

(3)变换图层到轴线图层,用"直线"命令在俯视图上加上轴线。

(4)变换图层到细实线图层,用"Xline"命令作竖直辅助线。

(5)变换图层到粗实线图层,用"直线"和"偏移"等命令绘制 A—A 阶梯剖视图。

(6)变换图层到细实线图层,用"Bhatch"对 A—A 阶梯剖视图进行填充,如图5-38 所示。

(7)修剪并标注剖切符号,完成全图,如图5-39 所示。

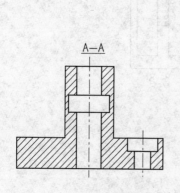

图 5-38　A—A 阶梯剖视图

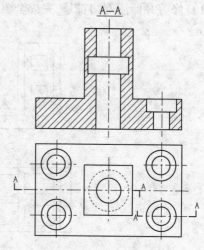

图 5-39　作图结果

5.3 实训指导

项目1:绘制三视图

内容:根据立体图(见图5-40)绘制三视图。

目的:用 AutoCAD 相关绘图和编辑命令快速绘制三视图。

指导:

(1)利用"直线"命令绘制俯视图。

(2)执行"Xline"命令,绘制"长对正、高平齐、宽相等"的辅助线。

(3)利用"直线"、"修剪"等命令绘制正视图和左视图。

结果如图5-41所示。

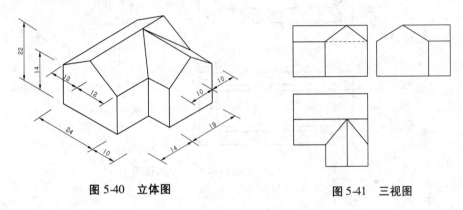

图5-40　立体图　　　　　　　　　　　图5-41　三视图

项目2:绘制剖视图

内容:根据两视图(见图5-42)绘制2—2全剖视图和1—1半剖视图。

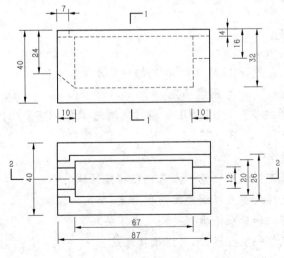

图5-42　两视图

目的:用 AutoCAD 相关绘图和编辑命令快速绘制全剖视图和半剖视图,并练习图案填充的运用。

指导:

(1)抄绘俯视图。

(2)用"Xline"命令作"长对正"的辅助线,并绘制2—2全剖视图的轮廓线。

(3)用"Bhatch"命令填充2—2全剖视图的实体部分。

(4)用"Xline"命令作"高平齐、宽相等"的辅助线,并绘制1—1半剖视图的轮廓线。

(5)用"Bhatch"命令填充1—1半剖视图的实体部分。

结果如图5-43所示。

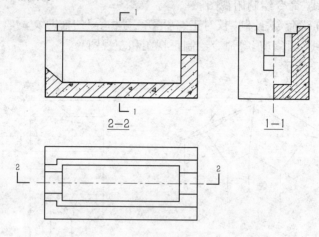

图 5-43 2—2 全剖视图和 1—1 半剖视图

课后思考及拓展训练

一、单项选择题

1.以下不受系统变量"FILLMODE"控制的对象是( )。

A.宽多段线 B.图案填充 C.圆环 D.点

2.命令"Fill"与系统变量"FILLMODE"都控制填充模式,以下受此控制的是( )。

A.渐变色填充 B.颜色 C.线宽 D.线型

3.在图案填充操作中( )。

A.只能单击填充区域中任意一点来确定填充区域

B.所有的填充样式都可以调整比例和角度

C.图案填充可以和原来轮廓线关联或者不关联

D.图案填充只能一次生成,不可以编辑修改

4.图案填充有( )种图案的类型供用户选择。

A. 1   B. 2   C. 3   D. 4

5. 六个基本视图自由配置时,按向视图标注,应(　　　　)。

    A. 只标注后视图的名称

    B. 标出全部移位视图的名称

    C. 都不标注名称

    D. 不标注主视图的名称

6. 局部剖视图与视图的分界线用(　　　　)。

    A. 实线   B. 波浪线   C. 虚线   D. 点划线

7. 重合断面的可见轮廓线用(　　　　)绘制。

    A. 粗实线   B. 细实线   C. 点划线   D. 粗实线或细实线

8. 假想用剖切面将物体切断,仅画出物体与剖切面接触部分的图形及材料符号,这样的图形称为(　　　　)。

    A. 左视图   B. 主视图   C. 剖视图   D. 断面图

9. 同一物体各图形中的剖面线(　　　　)。

    A. 间距可不一致   B. 无要求

    C. 必须方向一致   D. 方向必须一致并要间隔相同

10. 根据形体的对称情况,半剖视图一般画在(　　　　)。

    A. 左半边   B. 前半边   C. 上半边   D. 后半边

二、多项选择题

1. 下列(　　　　)不是图案填充的快捷键。

    A. Br   B. El   C. F7   D. F6

2. 图案填充中,关于孤岛检测有(　　　　)三种样式。

    A. 外部   B. 边界   C. 普通   D. 忽略

3. 在 AutoCAD 中使用"图案填充"命令时可用下列(　　　　)方法选择填充区域。

    A. Pick Points   B. Select Object   C. Regen   D. Rectang

4. "图案填充"(Hatch)命令有三种样式可供选择,它们是(　　　　)。

    A. Outer   B. Normal   C. Inside   D. Ignore

5. 图案在填充范围中可以采用的填充方式有(　　　　)。

    A. I 方式(忽略方式)   B. N 方式(间隔方式)

    C. O 方式(外层方式)   D. A 方式(轴测方式)

6. 要选择图案填充和相关联的边界,可设置"Pickstyle"为(　　　　)。

    A. 0   B. 1   C. 2   D. 3

7. 三视图的投影规律是(　　　　)。

    A. 长对正   B. 高平齐   C. 宽相等   D. 长对齐

8. 标注剖视图时,应注明(　　　　)。

    A. 剖切位置和投影方向

    B. 剖切符号和编号

C. 剖视图的名称

D. 以上三项内容都标出

9. 关于画剖视图应注意的问题,错误的说法是(　　)。

　　A. 不要漏掉后面的所有轮廓线

　　B. 不要漏掉后面的可见轮廓线

　　C. 不要漏掉后面的不可见轮廓线

　　D. 不要漏掉材料符号的45°线

10. 绘制阶梯剖视图时应注意的问题有(　　)。

　　A. 不应画出剖切平面转折处的分界线

　　B. 剖切面不应在轮廓线处转折

　　C. 在图形中不应出现不完整的要素

　　D. 阶梯剖视图必须进行标注

三、判断正误题

1. 用"Erase"命令可擦除填充的边界线而保留剖面线。

2. 在图案填充操作中,所有的填充样式都可以调整比例和角度。

3. 用"Bhatch"命令可自动地将包围指定点的最近区域定义为填充边界。

4. 图案填充后删除边界,则填充图案没有变化。

5. 在图案填充操作中,勾选"保留边界",则填充后填充图案和边界关联。

6. 在图案填充操作中,图案填充原点只能选择"使用当前原点"。

7. 在图案填充操作中,绘图次序只能选择"置于边界之后"。

8. 全剖视图一般适用于外形复杂、内部结构比较简单的物体。

9. 半剖视图适用于内外形状均需表达的对称或基本对称的物体。

10. 局部剖视图主要用于内外形状均需表达但不对称的物体。

四、作图题

1. 已知立体图(见图5-44、图5-45),补画三视图。

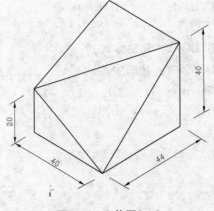

图 5-44　立体图(一)

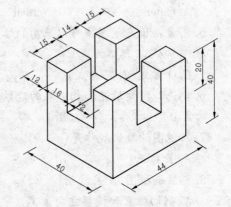

图 5-45　立体图(二)

2. 已知两视图（见图 5-46），补画 1—1 全剖视图。

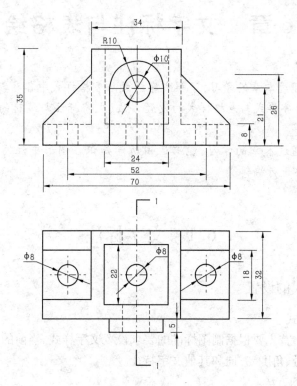

图 5-46　两视图

3. 已知两视图（见图 5-47、图 5-48），补画第三视图。

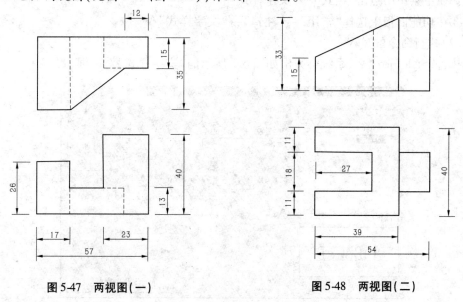

图 5-47　两视图（一）　　　　　　图 5-48　两视图（二）

第6章 文字标注与表格绘制

【知识目标】:通过本章的学习,了解文字样式与表格样式中各参数的含义,熟悉表格的编辑方法,掌握文字样式与表格样式的设置方法、文字标注与编辑的方法、表格的绘制方法。

【技能目标】:通过本章的学习,能够运用所学知识在图形中注写文字,进行表格绘制,并对文字和表格进行编辑。

6.1 文字标注

6.1.1 文字样式的设置

1.创建文字样式

在注写文字时,首先要根据制图标准的要求设置文字样式,当前的文字样式决定了输入文字的字体、字号、角度、方向和其他文字特征。

(1)启动命令的方法。

①在命令行中用键盘输入"Style";

②在主菜单中点击"格式"→"文字样式";

③在功能面板上选择"常用"→"注释"→"文字样式"𝐀ᵧ。

(2)执行命令的过程。

执行"Style"命令后,系统会弹出如图6-1所示的"文字样式"对话框。

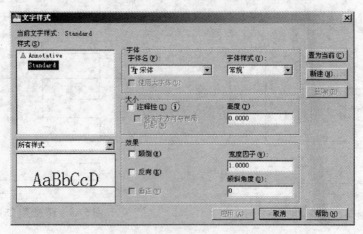

图6-1 "文字样式"对话框

（3）参数说明。

在"文字样式"对话框中，各选项的含义如下：

①"样式"区：上部列出已经建立的文字样式名，在中间下拉列表框中可选择所有样式或正在使用的样式，下部为所选择文字样式的预览效果。

②"字体"区：

"字体名"：列出 Fonts 文件夹中所有注册的 TrueType 字体和 Shx 字体的字体族名，用户可以选择其中的一种字体使用。

"字体样式"：指定字体格式，如斜体、粗体或常规字体格式。

③"大小"区：可设置文字的高度。如果选中"注释性"，"高度"改变为"图纸文字高度"。

④"效果"区：

"颠倒"：选择该复选框后，字体会倒置过来。

"反向"：选择该复选框后，字体的前后顺序会反过来。

"垂直"：当字体名支持双向时"垂直"才可用。选择该复选框后，字体会垂直排列。

"宽度因子"：用来设置文字的宽度比例。

"倾斜角度"：输入负角度值时，字体向左边倾斜；反之，向右边倾斜。

⑤"置为当前"：将在"样式"下选定的文字样式用于当前文本。

⑥"新建"：新建一种文字样式。左键点击"新建"按钮后会弹出如图 6-2 所示的"新建文字样式"对话框，在该对话框中，用户可直接输入新建文字样式的名称，如输入"工程字体"。

⑦"删除"：删除指定的文字样式。

文字样式设置完成后，在"样式"区自动增加一个新的文字样式名。可点击"应用"按钮，文字样式自动保存。

图 6-2　"新建文字样式"对话框

在"样式"区选中某一文字样式名，单击鼠标右键，可对该文字样式名进行"置为当前"、"重命名"和"删除"等操作。

（4）注意事项。

在绘图过程中，应视专业不同根据制图标准的规定来合理地设置文字样式。另外，在设置文字样式的过程中，最好不要在"文字样式"对话框中设置字体的高度，而是在注写字体时再进行单个设置。

2. 创建工程图中两种常用的文字样式

（1）创建"工程图中汉字"文字样式。

"工程图中汉字"文字样式，用于在工程图中注写符合工程图制图标准的汉字，其创建过程如下：

①输入"Style"命令后回车，系统会弹出如图 6-1 所示的对话框。

②把"使用大字体"选项取消。

③单击"新建"按钮，新建一种文字样式，样式名为"工程图中汉字"。

④在"字体名"列表框中,选择"仿宋_GB2312"。

⑤在"宽度因子"下输入0.7000,其他参数采用系统默认值。

⑥点击"应用"按钮。

⑦关闭对话框,完成设置。

各项设置如图6-3所示。

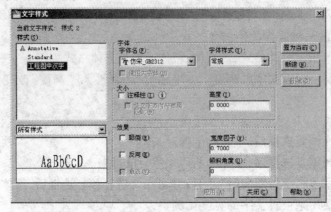

图6-3　创建"工程图中汉字"文字样式

(2)创建"工程图中数字和字母"文字样式。

"工程图中数字和字母"文字样式,用于在工程图中注写符合工程图制图标准的数字和字母,其创建过程如下:

①输入"Style"命令后回车,系统会弹出如图6-1所示的对话框。

②"使用大字体"选项可不取消。

③单击"新建"按钮,新建一种文字样式,样式名为"工程图中数字和字母"。

④在"字体名"列表框中,选择"gbeitc.shx",其他参数采用系统默认值。

⑤点击"应用"按钮。

⑥关闭对话框,完成设置。

各项设置如图6-4所示。

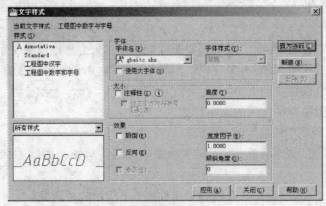

图6-4　创建"工程图中数字和字母"文字样式

6.1.2 文字标注

1. 单行文字的标注

（1）启动命令的方法。

①在命令行中用键盘输入"Text"；

②在主菜单中点击"绘图"→"文字"→"单行文字"；

③在功能面板上选择"常用"→"注释"→"单行文字" A 。

（2）执行命令的过程。

命令：_text

当前文字样式："Standard"　文字高度：2.5000　注释性：否

指定文字的起点或［对正（J）/样式（S）］：

指定高度 ＜2.5000＞：

指定文字的旋转角度 ＜0＞：

（3）参数说明。

①"指定文字的起点"：指定输入文字的起点，在系统默认状态下，起点是文字的左下角。可在屏幕上选择一点，作为输入文字的起点。

②"［对正（J）/样式（S）］"：

输入"J"，回车后，命令行提示如下：

［对齐（A）/布满（F）/居中（C）/中间（M）/右对齐（R）/左上（TL）/中上（TC）/右上（TR）/左中（ML）/正中（MC）/右中（MR）/左下（BL）/中下（BC）/右下（BR）］：

"对齐（A）"：系统提示输入字符的起点和终点，输入文字后，系统会保持文字的宽度和高度不变。

"布满（F）"：系统提示输入字符的起点和终点，输入文字后，系统会保持文字的高度不变，宽度根据起点和终点的距离确定，即相同的字符，距离越大，字符的宽度越小，反之，字符的宽度越大。

"居中（C）"：系统提示指定字符的基线水平中点。

"中间（M）"：系统提示输入字符块的基线水平中点与指定高度的垂直中点的交点。

"右对齐（R）"：系统提示输入字符的右下角点。

"左上（TL）"：系统提示输入字符的左上角点。

"中上（TC）"：系统提示输入字符的上面中间点。

"右上（TR）"：系统提示输入字符的右上角点。

"左中（ML）"：系统提示输入字符的左边中间点。

"正中（MC）"：系统提示输入字符块的水平中点和垂直中点的交点。

"右中（MR）"：系统提示输入字符的右边中间点。

"左下（BL）"：系统提示输入字符的左下角点。

"中下(BC)":系统提示输入字符的下面中间点。

"右下(BR)":系统提示输入字符的右下角点。

输入"S",回车后,命令行提示如下:

输入样式名或 [?] <Standard>:

"输入样式名":输入将要使用的样式名。

"?":输入? 后,系统会弹出一个关于文字样式的窗口。

"Standard":系统默认的一种文字样式。

③"指定高度 <2.5000>":指定输入文字的高度。

④"指定文字的旋转角度 <0>":指定输入的文字与水平线的倾斜角度,正值时向左边旋转,负值时向右边旋转。

(4)注意事项。

用"单行文字"命令输入文字时,有些参数选项只可以输入水平文字,如:"布满(F)"、"左上(TL)"、"中上(TC)"、"右上(TR)"等。

(5)示例。

例1:用"单行文字"命令注写文字"水闸设计图",要求:文字高度为10,水平注写。

这里采用前面设置的"工程图中汉字"文字样式。

命令:_text

当前文字样式:"工程图中汉字" 文字高度:2.5000 注释性:否

指定文字的起点或 [对正(J)/样式(S)]:

指定高度 <2.5000>:10 ↙

指定文字的旋转角度 <0>: ↙

在屏幕上直接输入"水闸设计图"。效果如图6-5所示。

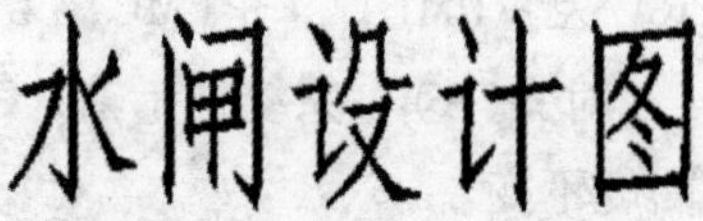

例2:用"单行文字"命令注写文字"纵剖视图",要求垂直注写。

水闸设计图

图6-5 例1 单行文字效果

文字样式设置与上面例子相同。

命令:_text

当前文字样式:"工程图中汉字" 文字高度:10.0000 注释性:否

指定文字的起点或 [对正(J)/样式(S)]:

指定高度 <10.0000>: ↙

指定文字的旋转角度 <0>:90 ↙

在屏幕上直接输入"纵剖视图"。效果如图6-6所示。

2. 多行文字的标注

(1)启动命令的方法。

①在命令行中用键盘输入"Mtext";

②在主菜单中点击"绘图"→"文字"→"多行文字";

③在功能面板上选择"常用"→"注释"→ A 多行文字 ;

图6-6 例2 单行文字效果

126

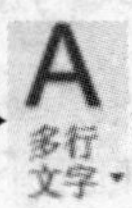

④在"绘图"工具栏上单击"多行文字"A按钮。

（2）执行命令的过程。

命令：_mtext

当前文字样式："工程图中汉字"　文字高度：10.0000　注释性：否

指定第一角点：　　　（在屏幕上指定矩形框的第一个角点）

指定对角点或［高度（H）/对正（J）/行距（L）/旋转（R）/样式（S）/宽度（W）/栏（C）］：

在指定两个角点后，系统会弹出如图6-7所示的多行文字编辑器。

图6-7　多行文字编辑器

在多行文字编辑器中，有八个面板：

①"样式"面板：可对已设置的文字样式进行修改。

②"格式"面板：可对选中的文字样式进行文字格式和文字颜色的修改。

③"段落"面板：对文字的段落进行编排。

④"插入"面板：可插入分栏、符号、字段等。

⑤"拼写检查"面板：对输入的文字进行拼写检查。

⑥"工具"面板：从其他文件输入文本，对文字大小进行转换，对文字进行查找和替换。

⑦"选项"面板：进行文字操作、文本标尺操作等。

⑧"关闭"面板：关闭多行文字编辑器。

（3）参数说明。

如果转换为"AutoCAD 经典"工作界面，进行"Mtext"命令操作，系统会弹出如图6-8所示的"文字格式"工具栏，在绘图区显示文字编辑区。

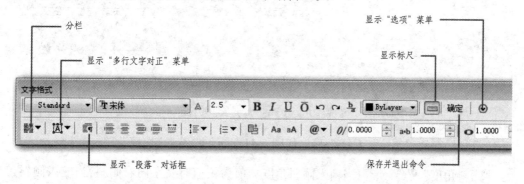

图6-8　"文字格式"工具栏

①"文字格式"工具栏。

工具栏中部分按钮的简单说明如图6-8所示，主要选项的具体含义如下：

"B"：表示粗体。

"*I*":表示斜体。

"U":将文字加下划线。

"Ō":将输入的文字加上划线。

"放弃"、"重做" ⌐⌐:放弃或重做操作。

"$\frac{b}{a}$"按钮:"堆叠"按钮,用于不同分式形式的转换,转换时要先选择对象,然后再点击"堆叠"按钮。

"颜色" ■ByLayer ▾:选择文字的颜色。

"标尺" ▦:控制在输入文字区上部标尺的显示。

"确定":完成文字输入后,点击"确定"按钮保存并退出命令。

"选项" ⊙:点击后显示"选项"菜单,如图6-9所示。

"左对齐"、"居中"、"右对齐"、"对正" ▤▤▤▤▤:设置段落文字的水平位置。

"插入字段" 🖳:字段是对当前图形进行说明的文字,字段值可进行更新。点击该按钮后,系统弹出"字段"对话框,如图6-10所示。

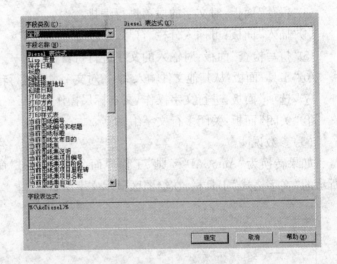

图6-9 "选项"菜单　　　　　　　　　图6-10 "字段"对话框

"大写"、"小写" Aa aA:将选定的文字改为大写或小写。

"符号" @▾:点击后,系统会弹出如图6-11所示的"符号"快捷菜单。

"倾斜角度" 0/ 45.0000 ⬦:当输入倾斜角度的值为正值时文字向右倾斜,当输入倾斜角度的值为负值时文字向左倾斜。

"追踪" a↔b 1.0200 ⬦:设定字间距。

"宽度比例" ○/ 1.0000 ⬦:设定字符的宽度比例。

②文字编辑区。

· 128 ·

各部分功能如图 6-12 所示。

③"[高度(H)/对正(J)/行距(L)/旋转(R)/样式(S)/宽度(W)/栏(C)]"。

"高度(H)":设置文字的高度。

"对正(J)":输入文字的对正方式。

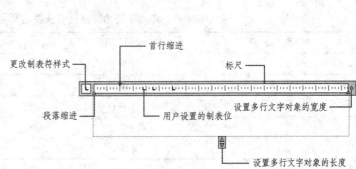

图 6-11　"符号"快捷菜单　　　　　图 6-12　文字编辑区

"行距(L)":指定文字的行距。

"旋转(R)":指定文字的旋转角度。

"样式(S)":指定文字的样式。

"宽度(W)":设置矩形框的宽度。

"栏(C)":指定多行文字对象的栏选项。

(4)注意事项。

如果在文字编辑区单击右键,系统会弹出如图 6-13 所示的快捷菜单。用户可通过此菜单对文字编辑区的内容和属性等进行调整。

(5)示例。

用"Mtext"命令输入一段文字,如图 6-14 所示。

在标注文本时,常常需要输入一些特殊字符,如上划线、下划线、直径符号、公差符号和角度符号等。对于多行文字,可采用"上划线"、"下划线"按钮及"符号"快捷菜单来实现特殊字符的输入。对于单行文字,AutoCAD 提供了一些控制代码来生成这些特殊字符。表 6-1 列出了一些特殊字符的控制代码及说明。

图 6-13　"文字编辑"快捷菜单

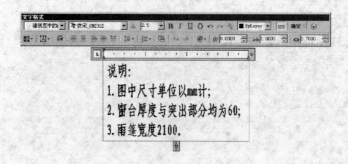

图 6-14　多行文字标注示例

表 6-1　特殊字符的控制代码及说明

特殊字符	控制代码	说明
±	％％P	正负符号
φ	％％C	直径符号
°	％％D	角度符号
–	％％O	上划线
–	％％U	下划线

6.1.3　文字编辑

1. 文字编辑的使用

（1）启动命令的方法。

①在命令行中用键盘输入"Ddedit"；

②在主菜单中点击"修改"→"对象"→"文字"→"编辑"；

③在工具栏上点击 Aʹ 按钮。

（2）执行命令的过程。

命令：_ddedit

选择注释对象或〔放弃（U）〕：

（3）参数说明。

"选择注释对象"：如果选择的文字是用"单行文字"命令输入的,则系统就将文字激活直接进行文字内容的修改,修改完成后按回车键确认。

如果选择的文字是用"多行文字"命令输入的,则系统就会弹出如图 6-14 所示的对话框,在该对话框中可以直接进行文字内容的修改,修改完成后点击"确定"按钮。

2. 文字编辑的说明

（1）对于不需要多种字体或多行文字的简短内容,可以创建单行文字。单行文字对于标签非常方便。

（2）对于较长、较为复杂的内容,可以创建多行文字或段落。多行文字是由任意数目的文字行或段落组成的,布满指定的宽度,还可以沿垂直方向无限延伸。

（3）无论行数是多少,单个编辑任务中创建的每个段落都将构成单个对象,用户可对其进行移动、旋转、删除、复制、镜像或缩放操作。

（4）多行文字的编辑选项比单行文字多。例如，可以将对下划线、字体、颜色和文字高度的修改应用到段落中的单个字符、单词或短语中。

（5）在对单行文字或多行文字进行编辑时，可以用鼠标左键连续双击修改对象的方法来启动命令，这种快捷方式在以后的绘图过程中要多加采用。

（6）在对单行文字或多行文字进行编辑时，可以用鼠标左键单击修改对象的方法来启用快捷特性，此时系统会弹出如图 6-15 所示的对话框，在该对话框中可以直接进行文字内容和设置的修改。修改完成后关闭对话框。

（7）另外，还可对文字进行缩放，更改文字的对正点，检查文字的拼写错误，查找和替换文字等，这里就不一一详述了。

图 6-15　用鼠标左键单击修改对象弹出的对话框

6.2　表格绘制

6.2.1　设置表格样式

1. 创建表格样式

（1）启动命令的方法。

①在命令行中用键盘输入"Tablestyle"；

②在主菜单中点击"格式"→"表格样式"；

③在功能面板上选择"常用"→"注释"→"表格样式"。

（2）执行命令的过程。

执行"Tablestyle"命令后，系统会弹出如图 6-16 所示的"表格样式"对话框。

（3）参数说明。

"表格样式"对话框中各选项的含义如下：

"当前表格样式"：显示当前表格样式的名称。

"样式"：创建的所有表格样式的名称列表。

"列出"：控制在"样式"中的显示内容。包括两个选项：所有样式和正在使用的样式。

"预览"：对所选定表格样式进行预览。

"置为当前"：将选定的表格样式设置为当前样式。

"新建"：创建新的表格样式,点击后系统会弹出一个"创建新的表格样式"对话框,如图6-17所示。在该对话框中可以输入新样式名,选择相应的基础样式。

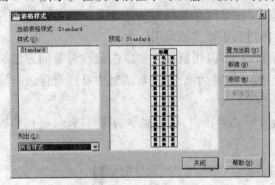

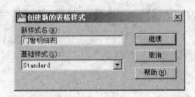

图6-16　"表格样式"对话框　　　　　　　图6-17　"创建新的表格样式"对话框

在"创建新的表格样式"对话框中,点击"继续"按钮后,系统会弹出如图6-18所示的"新建表格样式"对话框,该对话框中各选项的含义如下：

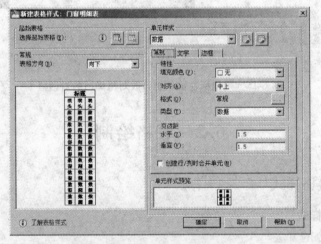

图6-18　"新建表格样式"对话框

"起始表格"：单击▦„用户可以在图形中指定一个表格作为样例来设置表格样式的格式。选择表格后,可以从指定表格复制表格的结构和内容。使用"删除表格"图标,可以将表格从当前指定的表格样式中删除。

"常规"：表格的常规表达,可设置表格方向。有"向上"和"向下"两种方式。选择其中的一种,在下面的预览框中有相应的预览显示。选择"向下"时将创建由上而下读取的表格,选择"向上"时将创建由下而上读取的表格。

"单元样式"区：有标题、表头和数据三个选项。选择其中一个,如数据,可对数据的常规、文字和边框进行设置。图6-18所示为数据的常规样式,图6-19所示为数据的文字样式,图6-20所示为数据的边框样式。

"单元样式预览"区：显示当前表格样式设置效果。

"创建行/列时合并单元":将使用当前单元样式创建的所有新行或新列合并为一个单元。可以使用此选项在表格的顶部创建标题行。

点击"单元样式"中的 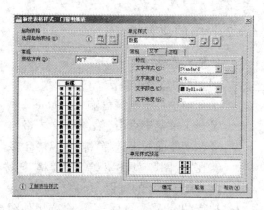，可创建新单元样式。

点击"单元样式"中的 ，会弹出如图6-21所示的"管理单元样式"对话框。

"修改":可对选定的表格样式进行修改。

"删除":可删除选定的表格样式。不能删除图形中正在使用的表格样式。

图 6-19　数据的文字样式

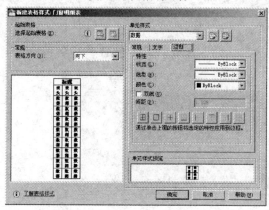

图 6-20　数据的边框样式

图 6-21　"管理单元样式"对话框

（4）注意事项。

在图6-16的表格样式中，第一行是标题行，由文字居中的合并单元行组成；第二行是表头行；其他行均为数据行。

2. 创建常用的表格样式

例如创建一个"门窗明细表"表格样式，步骤如下：

（1）执行"Tablestyle"命令，系统弹出如图6-16所示的"表格样式"对话框，在该对话框中点击"新建"按钮，在如图6-17所示的"创建新的表格样式"对话框中，输入新样式名为"门窗明细表"。

（2）点击"继续"按钮，在"新建表格样式"对话框中，设置数据行的文字样式为"工程图中汉字"，文字高度为3.5，选择"正中"对齐，选择"所有边框"。

（3）在表头行，选择文字样式为"工程图中汉字"，文字高度为4.5，选择"正中"对齐，选择"所有边框"。

（4）在标题行，选择文字样式为"工程图中汉字"，文字高度为6，选择"正中"对齐，选择"底部边框"。

（5）单击"确定"按钮，关闭对话框。

6.2.2 创建表格

1. 插入表格

(1)启动命令的方法。

①在命令行中用键盘输入"Table";

②在主菜单中点击"绘图"→"表格";

③在功能面板上选择"常用"→"注释"→"表格" 表格 ;

④在"绘图"工具栏上单击"表格" 按钮。

(2)执行命令的过程。

执行"Table"命令后,系统会弹出如图 6-22 所示的"插入表格"对话框。

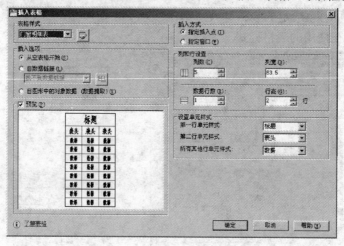

图 6-22 "插入表格"对话框

(3)参数说明。

"插入表格"对话框中各选项的含义如下:

①"表格样式"区:选择已创建的表格样式,如"门窗明细表"。

②"插入选项"区:

"从空表格开始":在图形文件中插入一个可以手动填充数据的空表格。

"自数据链接":根据外部电子表格中的数据创建表格。

"自图形中的对象数据(数据提取)":从已知表格中提取数据。

③"插入方式"区:

"指定插入点":在屏幕上指定或用键盘输入坐标来确定表格左上角的位置。

"指定窗口":在屏幕上指定两个角点或用键盘输入坐标来确定表格的大小,选择此项后,列宽和行高取决于表格的大小。

④"预览"区:显示表格样式的样例。

⑤"列和行设置"区:

"列数"、"列宽"、"数据行数"、"行高":分别设置列数、列宽、行数和行高。

⑥"设置单元样式"区:设置表格的第一行、第二行和其他行的内容是标题、表头还是

数据。

(4)注意事项。

①"插入表格"对话框设置好后,插入的表格是一个空表格,可以在表格的单元中添加内容。另外,行高是以文字的行数为基准而进行设置的。

②行高由表格的高度控制,可按照行数来指定。文字行高基于文字高度和单元边距。

2.插入表格举例

下面将前文创建的"门窗明细表"插入到图中,步骤如下:

(1)执行"Table"命令后,系统弹出如图 6-23 所示的"插入表格"对话框,在该对话框中选择表格样式名为"门窗明细表"。

(2)选择"指定插入点"作为插入方式。

(3)在"列和行设置"区设置 5 列 4 行,列宽和行高分别为 15 和 1。

(4)点击"确定"按钮,在屏幕上指定插入点插入表格。

结果创建一个如图 6-24 所示的一个 5 列 4 行空表格。

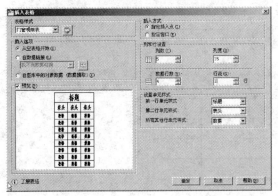

图 6-23　"插入表格"对话框的设置　　　　图 6-24　插入表格结果

注意:创建好一个空表格后,系统要求输入文字,在输入文字前,还可对空表格进行编辑。在表格中输入文字时,可用 Tab 键或方向键进行单元格切换。

6.2.3　编辑表格

对插入的空表格样式及内容进行修改,也是创建一个新表格的过程。

1.编辑表格单元

(1)"表格"选项卡。

在准备编辑的单元格中单击左键,系统在功能面板上弹出如图 6-25 所示的"表格单元"选项卡。

图 6-25　"表格单元"选项卡

在"表格单元"选项卡中,有七个面板:

①"行"面板:对表格的行进行插入与删除。

②"列"面板:对表格的列进行插入与删除。

③"合并"面板:对表格进行单元合并与取消合并。

④"单元样式"面板:对选定的单元格进行匹配,对单元格的背景、表格内容及单元格边框进行修改。

⑤"单元格式"面板:对选定的单元格进行锁定与解锁,同时也可以改变单元格数据的格式。

⑥"插入"面板:对选定的单元格插入块、字段、计算公式和管理单元格内容。

⑦ "数据"面板:向选定单元格链接数据或下载数据。

此时表格单元处于夹点编辑状态,如图 6-26 所示。在此状态下可以改变单元格的大小,并可以自动添加数据。同时,还可以对表格进行结构调整,如插入与删除行和列、合并单元格等。

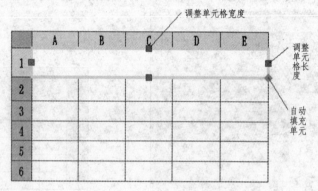

图 6-26　表格单元夹点编辑

(2)注意事项。

①对插入的表格,在没有其他命令的状态下,整体选择,如图 6-27 所示,通过单击夹点,可拉伸改变表格的高度或宽度,或整体移动表格。

②在图 6-27 所示的表格夹点编辑状态,只能修改表格的外观,不能改变表格内部结构,如插入与删除行和列、合并单元格等。

2. 编辑表格内容

(1)启动命令的方法。

①在命令行中用键盘输入"Tabledit";

②在表格单元格中双击左键。

系统在功能面板上弹出如图 6-7 所示的多行文字编辑器。在绘图区,表格处于编辑状态。

如果关掉功能面板,进行"Tabledit"命令操作,系统弹出如图 6-8 所示的"文字格式"工具栏。在绘图区,表格处于编辑状态。

在表格编辑状态,用户可根据需要对表格内容进行修改。

(2)注意事项。

当选择一个单元格后,单击鼠标右键,系统弹出如图6-28所示的"表格编辑"快捷菜单,用户可通过此快捷菜单对表格内容进行编辑。

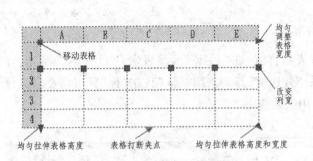

图6-27　表格夹点编辑　　　　　　　　图6-28　"表格编辑"快捷菜单

6.3　实训指导

项目1:注写文字

内容:用"Mtext"命令输入如图6-29所示的多行文字。

目的:用"Mtext"命令输入文字。

指导:

(1)用"Style"命令设置如6.1.1部分中所示的"工程图中汉字"文字样式;

(2)执行"Mtext"命令,在文字编辑区中输入多行文字,如图6-30所示;

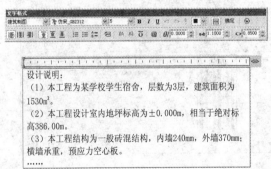

设计说明:
　(1)本工程为某学校学生宿舍,层数为3层,建筑面积为1530m²。
　(2)本工程设计室内地坪标高为±0.000m,相当于绝对标高386.00m。
　(3)本工程结构为一般砖混结构,内墙240mm,外墙370mm;横墙承重,预应力空心板。
　……

图6-29　多行文字　　　　　　　　　图6-30　输入多行文字

(3)点击"确定"按钮完成输入。

注意:在注写文字时,如果数字和字母单独使用,应为斜体,如果数字和字母与汉字混用,应为正体。

项目2:绘制表格

内容:绘制如图6-31所示的表格。

目的:用"插入表格"(Table)命令插入一个表格,并进行编辑。

指导:

(1)设置表格样式。

步骤如下:用"Table"命令设置表格样式,在"数据"区设置参数如图6-32所示;在"表头"区设置文字高度为7,边框采用外边框,其余采用默认值;在"标题"区将文字高度设为10,边框采用底部边框,其余采用默认值。

构件统计表					
序号	构件名称	构件代号	所有图纸	数量	备注
1	空心板	YKB4252	结施4	351	
2	空心板	YKB3652	结施4	263	
3	空心板	YKB1852	结施4	16	
4	檐口板	YB	结施5	16	
5	梁	YL	结施4	2	
6	梯梁	ZTL	结施4	12	

图 6-31　构件统计表

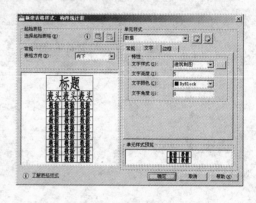

图 6-32　设置表格样式

(2)用"Table"命令插入表格,设置参数如图6-33所示。

(3)用快捷菜单对表格进行编辑并插入一个空表格,结果如图6-34所示。

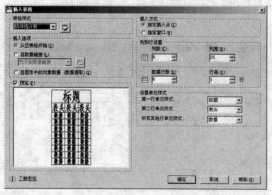

图 6-33　设置表格行与列

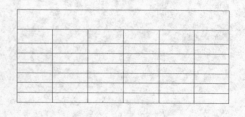

图 6-34　插入空表格

在表格编辑过程中,注意表格内单元格合并时的操作。

(4)在表格中输入文字,如图6-35所示,完成后点击"确定"按钮。

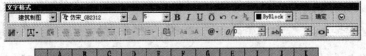

	A	B	C	D	E	F	G	H	I	J	K
1				构件统计表							
2	序号	构件名称		构件代号		所有图纸		数量		备注	
3	1	空心板		YKB4252		结施4		351			
4	2	空心板		YKB3652		结施4		263			
5	3	空心板		YKB1852		结施4		16			
6	4	檐口板		YB		结施5		16			
7	5	梁		YL		结施4		2			
8	6	梯梁		ZTL		结施4		12			

图 6-35　在表格中输入文字

课后思考及拓展训练

一、单项选择题

1. 工程图样中的汉字通常应尽可能选择(　　)。
   A. 楷体　　　　　　　B. 宋体　　　　　　　C. 仿宋体　　　　　　D. 长仿宋体

2. 在工程图样中书写长仿宋体字时,字宽应为字高的(　　)。
   A. 0.5　　　　　　　B. 0.6　　　　　　　C. 0.7　　　　　　　D. 0.8

3. 在 AutoCAD 中用"单行文字"命令输入 ± 的控制代码是(　　)。
   A. %%D　　　　　　B. %%U　　　　　　C. %%C　　　　　　D. %%P

4. 用"单行文字"(Text)命令标注角度符号"°"时应使用(　　)。
   A. %%C　　　　　　B. %%D　　　　　　C. %%P　　　　　　D. %%U

5. 如果用"单行文字"(Text)命令标注文字,输入文本%c 100,则显示结果为(　　)。
   A. 命令行提示出错信息并退出"单行文字"(Text)命令
   B. 命令行提示出错信息后仍要求输入文本
   C. %c 100　　　　　　　　　　D. φ100

6. AutoCAD 中的字体文件的扩展名是(　　)。
   A. shx　　　　　　　B. lin　　　　　　　C. pat　　　　　　　D. scr

7. 默认的标准(Standard)文字样式的字体名是(　　)。
   A. 仿宋_GB2312　　B. gbeitc. shx　　　C. isocp. shx　　　　D. txt. shx

8. 多行文字的标注命令是(　　)。
   A. Wblock　　　　　B. Dtext　　　　　　C. Mtext　　　　　　D. Wtext

9. 应用"镜像"(Mirror)命令镜像文字后要使文字内容仍保持原来排列方式,则应先将系统变量"MIRRTEXT"的值设为(　　)。
   A. 0　　　　　　　　B. 1　　　　　　　　C. On　　　　　　　　D. Off

10.控制表格单元中文字外观的是(　　　)。

    A.文字样式　　　　B.表格样式　　　　C.边框线　　　　　D.单元格样式

二、多项选择题

1.(　　)命令可以标注文字。

    A.Text　　　　　　B.Dtext　　　　　　C.Mtext　　　　　　D.以上均不可以

2.下列文字特性能在多行文字编辑器中设置的是(　　　)。

    A.高度　　　　　　B.字体　　　　　　C.旋转角度　　　　　D.文字样式

3.修改多行文字高度,以下说法正确的是(　　　)。

    A.在"特性"窗口中修改　　　　　　B.使用"Ddedit"命令修改

    C.双击文本后进行修改　　　　　　D.以上都不可以

4.要编辑文字内容,以下方法正确的是(　　　)。

    A.双击文字对象　　　　　　　　　B.打开"特性"窗口

    C.用"Mtext"命令　　　　　　　　D.用"Ddedit"命令

5.以下说法错误的是(　　　)。

    A.默认的标准文字样式可以删除　　B.任何文字样式都不能删除

    C.图形中已使用的文字样式不能被删除

    D.以上都不对

6.在 AutoCAD 中以下(　　　)是中文大字体文件。

    A.gbcbig.shx　　　　　　　　　　B.chineset.shx

    C.bigfont.shx　　　　　　　　　　D.txt.shx

7.在多行文字对话框中"堆叠"按钮只对含有(　　　)分隔符号的文本适用。

    A."^"　　　　　B."!"　　　　　C."/"　　　　　D."#"

8.与文本输入、编辑有关的命令是(　　　)。

    A.Text　　　　　B.Ddedit　　　　C.Mtext　　　　D.Dtext

9.创建文字样式可以利用以下(　　　)方法。

    A.在命令行窗口中输入"Style"后按 Enter 键,在打开的对话框中创建

    B.选择"格式"→"文字样式"后,在打开的对话框中创建

    C.直接在文字输入时创建

    D.可以随时创建

10.在多行文字编辑器中有(　　　)面板。

    A.样式　　　　　B.格式　　　　　C.段落　　　　　D.插入

三、判断正误题

1.特殊字符的输入只允许用"多行文本"命令输入。

2.在标题栏中输入文字时,选择文字的对正方式是"正中(MC)"。

3.用"Ddedit"命令可以修改各种类型文字的文字样式、宽度和内容等。

4.在设置文字样式时,如果采用了默认字高0,那么每次使用该样式创建文字时,系

统会在命令行提示指定文字的高度。

5. 在 AutoCAD 中删除文字样式时,可以删除已使用的文字样式。

6. 用"单行文字"命令标注水平文字时发现字头是向左的,一定是文字的旋转角度设置错了。

7. 在 AutoCAD 中修改单行文字高度,可以在"对象特性"工具栏修改。

8. 对已创建的文字内容进行编辑修改,只有在文字对象上双击左键这种方法。

9. 设置文字样式时将文字高度设为 3.5,则在不同大小比例的图形中标注的文字高度可以在命令行中修改。

10. 设置文字样式时,若宽度因子大于 1,字体则变窄,反之变宽。

四、作图题

1. 用"多行文字"命令输入如图 6-36 所示的设计说明。

设计说明:

1. 本图尺寸除高程以 m 为单位外,其余均以 mm 为单位。

2. 混凝土的标号为 C50。

3. 主筋保护层厚度皆为 30mm。

4. 基础防潮层为 1:2 水泥砂浆,厚 20mm。

图 6-36 设计说明

2. 绘制如图 6-37 所示的门窗明细表,并进行编辑,结果如图 6-38 所示。

类别	设计编号	洞口尺寸(mm)	数量	备注
窗	C – 1821	1800 × 2100	6	
门	M – 1	1500 × 3000	2	
	M – 2	900 × 2400	1	

图 6-37 门窗明细表(一)

类别	设计编号	洞口尺寸(mm)	数量	备注
窗	C – 1821	1800 × 2100	6	80 系列铝合金推拉窗
门	M – 1	1500 × 3000	2	100 系列铝合金平开门
	M22 – 0924	900 × 2400	1	无玻胶合板门
	M22 – 1524	1500 × 2400	1	无玻胶合板门

图 6-38 门窗明细表(二)

第7章 尺寸标注

【知识目标】：通过本章的学习，了解尺寸标注样式中各参数的含义，熟悉尺寸的编辑方法，掌握尺寸标注样式的设置方法及尺寸的标注方法。

【技能目标】：通过本章的学习，能够运用所学知识在图形中正确标注尺寸，并对尺寸进行编辑。

7.1 设置尺寸标注样式

标注样式是标注设置的命名集合，可用来控制标注的外观，如箭头样式、文字位置和尺寸公差等。用户可以创建标注样式，以快速指定标注的格式，并确保标注符合行业或工程标准。在工程制图中，由于各专业的制图标准不同，因此设置的尺寸标注样式也不尽相同。

7.1.1 标注样式的设置

1.标注样式管理器

（1）启动标注样式管理器的方法。

①在命令行中用键盘输入"Dimstyle"；

②在主菜单中点击"格式"→"标注样式"或"标注"→"标注样式"；

③在功能面板上选择"常用"→"注释"→"标注样式" ；

④在"标注"工具栏上点击"标注样式" 按钮。

（2）执行命令的过程。

执行"Dimstyle"命令后，系统会弹出如图7-1所示的"标注样式管理器"对话框，用户可在该对话框中进行新的标注样式的设置。

（3）参数说明。

在"标注样式管理器"对话框中，各选项的含义如下：

"样式"：列出已经定义好的标注样式。

"预览"：显示设置完成后的结果。

"列出"：有两种可以选择，一种是"所有样式"，另一种是"正在使用的样式"。

"说明"：显示使用的是哪一种标注样式。

"置为当前"：将设置好的标注样式应用到当前的图形中。

"新建"：新建一种标注样式，点击该按钮后系统会弹出如图7-2所示的"创建新标注样式"对话框。在该对话框中，输入新样式名，选择一种样式作为基础样式，并确定新的标注样式用于哪些标注范围，然后点击"继续"按钮，开始设置新的标注样式的相关内容。

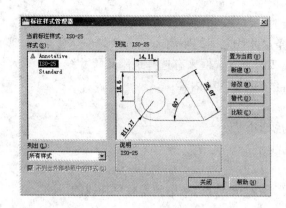

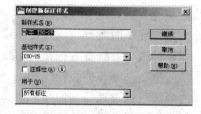

图 7-1 "标注样式管理器"对话框   图 7-2 "创建新标注样式"对话框

"修改"、"替代":这两个按钮在编辑尺寸标注样式时会用到。点击这两个按钮会弹出和点击"新建"按钮基本相同的对话框,设置的方法与之相同。

"比较":显示两种标注样式之间的参数对比。

2."新建标注样式"对话框

在"创建新标注样式"对话框中,点击"继续"按钮后,系统弹出如图 7-3 所示的"新建标注样式"对话框。在该对话框中有七个选项卡,各选项卡上的内容含义如下:

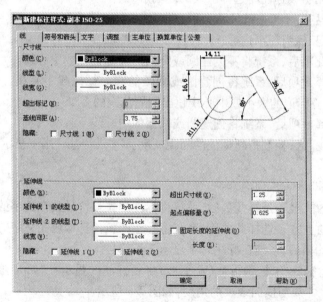

图 7-3 "新建标注样式"对话框——"线"选项卡

(1)"线"选项卡:如图 7-3 所示,有两个选项区。

①"尺寸线"区有六项内容:

"颜色":选择尺寸线的颜色。

"线型":选择尺寸线的线型。

"线宽":选择尺寸线的宽度。

"超出标记":当尺寸线终端选用斜线时,尺寸线超出延伸线的数值。

"基线间距":当采用基线标注时,两条尺寸线之间的距离。

"隐藏":通过选择尺寸线1和尺寸线2两个复选框来有选择地隐藏尺寸线。

②"延伸线"(在此处延伸线即尺寸界线)区有八项内容:

"颜色":选择延伸线的颜色。

"延伸线1的线型":选择延伸线1的线型。

"延伸线2的线型":选择延伸线2的线型。

"线宽":选择延伸线的线宽。

"隐藏":通过选择延伸线1和延伸线2两个复选框,来达到隐藏延伸线的目的。

"超出尺寸线":延伸线超出尺寸线的长度。

"起点偏移量":在进行尺寸标注时,标注的目标点与延伸线的距离。

"固定长度的延伸线":定义延伸线从尺寸线开始到标注原点的总长度。选择此复选框后,可在其下面的"长度"框内输入长度数值。

(2)"符号和箭头"选项卡:如图7-4所示,有六个选项区。

①"箭头"(在此处箭头即尺寸起止符号)区有四项内容:

"第一个"、"第二个":根据制图标准的要求来选择尺寸线的终端形式。

"引线":在用引线标注时选择引线的终端形式。

"箭头大小":尺寸起止符号的大小。

②"圆心标记"区有三项内容:

"无":选择此项后,系统将不创建圆或圆弧的圆心标记或中心线。

"标记":选择此项后,系统将创建圆或圆弧的圆心标记或中心线。其后的数值框用于显示和设置圆心标记的大小或中心线超出圆周范围的多少。

"直线":选择此项后,系统将创建圆或圆弧的中心线。

③"折断标注"区:控制折断标注的间距宽度。"折断大小"用于显示和设置折断标注的间距大小。

④"弧长符号"区有三项内容:

"标注文字的前缀":选择此项后,系统将标注的弧长符号放在文字的前面。

"标注文字的上方":选择此项后,系统将标注的弧长符号放在文字的上方。

"无":选择此项后,系统在标注时不显示弧长符号。

⑤"半径折弯标注":控制折弯(Z字形)半径标注的显示。"折弯角度"是在确定半径折弯标注中,尺寸线与横向线段的角度,如图7-5所示。

⑥"线性折弯标注":控制线性折弯标注的显示。"折弯高度因子"是通过形成折弯的角度的两个顶点之间的距离确定折弯高度。

(3)"文字"选项卡:如图7-6所示,有三个选项区。

①"文字外观"区有六项内容:

"文字样式":选择标注数字的文字样式,也可通过其后的按钮来创建新的文字样式。

"文字颜色":选择标注数字的颜色。

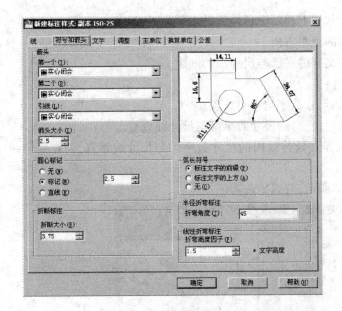

图 7-4 "符号和箭头"选项卡

图 7-5 折弯角度

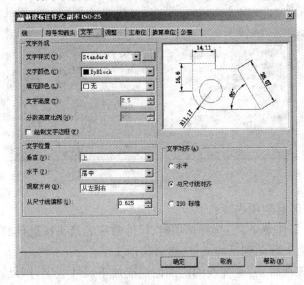

图 7-6 "文字"选项卡

"填充颜色":在标注时选择数字背景的颜色。

"文字高度":根据制图标准设置当前标注数字的高度。

"分数高度比例":设置相对于标注数字的分数高度比例。仅当在"主单位"选项卡上选择分数作为单位格式时,此选项才可用。用在此处输入的值乘以"文字高度"的值,可确定标注分数相对于标注数字的高度。

"绘制文字边框":选择此项时,标注的数字带一边框。

②"文字位置"区有四项内容:

"垂直":设置标注文字相对于尺寸线的垂直位置。

"水平":设置标注文字在尺寸线上相对于延伸线的水平位置。

"观察方向":设置标注文字的观察方向。

"从尺寸线偏移":设置标注文字的底部与尺寸线的间距。

③"文字对齐"区有三项内容:

"水平":选择该项后,所有的尺寸数字均水平放置。

"与尺寸线对齐":选择该项后,所有的尺寸数字都与尺寸线垂直。

"ISO 标准":选择该项后,凡是在延伸线内的尺寸数字均与尺寸线垂直,而在延伸线外的尺寸数字均水平排列。

(4)"调整"选项卡:如图 7-7 所示,有四个选项区。

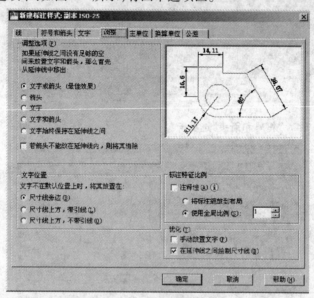

图 7-7 "调整"选项卡

①"调整选项"区有六项内容:

"文字或箭头(最佳效果)":选择该项时,尺寸数字和箭头按最佳的效果放置。

"箭头":先将箭头移动到延伸线外,然后移动文字。

"文字":选择该项时,若延伸线的范围内只能放下尺寸数字,则尺寸数字放在延伸线内,箭头放在延伸线外。

"文字和箭头":选择该项时,若延伸线的范围内既不能放下尺寸数字也不能放下箭头,则尺寸数字和箭头均放在延伸线外。

"文字始终保持在延伸线之间":选择该项时,不管延伸线的范围内能不能放下尺寸数字,尺寸数字都始终保持在延伸线的范围内。

"若箭头不能放在延伸线内,则将其消除":选择该项时,若延伸线的范围内放不下尺寸数字和箭头,则将箭头消除掉。

②"文字位置"区有三个选项:

"尺寸线旁边":当尺寸数字不在缺省位置时,将其置于尺寸线的旁边。

"尺寸线上方,带引线":当尺寸数字不在缺省位置时,将其置于尺寸线的上方,加引线。

"尺寸线上方,不带引线":当尺寸数字不在缺省位置时,将其置于尺寸线的上方,不加引线。

③"标注特征比例"区有两项内容:

"将标注缩放到布局":按模型空间或图纸空间的缩放比例关系来标注尺寸。

"使用全局比例":所设置的尺寸标注的变量与绘图的比例相符。

④"优化"区有两项内容:

"手动放置文字":选择该项时,根据系统的提示来放置尺寸数字。

"在延伸线之间绘制尺寸线":选择该项时,不管延伸线之间的空间是否够用,系统都会在延伸线之间绘制尺寸线。

(5)"主单位"选项卡:如图 7-8 所示,有两个选项区。

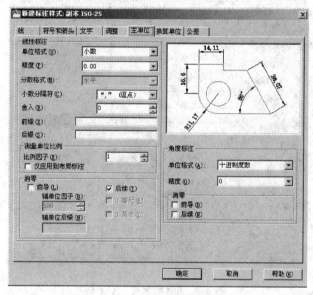

图 7-8 "主单位"选项卡

①"线性标注"区有七项内容和两个子区:

"单位格式":根据绘图的需要来选择线性标注的单位格式。单位格式主要有小数、科学、建筑等。

"精度":设置尺寸数字小数点的位数。

"分数格式":当单位格式为分数时,来设置尺寸分数的放置格式。

"小数分隔符":设置整数和小数之间的分隔符的形式。有句点、逗点等。

"舍入":为除角度外的所有标注类型设置尺寸数字的舍入规则。

"前缀"、"后缀":在尺寸数字的前面或后面加上特殊符号。

"测量单位比例"子区有两项内容:

"比例因子":根据绘图比例的变化来选择合适的比例因子。比如绘图比例为 1:100,则在"比例因子"选项中输入 100。

"仅应用到布局标注"：控制是否把比例因子仅应用到布局标注中。

"消零"子区：通过选择"前导"或"后续"来控制在尺寸数字的前面或后面是否显示零。

②"角度标注"区有两项内容和一个子区：

"单位格式"：根据绘图需要来设置角度的单位格式。角度的单位格式有十进制度数、弧度等。

"精度"：设置角度数字小数点的位数。

"消零"子区：通过选择"前导"或"后续"来控制在角度数字的前面或后面是否显示零。

（6）"换算单位"选项卡：如图 7-9 所示。

在该选项卡中，通过对"换算单位"、"位置"、"消零"等项的设置，来达到两种单位换算的目的。由于该选项卡在实际绘图中较少用到，这里就不叙述了。

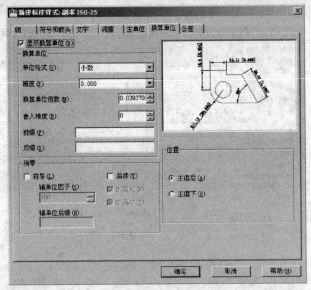

图 7-9 "换算单位"选项卡

（7）"公差"选项卡：如图 7-10 所示，有两个选项区。

①"公差格式"区：

"方式"：通过下拉列表框来选择公差标注的方式。

"精度"：设置公差数字小数点后面的位数。

"上偏差"、"下偏差"：设置公差的上、下偏差值。

"高度比例"：设置公差标注时公差数字的高度。

"垂直位置"：设置公差数字和尺寸数字的对齐方式。

"公差对齐"：包括"对齐小数分隔符"和"对齐运算符"两个选项。

"消零"：通过选择"前导"或"后续"来控制公差数字前或后的零的显示。

②"换算单位公差"区：

"精度"、"消零"：通过设置来达到不同单位的公差互相换算的目的。

（8）注意事项。

在设置标注样式时，应根据各不同专业的制图标准进行设置。

图 7-10 "公差"选项卡

7.1.2 创建新标注样式举例

前述对话框中各选项的值均为系统默认状态下的初始值,需要根据不同专业的制图标准的具体要求进行设置。

1. 创建水利工程图尺寸标注样式

若绘图比例为1:1,标注样式名为水利工程1:1,创建应用于水利工程图的尺寸标注样式内容如下:

(1)"线"选项卡:

"基线间距":取值为7。

"超出尺寸线":取值为2。

"起点偏移量":取值为3。

(2)"符号和箭头"选项卡:

"弧长符号":选"标注文字的上方"。

(3)"文字"选项卡:

"文字样式":选择第6章中已设置的"工程图中数字和字母"文字样式。

"文字高度":取值为3.5。

(4)"调整"选项卡:

"文字位置":选"尺寸线上方,带引线"。

(5)"主单位"选项卡:

"小数分隔符":选句点。

"测量单位比例"中"比例因子":因绘图比例为1:1,故选1。如果绘图比例为1:100,则选100。

"消零":选"后续"。

此标注样式的应用如图 7-11 所示。

2. 创建建筑工程图尺寸标注样式

若绘图比例为 1∶1,标注样式名建筑工程 1∶1,创建应用于建筑工程图的尺寸标注样式内容如下:

(1)"线"选项卡:

"基线间距":取值为 7。

"超出尺寸线":取值为 2。

"起点偏移量":取值为 3。

(2)"符号和箭头"选项卡:

"箭头"区"第一个"、"第二个":均选"建筑标记"。

"弧长符号":选"标注文字的上方"。

(3)"文字"选项卡:

"文字样式":选择第 6 章中已设置的"工程图中数字和字母"文字样式。

"文字高度":取值为 2.5。

(4)"调整"选项卡:

"文字位置":选"尺寸线上方,带引线"。

(5)"主单位"选项卡:

"小数分隔符":选句点。

"测量单位比例"中"比例因子":因绘图比例为 1∶1,选 1。如果绘图比例为 1∶100,则选 100。

"消零":选"后续"。

此标注样式的应用如图 7-12 所示。

注意:在标注角度尺寸时,"文字对齐"方式选"水平"。

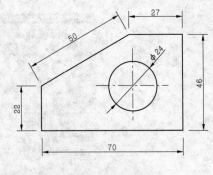

图 7-11　水利工程 1∶1

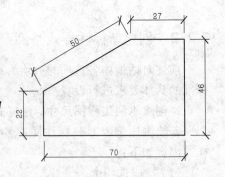

图 7-12　建筑工程 1∶1

7.2　基本尺寸的标注

设置好标注样式后,就可以进行尺寸标注了。

7.2.1　线性尺寸标注

1. 线性标注

(1)启动命令的方法。

①在命令行中用键盘输入"Dimlinear";

②在主菜单中点击"标注"→"线性";

③在功能面板上选择"常用"→"注释"→"线性"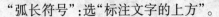;

④在"标注"工具栏上点击 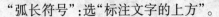 按钮。

(2)执行命令的过程。

命令：_dimlinear

指定第一条延伸线原点或 ＜选择对象＞：　　（指定要标注对象的起点或直接回车来选择要标注的对象）

指定第二条延伸线原点：　　（指定要标注对象的终点）

指定尺寸线位置或［多行文字（M）/文字（T）/角度（A）/水平（H）/垂直（V）/旋转（R）］：　　（确定尺寸线的放置位置）

标注文字 = 26.58

（3）参数说明。

"多行文字（M）"：输入"M"后回车，系统会弹出如图6-7所示的多行文字编辑器，用户可在其中输入尺寸数字。

"文字（T）"：输入"T"后回车，系统会提示重新输入标注文字。

"角度（A）"：输入"A"后回车，系统提示输入标注文字与尺寸线的倾斜角度。

"水平（H）"：输入"H"后回车，系统取消默认值，强制执行水平标注。

"垂直（V）"：输入"V"后回车，系统强制执行垂直标注。

"旋转（R）"：输入"R"后回车，系统提示输入尺寸线的旋转角度。

（4）注意事项。

线性标注只是测量两个点之间的距离，常用做标注水平方向和竖直方向的尺寸。

（5）线性标注示例。

如图7-13所示为标注三角形的底边和高。

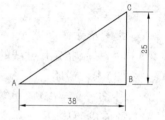

图7-13　线性标注示例

2. 对齐标注

（1）启动命令的方法。

①在命令行中用键盘输入"Dimaligned"；

②在主菜单中点击"标注"→"对齐"；

③在功能面板上选择"常用"→"注释"→"对齐"↘；

④在"标注"工具栏上点击↘按钮。

（2）执行命令的过程。

命令：_dimaligned

指定第一条延伸线原点或 ＜选择对象＞：　　（指定标注对象的起点或直接回车来选择标注的对象）

指定第二条延伸线原点：　　（指定标注对象的终点）

指定尺寸线位置或

［多行文字（M）/文字（T）/角度（A）］：

标注文字 = 43

（3）参数说明。

"［多行文字（M）/文字（T）/角度（A）］"：各参数的含义与线性标注中的含义相同。

（4）注意事项。

对齐标注主要在标注倾斜方向尺寸时使用。

(5)对齐标注示例。

如图7-14所示为标注多边形的边长。

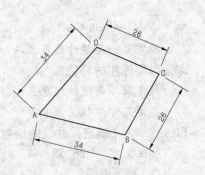

图7-14　对齐标注示例

7.2.2　圆及圆弧的尺寸标注

1.标注半径

(1)启动命令的方法。

①在命令行中用键盘输入"Dimradius";

②在主菜单中点击"标注"→"半径";

③在功能面板上选择"常用"→"注释"→"半径" ⊘;

④在"标注"工具栏上点击⊘按钮。

(2)执行命令的过程。

命令：_dimradius

选择圆弧或圆：　　（选择要标注的圆弧或圆）

标注文字 = 12

指定尺寸线位置或［多行文字(M)/文字(T)/角度(A)］:　　（指定尺寸线的位置或执行后面的命令）

(3)参数说明。

"［多行文字(M)/文字(T)/角度(A)］":各参数的含义与前面讲的相同。

(4)注意事项。

根据制图标准的规定,圆弧小于或等于半圆时应标注半径。标注半径示例如图7-15所示。

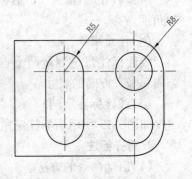

图7-15　标注半径示例

2.标注直径

(1)启动命令的方法。

①在命令行中用键盘输入"Dimdiameter";

②在主菜单中点击"标注"→"直径";

③在功能面板上选择"常用"→"注释"→"直径" ⊘;

④在"标注"工具栏上点击⊘按钮。

(2)执行命令的过程。

命令：_dimdiameter

选择圆弧或圆：　　（选择要标注的圆弧或圆）

标注文字 =69

指定尺寸线位置或［多行文字(M)/文字(T)/角度(A)］:　　（指定尺寸线的位置或执行后面的命令）

(3)参数说明。

"［多行文字(M)/文字(T)/角度(A)］":各参数的含义与前面讲的相同。

(4)注意事项。

根据制图标准的规定,完整的圆或大于半圆的圆弧应标注直径。

标注直径示例如图 7-16 所示。

3. 标注弧长

(1)启动命令的方法。

①在命令行中用键盘输入"Dimarc";

②在主菜单中点击"标注"→"弧长";

③在功能面板上选择"常用"→"注释"→"弧长" 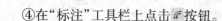;

④在"标注"工具栏上点击 按钮。

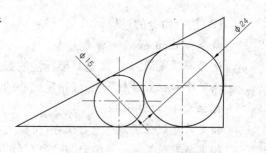

图 7-16　标注直径示例

(2)执行命令的过程。

命令:_dimarc

选择弧线段或多段线圆弧段:　　　(选择圆弧)

指定弧长标注位置或［多行文字(M)/文字(T)/角度(A)/部分(P)/ 引线(L)］:

标注文字 = 56

(3)参数说明。

"指定弧长标注位置":确定弧长标注的位置。

"多行文字(M)":输入"M"后回车,系统会弹出如图 6-7 所示的多行文字编辑器,用户可在其中输入尺寸数字。

"文字(T)":输入"T"后回车,系统会提示重新输入标注文字。

"角度(A)":输入"A"后回车,系统会提示输入标注文字的倾斜角度。

"部分(P)":只标注某段圆弧的一部分弧长。输入"A"后回车,命令行有如下的提示:

指定弧长标注位置或［多行文字(M)/文字(T)/角度(A)/部分(P)/ 引线(L)］:p↙

指定弧长标注的第一个点:　　　(指定从圆弧上的哪个点开始标注)

指定弧长标注的第二个点:　　　(指定从圆弧上的哪个点结束标注)

"引线(L)":当标注大于 90°的圆弧(或弧线段)时确定是否加引线,所加的引线指向所标注圆弧的圆心。

(4)注意事项。

在标注弧长时,"弧长符号"的位置选择"标注文字的上方"。

(5)标注弧长示例。

如图 7-17 所示为标注两段圆弧的弧长。

4. 半径折弯标注

(1)启动命令的方法。

①在命令行中用键盘输入"Dimjogged";

②在主菜单中点击"标注"→"折弯";

③在功能面板上选择"常用"→"注释"→"折弯" 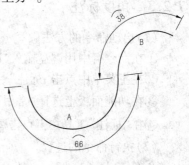;

④在"标注"工具栏上点击 按钮。

图 7-17　标注弧长示例

（2）执行命令的过程。

命令：_dimjogged

选择圆弧或圆：　　（选择要标注的圆弧或圆）

指定中心位置替代：　　（指定圆心的替代位置）

标注文字 = 146.42

指定尺寸线位置或［多行文字（M）/文字（T）/角度（A）］：

指定折弯位置：　　（指定折断符号的位置）

（3）参数说明。

"指定尺寸线位置"：指定尺寸线的放置位置。

"［多行文字（M）/文字（T）/角度（A）］"：各参数的含义与前面讲的相同。

（4）注意事项。

折弯角度可以在"新建标注样式"对话框的"符号和箭头"选项卡中进行修改。

（5）半径折弯标注示例。

如图7-18所示为标注圆弧A、B、C的半径。

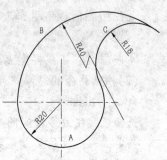

图7-18　半径折弯标注示例

5.圆心标记

（1）启动命令的方法。

①在命令行中用键盘输入"Dimcenter"；

②在主菜单中点击"标注"→"圆心标记"；

③在功能面板上选择"常用"→"注释"→"圆心标记"⊙；

④在"标注"工具栏上点击⊙按钮。

（2）执行命令的过程。

命令：_dimcenter

选择圆弧或圆：　　（选择要标注的圆弧或圆）

（3）参数说明。

在设置标注样式时,圆心标记类型有三种,分别是"无"、"标记"、"直线"。另外,还可以设置圆心标记的大小。实际应用时,要根据具体情况来选择。

7.2.3　角度标注

（1）启动命令的方法。

①在命令行中用键盘输入"Dimangular"；

②在主菜单中点击"标注"→"角度"；

③在功能面板上选择"常用"→"注释"→"角度" △；

④在"标注"工具栏上点击△按钮。

（2）执行命令的过程。

命令：_dimangular

选择圆弧、圆、直线或 ＜指定顶点＞：　　（选择要标注的圆弧、圆、直线或直接回车

执行 <指定顶点>的命令)

选择第二条直线： （选择要标注角的第二条边）

指定标注弧线位置或 [多行文字(M)/文字(T)/角度(A)]： （指定圆弧线的位置或执行后面的命令）

标注文字 = 57

(3)参数说明。

当选择圆弧时,如图7-19(a)所示,系统会执行以下的命令过程:

命令：_dimangular

选择圆弧、圆、直线或 <指定顶点>： （选择圆弧）

指定标注弧线位置或 [多行文字(M)/文字(T)/角度(A)]：

标注文字 =225

当选择圆时,如图7-19(b)所示,系统会执行以下的命令过程:

命令：_dimangular

选择圆弧、圆、直线或 <指定顶点>： （选择圆上的第一个点）

指定角的第二个端点： （选择圆上的第二个点）

指定标注弧线位置或 [多行文字(M)/文字(T)/角度(A)]：

标注文字 =110

当选择直线时,如图7-19(c)所示,所要标注的是两条直线的夹角,命令过程如下:

(a) (b) (c)

图 7-19 角度标注示例

命令：_dimangular

选择圆弧、圆、直线或 <指定顶点>： （选择直线夹角的第一条边）

选择第二条直线： （选择直线夹角的第二条边）

指定标注弧线位置或 [多行文字(M)/文字(T)/角度(A)]：

标注文字 =34

(4)注意事项。

①角度数字始终要水平书写,字头朝上,即在"文字"选项卡的"文字对齐"区选"水平"。

②在标注圆弧和圆的角度时,实际上是标注它们上面两点之间对应的圆心角度。

7.2.4 多重标注

1.基线标注

(1)启动命令的方法。

①在命令行中用键盘输入"Dimbaseline";

②在主菜单中点击"标注"→"基线";

③在功能面板上选择"常用"→"注释"→"基线"Ⅰ;

④在"标注"工具栏上点击Ⅰ按钮。

(2)执行命令的过程。

命令：_dimbaseline

选择基准标注：　　　(在进行基线标注时,如果先标注了基准尺寸,则不会出现此命令行)

指定第二条尺寸界线原点或［放弃(U)/选择(S)］<选择>:

标注文字 = 40

(3)参数说明。

下面以一个例子来说明标注过程中的参数,如图7-20所示。

标注过程如下:

首先标注线性尺寸"15"作为基线标注的基准尺寸。

命令：_dimlinear

指定第一条延伸线原点或 <选择对象>:

选择标注对象：

指定尺寸线位置或［多行文字(M)/文字(T)/角度(A)/水平(H)/垂直(V)/旋转(R)］:

标注文字 = 15

然后用基线标注标注其他尺寸。

命令：_dimbaseline

指定第二条延伸线原点或［放弃(U)/选择(S)］<选择>:
(选择A点)

标注文字 = 25

指定第二条延伸线原点或［放弃(U)/选择(S)］<选择>:　　(选择B点)

标注文字 = 35

指定第二条延伸线原点或［放弃(U)/选择(S)］<选择>:　　(选择C点)

标注文字 = 45

指定第二条延伸线原点或［放弃(U)/选择(S)］<选择>:↙

选择基准标注:↙

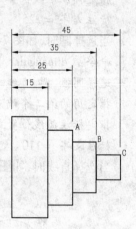

图 7-20　基线标注示例

2. 连续标注

(1)启动命令的方法。

①在命令行中用键盘输入"Dimcontinue";

②在主菜单中点击"标注"→"连续";

③在功能面板上选择"常用"→"注释"→"连续"Ⅲ;

④在"标注"工具栏上点击Ⅲ按钮。

(2)执行命令的过程。

命令：_dimcontinue

指定第二条延伸线原点或［放弃(U)/选择(S)］＜选择＞：

标注文字 = 14

(3)参数说明。

"选择连续标注"：选择一个已经标注好的尺寸为基准尺寸。

"指定第二条延伸线原点"：选择第二条延伸线的端点。

"放弃(U)"：输入"U"后回车，退出连续标注。

"选择(S)"：在缺省情况下，系统继续选择下一条延伸线的端点。

(4)连续标注示例。

对图7-21中的水平方向尺寸进行连续标注。标注过程如下：

首先标注线性尺寸"15"作为连续标注的起始尺寸。

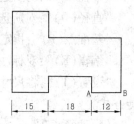

图7-21 连续标注示例

命令：_dimlinear

指定第一条延伸线原点或 ＜选择对象＞：

指定第二条延伸线原点：

指定尺寸线位置或［多行文字(M)/文字(T)/角度(A)/水平(H)/垂直(V)/旋转(R)］：

标注文字 = 15

然后用连续标注标注其他尺寸。

命令：_dimcontinue

指定第二条延伸线原点或［放弃(U)/选择(S)］＜选择＞： （选择A点）

标注文字 = 18

指定第二条延伸线原点或［放弃(U)/选择(S)］＜选择＞： （选择B点）

标注文字 = 12

指定第二条延伸线原点或［放弃(U)/选择(S)］＜选择＞：↙

选择连续标注：↙

3. 快速标注

(1)启动命令的方法。

①在命令行中用键盘输入"Qdim"；

②在主菜单中点击"标注"→"快速标注"；

③在功能面板上选择"注释"→"标注"→"快速标注"▨；

④在"标注"工具栏上点击▨按钮。

(2)执行命令的过程。

命令：_qdim

关联标注优先级 = 端点

选择要标注的几何图形：找到10个

选择要标注的几何图形：

指定尺寸线位置或［连续(C)/并列(S)/基线(B)/坐标(O)/半径(R)/直径(D)/基准点(P)/编辑(E)/设置(T)］＜连续＞：

(3)参数说明。

"选择要标注的几何图形":部分或全部地选择要标注的图形。

"指定尺寸线位置":把尺寸线放置在合适的位置上。

"连续(C)":连续性地标注尺寸,即一个尺寸接着一个尺寸,自动对齐。

"并列(S)":将所标注的尺寸有层次地排列,小尺寸在里边,大尺寸在外边。

"基线(B)":所有的尺寸共用一条相同起点的尺寸界线。

"坐标(O)":对所选的图形中的点标注坐标。

"半径(R)":对所选的图形中的圆弧标注半径。

"直径(D)":对所选的图形中的圆弧标注直径。

"基准点(P)":指定标注的基准点。

"编辑(E)":对标注的尺寸点进行编辑。

"设置(T)":将尺寸界线原点设置为默认对象捕捉方式。

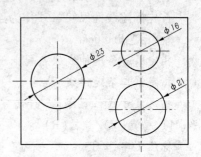

(4)注意事项。

如果在标注图形时不需要修改尺寸数字,可以采用快速标注。

(5)快速标注示例。

如图7-22所示为对三个圆进行快速标注。

图7-22　快速标注示例

7.2.5　其他标注

1.坐标标注

(1)启动命令的方法。

①在命令行中用键盘输入"Dimordinate";

②在主菜单中点击"标注"→"坐标";

③在功能面板上选择"常用"→"注释"→"坐标"；

④在"标注"工具栏上点击　按钮。

(2)执行命令的过程。

命令：_dimordinate

指定点坐标：　　　　　(选择要标注的点)

指定引线端点或 [X 基准(X)/Y 基准(Y)/多行文字(M)/文字(T)/角度(A)]：(指定引线的端点或执行后面的命令)

标注文字 = 506

(3)参数说明。

"X 基准(X)":输入"X"后回车,系统只标注点的 X 坐标。

"Y 基准(Y)":输入"Y"后回车,系统只标注点的 Y 坐标。

"多行文字(M)":输入"M"后回车,系统通过多行文字编辑器来重新标注内容。

"文字(T)":通过单行文字来重新标注内容。

"角度(A)":确定标注文字的倾斜角度。

(4)注意事项。

坐标标注是以世界坐标系或用户坐标系的
原点为基点来进行标注的。

(5)坐标标注示例。

如图7-23所示为标注出A、B、C、D四点的坐标。

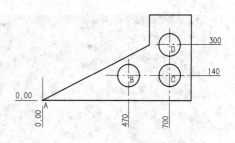

2.快速引线标注

图7-23　坐标标注示例

(1)启动命令的方法。

在命令行中用键盘输入"Qleader"。

(2)执行命令的过程。

命令：_qleader✓

指定第一个引线点或［设置(S)］＜设置＞：　　　（指定引线的起点）

指定下一点：　　　（指定引线的第二个点）

指定下一点：

指定文字宽度 ＜0＞：

输入注释文字的第一行 ＜多行文字(M)＞：

输入注释文字的下一行：

(3)参数说明。

"指定第一个引线点":选择图形的要说明部分中的一点。

"设置(S)":直接回车时,系统会弹出如图7-24所示的"引线设置"对话框,通过该对
话框可以对引线进行设置。

"指定文字宽度":输入说明文字的宽度,如果文字的宽度值设置为0.00,则多行文字
的宽度不受限制。

"输入注释文字的第一行"、"输入注释文字的下一行":文字可以分行进行输入。

(4)注意事项。

快速引线标注在设计过程中会经常用到,应该熟练掌握。

(5)快速引线标注示例。

用快速引线标注图7-25中的排水孔。标注过程如下：

命令：_qleader✓

指定第一个引线点或［设置(S)］＜设置＞：s✓

在弹出的"引线设置"对话框中设置如下：

"注释"和"引线和箭头"选项卡采用默认模式,在"附着"选项卡上选择"最后一行加
下划线",如图7-24所示。

指定下一点：

指定下一点：＜正交 开＞

输入注释文字的第一行 ＜多行文字(M)＞:排水孔φ6@80✓

输入注释文字的下一行：

159 ·

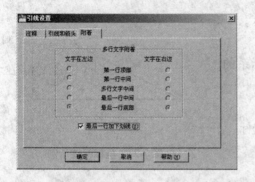

图 7-24 "引线设置"对话框

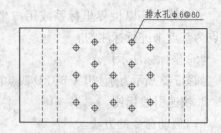

图 7-25 排水孔

7.3 尺寸标注编辑

7.3.1 编辑标注

1. 启动命令的方法

(1)在命令行中用键盘输入"Dimedit";

(2)在主菜单中点击"标注"→"倾斜";

(3)在功能面板上选择"注释"→"标注"→"倾斜"；

(4)在"标注"工具栏上点击按钮。

2. 执行命令的过程

命令:_dimedit

输入标注编辑类型［默认(H)/新建(N)/旋转(R)/倾斜(O)］<默认>:↙

选择对象:找到 1 个

选择对象:↙

3. 参数说明

"默认(H)":输入"H"后回车,系统将所选择的标注恢复到编辑前的状态。

"新建(N)":输入"N"后回车,系统弹出多行文字编辑器,可修改所选择的标注文字。

"旋转(R)":输入"R"后回车,将所选择的标注文字旋转指定的角度。

"倾斜(O)":输入"O"后回车,将所选择标注的延伸线倾斜一定的角度。

4. 编辑示例

在图 7-26 中,利用"倾斜(O)"选项对尺寸标注进行编辑,结果如图 7-27 所示。

编辑过程如下:

命令:_dimedit

输入标注编辑类型［默认(H)/新建(N)/旋转(R)/倾斜(O)］<默认>:o↙

选择对象:找到 1 个　　(选择尺寸"31")

选择对象:

输入倾斜角度（按 ENTER 表示无）：-30 ✓

命令：_dimedit

输入标注编辑类型 ［默认(H)/新建(N)/旋转(R)/倾斜(O)］ ＜默认＞：o ✓

选择对象：找到 1 个　　（选择尺寸"24"）

选择对象：

输入倾斜角度（按 ENTER 表示无）：30 ✓

注意：图 7-27 中尺寸"31"倾斜角度为 -30°,尺寸"24"倾斜角度为 30°。

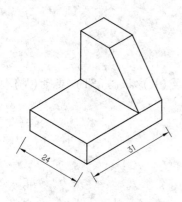

图 7-26　原尺寸标注

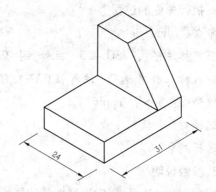

图 7-27　编辑后的尺寸标注

7.3.2　编辑标注文字

1. 启动命令的方法

(1)在命令行中用键盘输入"Dimtedit"；

(2)在主菜单中点击"标注"→"对齐文字"→"角度"△；

(3)在"标注"工具栏上点击△按钮。

2. 执行命令的过程

命令：_dimtedit

选择标注：　　　（选择要修改的标注）

为标注文字指定新位置或 ［左对齐(L)/右对齐(R)/居中(C)/默认(H)/角度(A)］：

3. 参数说明

为"标注文字指定新位置"：指定标注文字的新位置。

"左对齐(L)"：将标注文字向尺寸线的左边移动。此选项只适用于线性、半径和直径标注。

"右对齐(R)"：将标注文字向尺寸线的右边移动。此选项只适用于线性、半径和直径标注。

"中心(C)"：将标注文字向尺寸线的中间移动。

"默认(H)"：将所选择的标注文字恢复到编辑前的状态。

"角度(A)"：将标注文字旋转指定的角度。

7.3.3 标注更新

1. 启动命令的方法

(1)在命令行中用键盘输入"Dimstyle";

(2)在主菜单中点击"标注"→"更新";

(3)在功能面板上选择"注释"→"标注"→"更新" 回;

(4)在"标注"工具栏上点击回按钮。

2. 执行命令的过程

命令:_dimstyle

当前标注样式:ISO-25 注释性:否

输入标注样式选项[注释性(AN)/保存(S)/恢复(R)/状态(ST)/变量(V)/应用(A)/?] <恢复>:_apply

选择对象:找到 1 个

选择对象:

3. 参数说明

"注释性(AN)":创建注释性标注样式。

"保存(S)":将新的标注样式的当前设置进行保存。

"恢复(R)":将标注系统变量的设置恢复为选定标注样式的设置。

"状态(ST)":显示标注样式的设置参数的当前值。

"变量(V)":列出标注样式的参数变量值,但不能修改此变量值。

"应用(A)":将新的标注样式应用到选定的标注对象中。

"?":列出标注样式。

7.3.4 用右键菜单编辑尺寸

用右键菜单可方便地修改尺寸数字的位置、精度,改变尺寸的标注样式,使尺寸箭头翻转,是修改尺寸最常用的方法。

具体操作步骤如下:

(1)在无操作命令状态下选取需要修改的尺寸,此时尺寸显示夹点。

(2)单击鼠标右键显示右键菜单,如图7-28所示。

(3)在右键菜单上,选择"标注文字位置"中的选项对尺寸进行修改。如果在选择选项后进入绘图状态,可按照提示进行操作完成修改。

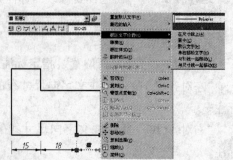

图 7-28 右键菜单

7.3.5 用快捷特性编辑尺寸

启用快捷特性,可用鼠标左键单击需要修改的尺寸对尺寸进行编辑。此时系统会弹出如图 7-29 所示的"快捷特性"对话框,在该对话框中可以直接进行尺寸编辑。编辑完成后关闭对话框即可。

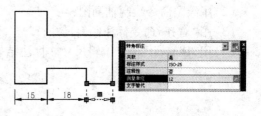

图 7-29 "快捷特性"对话框

7.4 实训指导

项目1:标注尺寸

内容:对如图 7-30 所示的平面图形进行尺寸标注。

目的:用基本标注命令对图形进行尺寸标注。

指导:

(1)用"Dimstyle"命令设置"水利工程 1∶1"的尺寸标注样式;

(2)用绘图命令绘制平面图形;

(3)用"线性"或"连续"命令标注水平方向和竖直方向的尺寸;

(4)用"半径"和"直径"命令标注圆和圆弧尺寸;

(5)用"角度"命令标注角度。标注结果如图 7-30 所示。

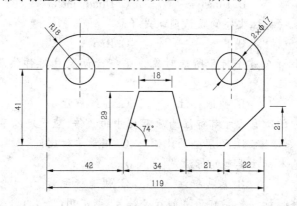

图 7-30 平面图形

项目2:标注和编辑尺寸

内容:对如图 7-31 所示的轴测图进行尺寸标注。

目的:用标注命令标注尺寸,用编辑命令编辑尺寸。

指导:

(1)用"Dimstyle"命令设置"水利工程 1∶1"的尺寸标注样式;

（2）用绘图命令绘制轴测图；

（3）用"对齐"命令标注倾斜尺寸；

（4）用"Dimedit"命令编辑尺寸。标注结果如图 7-31 所示。

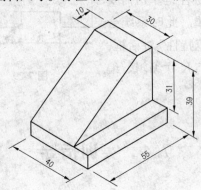

图 7-31   轴测图

课后思考及拓展训练

一、单项选择题

1. 执行(   )命令，可打开"标注样式管理器"对话框，在其中对标注样式进行设置。

A. Dimradius   B. Dimstyle   C. Dimdiameter   D. Dimlinear

2. 半径尺寸标注的标注文字的默认前缀是(   )。

A. D   B. R   C. Rad   D. Radius

3. (   )命令用于创建平行于所选对象或平行于两尺寸延伸线原点连线的直线型尺寸。

A. 对齐标注   B. 快速标注   C. 连续标注   D. 线性标注

4. 若要将图形中的所有尺寸都标注为原有尺寸的 2 倍，应设定以下(   )选项。

A. 文字高度   B. 使用全局比例   C. 测量单位比例   D. 换算单位

5. 下列不属于基本标注类型的标注是(   )。

A. 对齐标注   B. 基线标注   C. 快速标注   D. 线性标注

6. 如果在一个线性标注数字前面添加直径符号，则应用(   )命令。

A. %%C   B. %%O   C. %%D   D. %%%

7. 下面(   )命令用于测量并标注被测对象之间的夹角。

A. Dimangular   B. Angular   C. Qdim   D. Dimradius

8. 使用"快速标注"命令标注圆或圆弧时，不能自动标注(   )。

A. 半径   B. 基线   C. 圆心   D. 直径

9. 快速引线后不可以尾随的注释对象是(   )。

A. 多行文字   B. 公差   C. 单行文字   D. 复制对象

10. 如果要标注倾斜直线的长度,应该选用下面(　　)命令。

    A. Dimlinear　　　　　B. Dimaligned　　　　　C. Dimordinate　　　　　D. Qdim

二、多项选择题

1. 尺寸标注由(　　)组成。

    A. 尺寸线　　　　　　B. 尺寸界线　　　　　C. 箭头　　　　　　　　D. 文本

2. 下列(　　)属于正确的标注。

    A. 线性　　　　　　　B. 对齐　　　　　　　C. 倾斜　　　　　　　　D. 角度

3. 尺寸标注的编辑有(　　)。

    A. 倾斜尺寸标注　　　B. 对齐文本　　　　　C. 自动编辑　　　　　　D. 标注更新

4. AutoCAD 中包括的尺寸标注类型有(　　)。

    A. 角度　　　　　　　B. 直径　　　　　　　C. 线性　　　　　　　　D. 半径

5. 在"新建标注样式"对话框的"圆心标记"区中,供用户选择的有(　　)选项。

    A. 标记　　　　　　　B. 无　　　　　　　　C. 圆弧　　　　　　　　D. 直线

6. 标注斜线实长的时候,不应当使用的标注方式是(　　)。

    A. 线性标注　　　　　B. 基线标注　　　　　C. 对齐标注　　　　　　D. 连续标注

7. 在 AutoCAD 中,用"角度"(Dimangular)标注命令进行尺寸标注时(　　)。

    A. 可以标注圆弧角度和两直线角度

    B. 只能标注两直线角度和整圆的部分角度

    C. 只能在整圆上标出部分角度和圆弧角度

    D. 既能在整圆上标出部分角度,也可以标注圆弧和两直线角度

8. 在利用 AutoCAD 尺寸标注命令进行线性尺寸标注时,关于注释文字描述不正确的是(　　)。

    A. 可以标出汉字　　　　　　　　　　B. 可以标出多行文本

    C. 可以自动测量并标注缺省尺寸　　　D. 不能标注直径类型符φ

9. 下面字体不是中文字体的为(　　)。

    A. gbenor. shx　　　B. gbeitc. shx　　　C. gbcbig. shx　　　D. txt. shx

10. 编辑轴测图中用"对齐"命令标注的尺寸时,不应当使用的编辑方式是(　　)。

    A. 默认　　　　　　　B. 倾斜　　　　　　　C. 新建　　　　　　　　D. 旋转

三、判断正误题

1. 在"新建标注样式"中的"文字"选项卡上也能进行文字样式的设置。

2. 在 AutoCAD 中,如果尺寸标注中的尺寸文本是由用户手动输入的,当改变尺寸标注样式后,尺寸文本不会自动更新。

3. 尺寸标注样式中的全局比例对包括尺寸文字在内的各要素的大小均有影响。

4. 选择"格式"→"单位",设置长度单位的精度为 0.00,则测量线段长度和尺寸标注都保留两位小数。

5. 在没有任何标注的情况下,也可以用基线标注和连续标注。

6. 用尺寸标注命令所形成的尺寸文本、尺寸线和尺寸界线等类似于图块,可以用"分

解"(Explode)命令来进行分解。

7.角度标注可以在两条平行线间标注角度尺寸。

8.快速标注可以用于设置多个连续标注。

9.不能为尺寸数字添加后缀。

10.所有尺寸标注都应该在视图中给出。

四、作图题

1.绘制图7-32并标注尺寸。

2.绘制图7-33并标注尺寸。

3.绘制图7-34并标注尺寸。

4.绘制图7-35并标注尺寸。

5.绘制图7-36并标注尺寸。

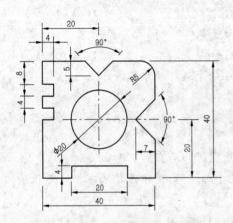

图7-32　平面图形

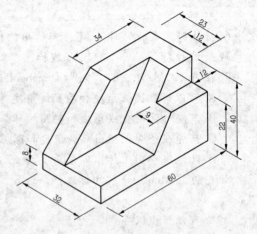

图7-33　轴测图

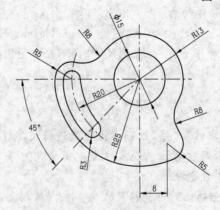

图7-34　平面图形

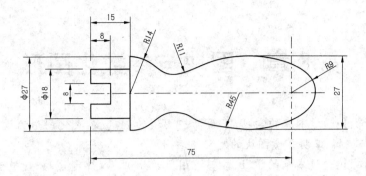

图 7-35 平面图形

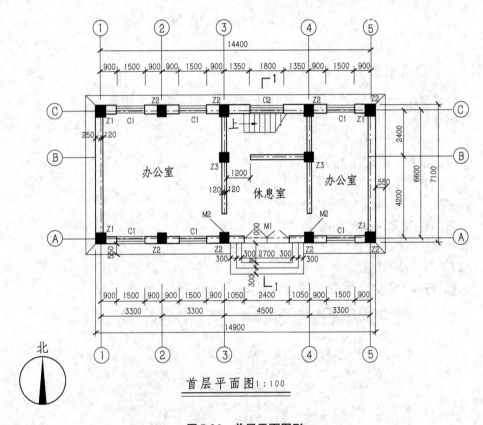

首层平面图1:100

图 7-36 首层平面图形

第8章 图块与参数化图形

【知识目标】：通过本章的学习，了解动态图块的创建、参数化图形的设计，熟悉图块属性的创建与编辑，掌握常量图块的定义与运用。

【技能目标】：通过本章的学习，能够运用所学知识定义常量图块，能够创建与编辑图块属性，并将图块运用在工程图样中，能够绘制简单的参数化图形。

8.1 创建与插入常量图块

8.1.1 创建常量图块

创建常量图块的方法有两种：一种是创建图块，另一种是写图块。

1. 创建图块

（1）启动命令的方法。

①在命令行中输入"Block"；

②在主菜单中点击"绘图"→"块"→"创建"；

③在"绘图"工具栏上单击"创建块" ⫶ 按钮；

④在功能面板上选择"常用"→"块"→"创建"；

⑤在功能面板上选择"插入"→"块"→"创建"。

（2）执行命令的过程。

执行"Block"命令后，系统会弹出如图 8-1 所示的"块定义"对话框。

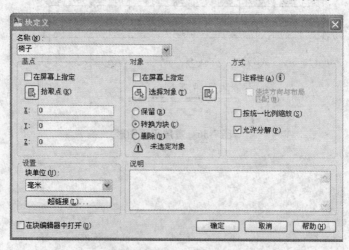

图 8-1 "块定义"对话框

在该对话框中,常用的选项含义如下:

①"名称":输入新创建块的名称。

②"基点":当点击"拾取点"按钮时,系统会回到屏幕上,提示用户选择插入点,完成后回车,系统又回到对话框中,在"X"、"Y"、"Z"的空白框内显示插入点的坐标。

③"对象":包括"选择对象"、"保留"、"转换为块"、"删除"等选项。

"选择对象":点击此按钮后,系统会回到屏幕上,提示用户选择将要转换为块的图形元素,完成后回车,系统又回到对话框中。

"保留":将转换为块的图形保留在原图形中。

"转换为块":将选择的图形转换为块。

"删除":将转换为块的图形从原图形中删去。

④"设置":选择图块插入的单位。

⑤"方式":包括"注释性"、"按统一比例缩放"、"允许分解"等选项。

"注释性":按注释性比例进行插入。

"按统一比例缩放":通过点选来确定在插入图块时按统一比例缩放。

"允许分解":指定插入图块时允许分解。

⑥"说明":与块有关的说明。

⑦"在块编辑器中打开":如果选择此项,创建完图块后即进入块编辑,对图块进行动态编辑。

注意:用这种方式形成的图块只能在当前图形文件中使用,而在其他文件中是不能使用的。

(3)操作示例。

绘制如图8-2所示的窗图形,并将其定义为"窗立面"图块。

图形的绘制过程略。定义"窗立面"图块,内容如图8-3所示。在该对话框中,需要设置以下内容:给块定义名称,选择组成块的对象,选择插入基点。设置完成后,单击"确定"按钮,即完成块的创建。

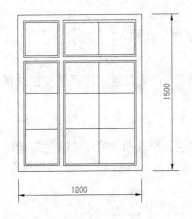

图8-2 窗图形

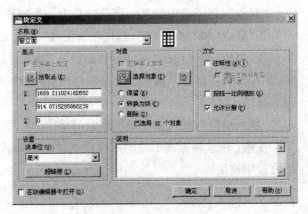

图8-3 定义"窗立面"图块

定义一个块的三要素是:块名、插入基点和组成对象。

2. 写图块

(1)启动命令的方法。

在命令行中输入"Wblock"。

(2)执行命令的过程。

执行"Wblock"命令后,系统会弹出如图8-4所示的"写块"对话框。

图8-4 "写块"对话框

该对话框中各选项的含义如下:

①"源"部分包括三个选项:"块"、"整个图形"、"对象"。

"块":当文件中已经定义有图块时,该项亮显,用户可以通过下拉列表框来重新定义图块。

"整个图形":把整个图形作为一个图块来定义。

"对象":把图形中的某一部分定义为一个图块。

②"基点"和"对象"部分的选项含义与"块定义"对话框中相同。

③"目标"部分包括"文件名和路径"、"插入单位"。

"文件名和路径":输入新定义块的名称(包含文件路径)。可以通过其后的按钮选择保存路径。

"插入单位":插入新定义图块时的单位。

注意:用这种方式形成的图块以文件名的形式保存在某个文件夹中,可以在其他图形文件中使用。

8.1.2 插入图块

将创建后的图块插入到图形中时,可以改变图块的比例、旋转角度、插入位置等。

1. 利用"Insert"命令插入块

（1）启动命令的方法。

①在命令行中输入"Insert"；

②在主菜单中点击"插入"→"块"；

③在"绘图"工具栏上单击"插入块" 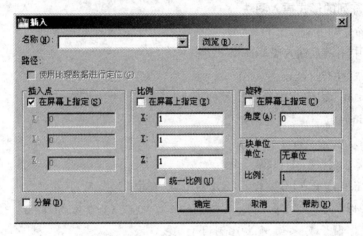 按钮；

④在功能面板上选择"常用"→"块"→"插入"；

⑤在功能面板上选择"插入"→"块"→"插入"。

（2）执行命令的过程。

执行"Insert"命令后，系统会弹出如图 8-5 所示的"插入"对话框。

图 8-5　"插入"对话框

在"插入"对话框中，各选项的含义如下：

"名称"：通过下拉列表框或"浏览"按钮来选择所要插入的图块名称。

"插入点"部分：包括"在屏幕上指定"和"X"、"Y"、"Z"。

①"在屏幕上指定"：如果选择该项，则"X"、"Y"、"Z"均不亮显。系统回到屏幕中，让用户在屏幕上选择插入点，并在命令行出现以下的命令过程：

指定插入点或［基点(B)/比例(S)/X/Y/Z/旋转(R)/预览比例(PS)/PX/PY/PZ/预览旋转(PR)］：

如果不选择"在屏幕上指定"，则"X"、"Y"、"Z"均亮显。用户可以通过输入 X、Y、Z 的坐标来确定插入点。

②"比例"部分：包括"在屏幕上指定"和"X"、"Y"、"Z"及"统一比例"。

"在屏幕上指定"：选择该项后，下面其他项不亮显。要求用户在命令行中输入缩放比例。

如果不选择"在屏幕上指定"，则"X"、"Y"、"Z"均亮显。用户可以通过输入在 X、Y、Z 方向上的比例来确定插入图块的大小。

"统一比例"：选择该项后，系统要求在 X、Y、Z 方向上的比例使用相同的值。

③"旋转"部分:有两个选项,一个是"在屏幕上指定",另一个是"角度"。用户可以通过这两种方法来确定插入图块的旋转角度。

④"块单位":指定块单位和比例。

⑤"分解":选择"分解"后,插入的图块就会被分解成若干个元素。该选项相当于"分解"命令。

注意:在输入 X、Y、Z 方向上的缩放比例时,若 X 为负值,则插入的图块将沿着 Y 轴进行镜像;若 Y 为负值,则插入的图块将沿着 X 轴进行镜像。另外,我们在用"插入"对话框插入图块时,插入点一般是在屏幕上指定的,其他的选项可以直接在命令行中输入完成。

2. 以矩形阵列的形式插入图块

(1)启动命令的方法。

在命令行中用键盘输入"Minsert"。

(2)执行命令的过程。

执行"Minsert"命令后,命令行提示如下:

命令:_minsert ✓

输入块名或 [?] <窗立面>:✓

单位:毫米 转换:1.0000

指定插入点或 [基点(B)/比例(S)/X/Y/Z/旋转(R)]:

输入 X 比例因子,指定对角点,或 [角点(C)/XYZ(XYZ)] <1>:✓

输入 Y 比例因子或 <使用 X 比例因子>:✓

指定旋转角度 <0>:✓

输入行数 (－－－)<1>:2 ✓

输入列数 (|||)<1>:3 ✓

输入行间距或指定单位单元 (－－－):18 ✓

指定列间距 (|||):18 ✓

(3)参数说明。

"输入块名或 [?]":输入已经创建好的图块名,或输入"?"来查询图块。

"指定插入点":在屏幕上指定插入图块的基点。

"比例(S)":指定插入图块时图形在 X、Y、Z 轴上统一的比例因子。

"X":指定插入图块时图形在 X 轴上的比例因子。

"Y":指定插入图块时图形在 Y 轴上的比例因子。

"Z":指定插入图块时图形在 Z 轴上的比例因子。

"旋转(R)":指定插入图块时图形的旋转角度。

"输入行数 (￢－－)<1>":指定矩形阵列的行数。

"输入列数 (|||)<1>":指定矩形阵列的列数。

"输入行间距或指定单位单元 (－－－)":指定矩形阵列的行间距。

"指定列间距（||||）"：指定矩形阵列的列间距。

（4）操作示例。

将图8-6创建成图块，并以矩形阵列的形式插入图块。

命令过程略，插入图块结果如图8-7所示。

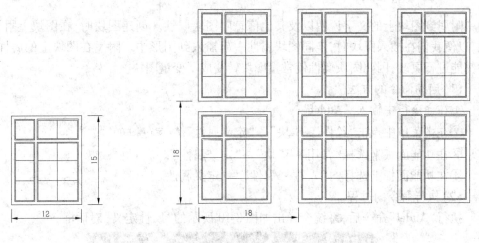

图8-6　窗　　　　　　　　　　　　　图8-7　插入图块结果

注意：在用"Minsert"命令插入图块时，所插入的图块不能被分解。

3.以定数等分点或定距等分点的形式插入图块

在使用定数等分点或定距等分点时，命令行提示用户输入图块。如果用户输入相应图块名，则会按定数等分点或定距等分点的形式插入图块。

如将图8-8定义为"花格"图块，然后以定距等分点的形式插入图块。

命令：_measure

选择要定距等分的对象：

指定线段长度或［块（B）］：B ↙

输入要插入的块名：花格 ↙

是否对齐块和对象？［是（Y）/否（N）］＜Y＞：↙

指定线段长度：10 ↙

结果如图8-9所示。

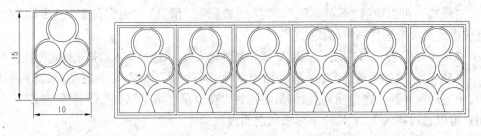

图8-8　花格　　　　　　图8-9　以定距等分点的形式插入图块

8.2 创建与编辑图块属性

8.2.1 创建图块属性

附属到图块上的文字说明以及其他信息叫图块属性。创建图块时,在图块上附属属性,以便我们在插入图块时,连同图块属性一起插入到图形中。附属在图块上的属性,随时都能进行更改,因此图块属性使常量图块转变成了变量图块。

(1)启动命令的方法。

①在命令行中输入"Attdef";

②在主菜单中点击"绘图"→"块"→"定义属性" ✎ 定义属性(D)...;

③在功能面板上选择"常用"→"块"→"定义属性";

④在功能面板上选择"插入"→"属性"→"定义属性"。

(2)执行命令的过程。

执行"Attdef"命令后,系统会弹出如图 8-10 所示的"属性定义"对话框。

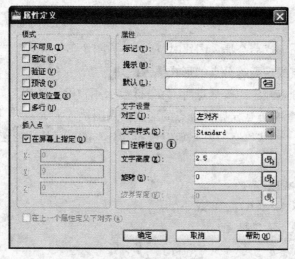

图 8-10 "属性定义"对话框

在"属性定义"对话框中有四个选项区,各选项区的含义如下:

"模式":可以通过"不可见"、"固定"、"验证"、"预设"、"锁定位置"、"多行"六个可选的模式选项来选择图块的模式。

"属性":有"标记"、"提示"、"默认"三个属性输入框,可通过输入数据来确定图块属性。

"插入点":如果选择"在屏幕上指定",则"X"、"Y"、"Z"均不亮显,系统回到屏幕中,让用户在屏幕上选择插入点;如果不选择"在屏幕上指定",则"X"、"Y"、"Z"均亮显,用户可以通过输入 X、Y、Z 的坐标来确定插入点。

"文字设置":通过"对正"、"文字样式"、"文字高度"、"旋转"等选项的选择,来设置定义属性文字的特征。

注意:图块属性是图块固有的特性,常用在形状相同而性质不同的图形中,如标高、标题栏、轴线编号等。

(3)操作示例。

给标高符号赋予属性,并写成块,插入到图形中。过程如下:

①绘制标高符号。

②给标高符号赋予属性。

首先,执行"Attdef"的命令,弹出"属性定义"对话框。在该对话框中,在"标记"栏后输入"标高";在"提示"栏后输入"请输入标高值:";在"默认"栏后输入"%%p0.000"(±0.000)。

其次,在"对正"栏选择"左对齐",在"文字高度"栏后输入"3",其他栏采用默认值,如图8-11所示。

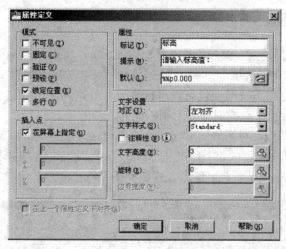

图 8-11　标高属性定义

最后,点击"确定"按钮,标高属性定义完成。

③将标高符号与标高属性一同生成图块。

④在图形中插入标高符号,如图8-12所示。

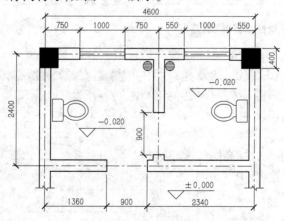

图 8-12　插入标高图块

8.2.2　编辑图块属性

用"Ddedit"命令可以对应用到图形中的图块属性进行编辑修改。

（1）启动命令的方法。

①在命令行中输入"Ddedit"；

②在主菜单中点击"修改"→"对象"→"属性"；

③在功能面板上选择"常用"→"块"→"编辑属性"；

④在功能面板上选择"插入"→"属性"→"编辑属性"。

（2）执行命令的过程。

命令：ddedit↙

选择注释对象或［放弃(U)］：

（3）参数说明。

在"选择注释对象"后，系统弹出如图8-13所示的"增强属性编辑器"对话框，在该对话框中有"属性"、"文字选项"和"特性"三个选项卡，各选项卡的含义如下：

"属性"选项卡：对图块的变量属性进行修改。分别列出了标记、提示和值等属性，能修改的是图块的属性值，而标记和提示则不能修改。

"文字选项"选项卡：对图块的文字属性进行修改。如图8-14所示，在"文字选项"选项卡中，分别列出了文字样式、对正、反向、倒置、高度、宽度因子、旋转和倾斜角度等属性，用户可以根据需要对这几个文字显示方式属性值进行修改。

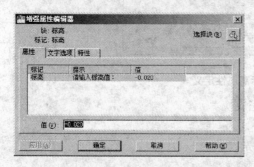

图8-13　"增强属性编辑器"对话框　　　　图8-14　"文字选项"选项卡

"特性"选项卡：对图块的特征属性进行修改。如图8-15所示，在"特性"选项卡中，分别列出了图层、线型、颜色、线宽和打印样式等属性，用户可以根据需要对属性值进行修改。

（4）操作指导。

在图8-12中，插入的标高图块文字显示略大，可修改文字属性，使其大小为2。请读者自己练习。

思考：AutoCAD还提供了"Attedit"、"Eattedit"、"Battman"等编辑图块属性的命

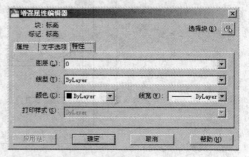

图8-15　"特性"选项卡

令,它们各自对哪种图块进行编辑? 各自编辑了图块的什么属性?

8.2.3 提取图块属性

如果已经对图块赋予了属性,则可以在一个或多个图形中查询此图块的属性信息,并将其保存到表格或外部文件中。

通过提取属性信息可以轻松地直接使用图形数据来生成清单或 BOM 表。例如,图形中包含表示办公设备的块,如果每个块都标记有设备型号、制造商和设备单价的属性,就可以生成用于估算设备价格的报告。

图块属性提取的方法有:

(1)在命令行中输入"Dataextraction";

(2)在主菜单中点击"工具"→"数据提取";

(3)在"修改 II"工具栏上点击 ▦ 按钮。

通过上述方法进入数据提取向导。建议在使用数据提取向导前先保存当前图形,如果未保存当前图形,则将会在继续进行数据提取之前提示用户保存图形。具体步骤如下:

(1)单击"工具"→"数据提取",或在命令行中输入"Dataextraction"。

(2)在"开始"页面中的数据提取向导上,单击"创建新数据提取"。如果要使用样板(DXE 或 BLK)文件,请单击"将上一个提取用做样板",然后单击"下一步"。

(3)在"将数据提取另存为"对话框中,为数据提取文件指定文件名,然后单击"保存"。

(4)在"定义数据源"页面上,指定要从中提取数据的图形或文件夹,然后单击"下一步"。

(5)在"选择对象"页面上,选择要从中提取数据的对象,然后单击"下一步"。

(6)在"选择特性"页面上,选择要从中提取数据的特性,然后单击"下一步"。

(7)在"优化数据"页面上,如果需要优化数据,则对列进行组织,然后单击"下一步"。

(8)在"选择输出"页面上,单击"将数据提取处理表插入图形",可以创建数据提取处理表,然后单击"下一步"。

(9)在"表格样式"页面中,选择表格样式。如果需要,请为表格输入一个标题,然后单击"下一步"。

(10)在"完成"页面中,单击"确定"。

注意:在图形中创建表格时,应单击插入点。

数据提取向导可以创建一个具有 .dxe 扩展名的文件,它包含了以后要重复使用的所有设置。

如果将属性数据提取到表格中,那么该表格就会被插入到当前图形和当前空间(模型空间或图纸空间)中,并位于当前图层上。

如果更新了该表格,系统将会再次提取属性信息,并替换表格中的数据行。如果表格中包括标题行或者一个或多个表头行,更新时将不会替换这些行。

注意:要在绘图区域中使用编辑和更新表格所需的快捷菜单,必须在"选项"对话框中的"用户系统配置"选项卡上选中"绘图区域中使用快捷菜单"。

如果将数据保存到外部文件中,可以使用逗号分隔(CSV)、制表符分隔(TXT)、Excel(XLS)和Access(MDB)文件格式。

首次提取数据时,将提示用户在数据提取(DXE)文件中保存数据提取设置。稍后,如果需要编辑数据提取,请选择 DXE 文件,该文件包含用于创建数据提取的所有设置(数据源、选定的对象及其属性、输出格式和表格样式)。例如,如果要从数据提取中删除某些特性数据,需要选择用于创建数据提取的 DXE 文件,然后进行所需的更改。

数据提取文件也可以用做样板文件,以在不同的图形中执行相同类型的提取。DXE 文件存储了图形和文件夹选择、对象和特性选择以及格式选择。如果需要重复提取相同类型的信息,使用 DXE 文件既省时又方便。

例如,对图 8-16 中门窗属性进行提取,并生成一个门窗统计表。

按照上述方法,进入数据提取向导(共八页)。在第一页创建一个名为"门窗.dxe"的文件;在第二页选择数据源时选择"在当前图形中选择对象"选项,并在当前图形中选择门窗属性(事先定义好门窗属性,包括门窗名称和门窗规格);在第三页对"显示"选项进行选择,比如选择"仅显示块"和"仅显示具有属性的块";在第四页选择特性时,在"类别过滤器"中只保留"属性"一项,其他选项不选;在第五页中优化数据,比如合并相同的行、显示计数列、显示名称列,并对排序列进行排序(按窗升序和按门升序);在第六页选择"将数据提取处理表插入图形"选项;在第七页选择一种表格样式,并在"输入表格的标题"中输入"门窗统计表"字样;在第八页点击"确定"后,在当前图形中插入一个门窗统计表。如图 8-17 所示。

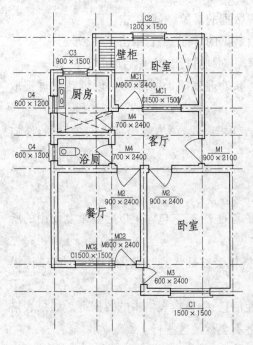

图 8-16　单元平面图

门窗统计表					
计数	名称	窗规格	窗名称	门规格	门名称
1	门			900×2100	M1
2	门			900×2400	M2
1	门			600×2400	M3
2	门			700×2400	M4
1	门			M900×2400	MC1
1	门			M800×2400	MC2
1	窗	1500×1500	C1		
1	窗	1200×1500	C2		
1	窗	900×1500	C3		
2	窗	600×1200	C4		
1	窗	C1500×1500	MC1		
1	窗	C1500×1500	MC2		

图 8-17　门窗统计表

8.3 创建动态图块

8.3.1 认识块编辑器

块编辑器是专门用于创建图块并为图块添加动态行为的编写区域。通过块编辑器可以快速访问块编写工具。

动态块与块定义(常量图块)相比具有灵活性和智能性。通过自定义夹点或自定义特性来操作,可以根据需要在位调整块参照,而不用搜索另一个块以插入或重定义现有的块。在操作时可以轻松地更改图形中的动态块参照。

如图8-18所示,如果在图形中插入一个门块参照,则在编辑图形时可能需要更改门的大小。如果该门块是动态的,并且定义为可调整大小,那么只需拖动自定义夹点或在"特性"选项卡中指定不同的尺寸就可以修改门的大小。还可以按需要修改门的开角。该门块还可能会包含对齐夹点,使用对齐夹点可以轻松地将门块参照与图形中的其他几何图形对齐。

可以使用块编辑器编辑动态行为,也可以将动态行为添加到当前图形中现有的块定义,还可以使用块编辑器创建新的块定义。

1. 打开块编辑器

打开块编辑器的方法如下:

(1)在命令行中输入"Bedit";

(2)在主菜单中点击"工具"→"块编辑器";

(3)在功能面板上选择"常用"→"块"→"编辑";

(4)在功能面板上选择"插入"→"块"→"块编辑器";

(5)在选定的块上单击鼠标右键,在弹出的快捷菜单上单击"块编辑器"。

执行"Bedit"命令后,系统弹出如图8-19所示的"编辑块定义"对话框。

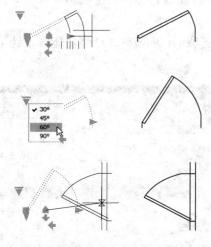

图8-18 门块参照

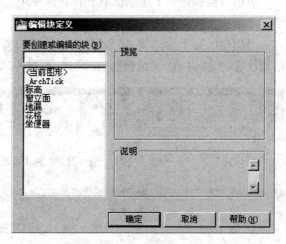

图8-19 "编辑块定义"对话框

在"编辑块定义"对话框中执行以下操作:

(1)从列表中选择一个块定义。

(2)如果想打开的块定义为当前图形,请选择"<当前图形>"。

(3)单击"确定"。

通过以上操作,系统进入块编辑器工作状态,如图8-20所示。

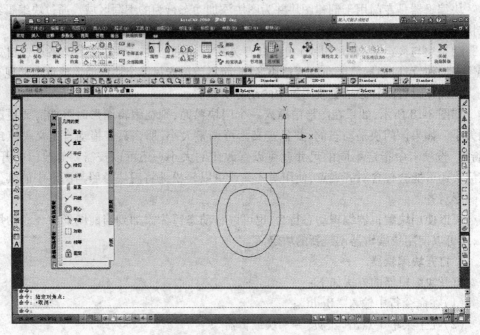

图8-20　块编辑器工作状态

2.认识块编辑器

(1)块编辑器中的绘图区域。

块编辑器包含一个绘图区域。在该区域中,用户可以像在程序的主绘图区域中一样绘制和编辑几何图形。

当功能区处于活动状态时,将出现"块编辑器"选项卡(见图8-21);当功能区未处于活动状态时,将显示"块编辑器"工具栏(见图8-22)。

图8-21　"块编辑器"选项卡

图8-22　"块编辑器"工具栏

可以在"块编辑器"选项卡或块编写选项板中选择任意参数、夹点、动作或几何对象,在特性选项板中查看其特性。

使用"块编辑器"选项卡或块编写选项板时,应显示命令行。命令行几乎提示创建动态块的所有方面的信息。

(2)块编辑器中的 UCS。

块编辑器的绘图区域中会显示出一个 UCS 图标。UCS 图标的原点定义了块的基点。用户可以通过相对 UCS 图标原点移动几何图形或通过添加基点参数来更改块的基点。

在块编辑器中 UCS 命令被禁用。用户可以在块编辑器中打开一个现有的三维块定义,并将参数指定给该块。但是,这些参数将会忽略块空间中的所有 Z 坐标值。因此,无法沿 Z 轴编辑块参照。另外,尽管用户可以创建包含实体对象的动态块,并可以向其中添加移动、旋转和缩放等动作,但无法在动态块参照中执行实体编辑功能(例如拉伸实体、在实体内移动孔等)。

(3)块编辑器中的块编写选项板。

块编辑器中包含一个具有以下四个选项卡的块编写选项板:"约束"、"参数集"、"动作"、"参数"(见图8-23)。

块编写选项板只能显示在块编辑器中。使用块编写选项板可向动态块定义添加参数和动作等。

图 8-23   块编写选项板

8.3.2   块编辑器中的文档操作

(1)在块编辑器中创建新图块。

①单击"工具"→"块编辑器",或者在命令行中输入"Bedit"。

②在"编辑块定义"对话框中输入新的图块名称,单击"确定"。

③单击"块编辑器"选项卡→"打开/保存"面板→"保存块" 。

注意: 此操作将保存块名,即用户未在块编辑器的绘图区域中添加任何对象。

(2)在块编辑器中打开保存为块(非动态)的图形文件。

①单击"文件"→"打开"。

②打开保存为块的图形文件。

或者:

①单击"工具"→"块编辑器",或者在命令行中输入"Bedit"。

②在"编辑块定义"对话框中选择"<当前图形>",单击"确定"。

(3)在块编辑器中打开保存为动态块的图形文件。

①单击"文件"→"打开"。

②打开保存为动态块的图形文件。此时,将显示一条警告,说明图形文件中包含编写元素。

③在警告对话框中单击"是",在块编辑器中打开该图形。

（4）将工具选项板上的块在块编辑器中打开。

①如果尚未打开工具选项板,请单击"视图"选项卡→"选项板"面板→"工具选项板" ![工具选项板] ;或单击"工具"主菜单→"选项板"→"工具选项板";或单击"标准"工具栏上的"工具选项板" ![按钮图标] 按钮。

②在某个块图标上单击鼠标右键。

③单击"块编辑器"。

④将工具选项板上的图块拖到绘图区,包含块定义的图形将在块编辑器中打开。

注意:工具选项板上的块可位于其他图形中。

（5）将设计中心中的块在块编辑器中打开。

①单击"视图"选项卡→"选项板"面板→"设计中心" ![设计中心图标] ;或单击"工具"主菜单→"选项板"→"设计中心";或单击"标准"工具栏上的"设计中心" ![设计中心按钮] 按钮。

②在某个块图标上单击鼠标右键。

③单击"块编辑器"。

④将设计中心中的图块拖到绘图区,包含块定义的图形将在块编辑器中打开。

8.3.3 创建动态图块

1.创建动态图块

创建动态图块的过程如下:

（1）在命令行中输入"Bedit",或在主菜单中点击"工具"→"块编辑器",或在功能面板上选择"常用"→"块"→"编辑",或在功能面板上选择"插入"→"块"→"块编辑器",打开"编辑块定义"对话框。在"编辑块定义"对话框中执行以下操作之一:

①从列表中选择一个块定义。

②如果希望将当前图形保存为动态块,请选择"<当前图形>"。

③在"要创建或编辑的块"下输入新的块定义的名称。

（2）在块编辑器中根据需要添加或编辑几何图形。执行以下操作之一:

①按照命令行提示,从块编写选项板的"参数集"选项卡中添加一个或多个参数集。双击黄色警示图标,然后按照命令行提示将动作与几何图形的选择集相关联。

②按照命令行提示,从块编写选项板的"参数"选项卡中添加一个或多个参数。按照命令行提示,从"动作"选项卡中添加一个或多个动作。

（3）单击"块编辑器"选项卡→"打开/保存"面板→"保存块",或在命令行中输入"Bsave"。

（4）单击"关闭块编辑器"。

在块编辑器中,通过向块添加参数和动作,可以向新的或现有的块定义添加动态行为。如图8-24所示,块编辑器内显示了一个书桌块。该

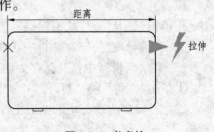

图8-24 书桌块

块包含一个标有"距离"的线性参数,其显示方式与标注类似,还包含一个拉伸动作,该动作显示有一个闪电和一个"拉伸"标签。

要使图块成为动态块,必须至少添加一个参数。然后添加一个动作并将该动作与参数相关联。添加到块定义中的参数和动作类型定义了块参照在图形中的作用方式。

参数和动作仅显示在块编辑器中。将动态块参照插入到图形中时,将不会显示动态块定义中包含的参数和动作。

2. 创建动态图块应注意的问题

为了创建高质量的动态块,以便达到预期效果,建议按照下列过程进行操作。此过程有助于高效编写动态块。

(1)在创建动态块之前规划动态块的内容。

在创建动态块之前,应当了解其外观以及在图形中的使用方式,确定当操作动态块参照时,块中的哪些对象会更改或移动。另外,还要确定这些对象将如何更改。例如,可以创建一个可调整大小的动态块。

(2)绘制几何图形。

可以在绘图区域或块编辑器中为动态块绘制几何图形。也可以使用图形中的现有几何图形或现有的块定义。

(3)了解块元素如何共同作用。

在向块定义中添加参数和动作之前,应了解它们相互之间以及它们与块中的几何图形的相关性。在向块定义中添加动作时,需要将动作与参数以及几何图形的选择集相关联。

例如,要创建一个包含若干对象的动态块,其中一些对象关联了拉伸动作,同时还希望所有对象围绕同一基点旋转。在这种情况下,应当在添加其他所有参数和动作之后添加旋转动作。如果旋转动作并非与块定义中的其他所有对象(几何图形、参数和动作)相关联,那么块参照的某些部分可能不会旋转,或者操作该块参照时可能会造成意外结果。

(4)添加参数。

按照命令行中的提示向动态块定义中添加适当的参数。

注意:使用块编写选项板的"参数集"选项卡可以同时添加参数和关联动作。

(5)添加动作。

向动态块定义中添加适当的动作。按照命令行中的提示进行操作,确保将动作与正确的参数和几何图形相关联。

(6)定义动态块参照的操作方式。

可以指定在图形中操作动态块参照的方式。可以通过自定义夹点和自定义特性来操作动态块参照。在创建动态块定义时,用户将定义显示哪些夹点以及如何通过这些夹点来编辑动态块参照。另外,还指定了是否在特性选项板中显示块的自定义特性,以及是否可以通过特性选项板或自定义夹点来更改这些特性。

8.4　参数化图形

参数化绘图是一项用于具有约束的设计技术。使用约束进行设计，就是通过约束图形中的几何图形来满足设计规范要求。

因此，有两种方法可以通过约束进行设计：

(1)在欠约束图形中进行操作，同时进行更改。方法是：使用编辑命令和夹点的组合，添加或更改约束。

(2)先创建一个图形，并对其进行完全约束，然后以独占方式对设计进行控制。方法是：释放并替换几何约束，更改标注约束中的值。

根据经验建议，首先在设计中应用几何约束以确定设计的形状，然后应用标注约束以确定对象的大小。

在工程设计阶段，通过约束，可以在进行各种设计试验或进行更改时强制执行要求。对对象所作的更改可能会自动调整其他对象，并将更改限制为距离和角度值。

8.4.1　约束概述

约束是应用到二维几何图形的关联和限制。

约束有两种常用的类型：

(1)几何约束：控制对象相对于彼此的关系。

(2)标注约束：控制对象的距离、长度、角度和半径值。

创建或更改设计时，图形会处于以下三种状态之一：

未约束：未将约束应用于任何几何图形。

欠约束：将某些约束应用于几何图形。

完全约束：将所有相关几何约束和标注约束应用于几何图形。完全约束的一组对象还需要包括至少一个固定约束，以锁定几何图形的位置。

可以在以下对象之间应用约束：

(1)图形中的对象与块参照中的对象。

(2)某个块参照中的对象与其他块参照中的对象，而非同一个块参照中的对象。

(3)外部参照的插入点与对象或块，而非外部参照中的所有对象。

可以在块定义中使用约束，直接从图形内部控制动态块的大小和形状，从而生成动态块。

对块参照应用约束时，可以自动选择块中包含的对象，无须按 Ctrl 键选择子对象。向块参照中添加约束可能会导致块参照移动或旋转。

注意：对动态块应用约束会禁止显示动态夹点。用户仍然可以使用特性选项板更改动态块中的值，但是要重新显示动态夹点，必须首先从动态块中删除约束。

8.4.2　运用约束

在功能面板上，"参数化"选项卡有"几何"、"标注"和"管理"三个面板，如图 8-25 所示。

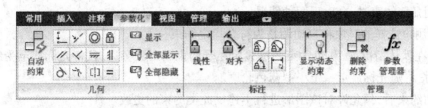

图 8-25 "参数化"选项卡

同样,调出"参数化"工具栏(见图 8-26)及主菜单中"参数"下拉菜单(见图 8-27)均可对图形进行约束。

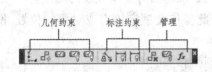

图 8-26 "参数化"工具栏

图 8-27 "参数"下拉菜单

1. 运用几何约束

几何约束可将几何对象关联在一起,或者指定固定的位置或角度。

在"几何"面板中,各按钮的功能如图 8-28 所示。

如图 8-29 所示,为图形应用了以下几何约束:

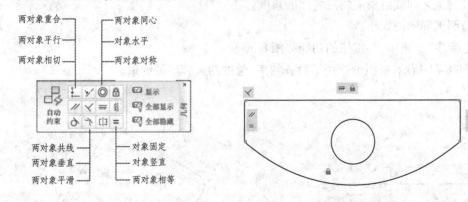

图 8-28 "几何"面板上的按钮功能

图 8-29 运用几何约束

(1)将每个端点都约束为与相邻对象的端点保持重合,这些约束显示为蓝色小方块。

(2)将垂直线约束为保持相互平行且长度相等。

(3)将左侧的垂直线约束为与水平线保持垂直。

(4)将水平线约束为保持水平。

(5)将圆和水平线的位置约束为保持固定距离,这些约束显示为锁定图标。

应用几何约束时,会出现两种情况:

(1)用户选择的对象将自动调整为符合指定约束。

(2)在默认情况下,灰色约束图标显示在受约束的对象旁边,且将光标移至受约束的对象上时,将随光标显示一个小型蓝色轮廓。

应用约束后,只允许对该图形进行不违反此类约束的更改。

注意:在某些情况下,应用约束时选择两个对象的顺序十分重要。通常,所选的第二个对象会根据第一个对象进行调整。例如,应用垂直约束时,用户选择的第二个对象将调整为垂直于第一个对象。

用户可将几何约束仅应用于二维几何图形对象。不能在模型空间和图纸空间之间约束对象。

对于某些约束,需在对象上指定约束点,而非选择对象。此行为与对象捕捉的行为类似,但是约束点的位置限制为端点、中点、中心点以及插入点。

例如,重合约束可以将某条直线的端点的位置限制为另一条直线的端点。

通常建议为重要几何特征指定固定约束。此操作会锁定该点或对象的位置,使得用户在对设计进行更改时无须重新定位几何图形。

固定对象时,同时还会固定直线的角度或圆弧和圆的中心。

注意:相等约束或固定约束不与"Autoconstrain"一起使用。必须单独应用上述约束。

在图形中的约束图标上单击鼠标右键,在显示的快捷菜单中单击"删除",可删除约束。

2. 运用标注约束

标注约束控制设计的大小和比例。它们可以约束以下内容:

(1)对象之间或对象上的点之间的距离。

(2)对象之间或对象上的点之间的角度。

(3)圆弧和圆的大小。

在"标注"面板中,各按钮的功能如图 8-30 所示。

如图 8-31 所示,对图形应用了对齐约束、角度约束和半径约束。

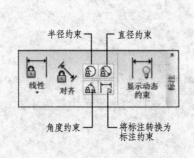

图 8-30　"标注"面板上的按钮功能

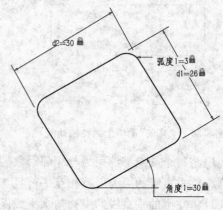

图 8-31　运用标注约束

如果更改标注约束的值,会计算对象上的所有约束,并自动更新受影响的对象。

注意:标注约束中显示的小数位数由"Luprec"和"Auprec"系统变量控制。

通过标注转换,可以将标注转换为标注约束。

标注约束与标注有以下几个方面不同:

(1)标注约束用于图形的设计阶段,而标注通常在文档阶段进行创建。

(2)标注约束驱动对象的大小或角度,而标注由对象驱动。

(3)在默认情况下,标注约束并不是对象,只是以一种标注样式显示,在缩放操作过程中保持大小相同,且不能打印。如果需要打印标注约束或使用标注样式,可以将标注约束的形式从动态更改为注释性。

将标注约束应用于对象时,会自动创建一个约束变量,以保留约束值。

3. 标注约束的转换

(1)标注约束的形式:动态约束;注释性约束;参照约束。

在默认情况下,标注约束是动态的。这对于常规参数化图形和设计任务来说非常理想。

(2)标注约束的转换。

需要控制动态约束的标注样式,或者需要打印标注约束时,使用特性选项板可以将动态约束更改为注释性约束。

注释性约束在缩小或放大时大小发生变化,随图层单独显示,使用当前标注样式显示,提供与标注上的夹点具有类似功能的夹点功能。因此,打印图形或显示时需要运用注释性约束。

参照约束是一种从动标注约束(动态或注释性),它并不控制关联的几何图形,但是会将类似的测量报告给标注对象。

如图 8-32 所示,图中的宽度受直径约束 dia1 和线性约束 d1 约束。参照约束 d2 会显示总宽度,但不对其进行约束。参照约束中的文字信息始终显示在括号中。

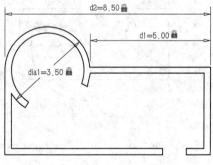

图 8-32　参照约束

可在特性选项板的"参照"特性中,将动态或注释性约束转换为参照约束。

注意:无法将参照约束更改回标注约束(如果执行此操作会过约束几何图形)。

8.4.3　修改运用约束的对象

1. 修改运用几何约束的对象

可以通过以下方法修改受几何约束的对象:使用夹点,使用编辑命令。

(1)使用夹点修改受约束对象。

如图 8-33 所示,对象被约束为与某个

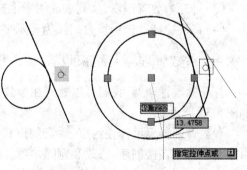

图 8-33　使用夹点修改受约束对象

圆保持相切,用户可以旋转该直线,并可以更改其长度和端点,但是该直线或其延长线会保持与该圆相切。

如果不是圆而是圆弧,则该直线或其延长线会保持与该圆弧或其延长线相切。

修改欠约束对象最终产生的结果取决于已应用的约束以及涉及的对象类型。例如,如果尚未应用半径约束,则会修改圆的半径,而不修改直线的切点。

(2)使用编辑命令修改受约束对象。

可以使用编辑命令(如"Move"、"Copy"、"Rotate"和"Scale"命令)修改受几何约束的对象,结果会保留应用于对象的约束。

注意:在某些情况下,"Trim"、"Extend"、"Break"和"Join"命令可以删除约束。

2. 修改运用标注约束的对象

修改运用标注约束的对象,可以通过更改约束值、使用夹点操作标注约束,或更改与标注约束关联的用户变量或表达式,实现控制对象的长度、距离和角度,达到控制几何图形的目的。

如图 8-34 所示,改变矩形的长和宽及圆的半径,可以更改矩形和圆的大小;改变圆到矩形中心的约束,可以使圆在矩形中居中。

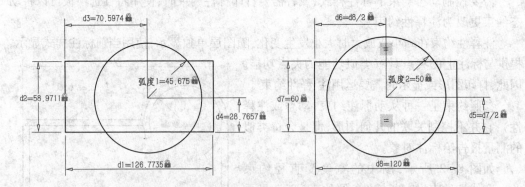

图 8-34 修改运用标注约束的对象

通过以下方式可以修改标注约束的名称、表达式和值。

(1)双击标注约束,选择标注约束。

(2)打开特性选项板并选择标注约束。

(3)打开参数管理器,从列表或图形中选择标注约束。

(4)将快捷特性选项板自定义为显示多种约束特性。

8.4.4 参数管理器与约束设置

打开参数管理器,我们可以看到在参数管理器中有"名称"、"表达式"、"值"等选项,如图 8-35 所示。

参数管理器显示标注约束(动态约束和注释性约束)、参照约束和用户变量。可以在参数管理器中轻松创建、修改和删除参数。

在"参数化"选项卡"几何"面板或"标注"面板中打开"约束设置"对话框,在"约束设置"对话框里对"几何"、"标注"和"自动约束"选项卡进行管理,如图 8-36 ~ 图 8-38 所示。

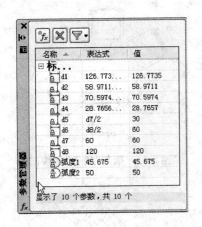

图 8-35　参数管理器

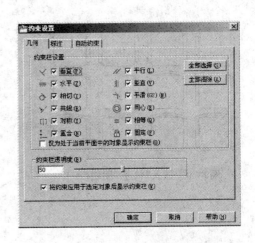

图 8-36　"几何"选项卡

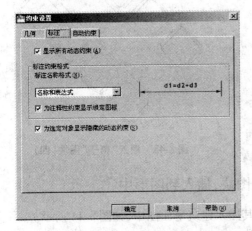

图 8-37　"标注"选项卡

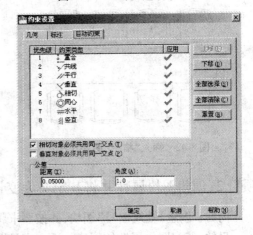

图 8-38　"自动约束"选项卡

8.5　实训指导

项目 1：创建常量图块并将其插入到图形中

内容：创建一个"椅子"图块，如图 8-39 所示，并按要求将其插入到会议桌的两边。

目的：练习常量图块的定义与插入。

指导：

（1）按要求绘制椅子图形。

（2）分别用"Block"和"Wblock"命令创建一个命名为"椅子"的内部图块与外部图块。

（3）用"Insert"、"Minsert"命令和插入点的方式插入"椅子"图块。结果如图 8-40 ~ 图 8-43 所示。

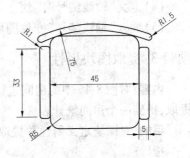

图 8-39　"椅子"图块

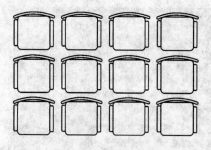

图 8-40 插入"椅子"图块(一)

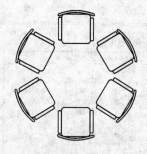

图 8-41 插入"椅子"图块(二)

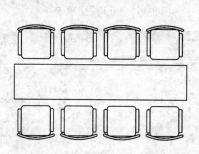

图 8-42 插入"椅子"图块（三）

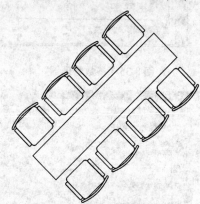

图 8-43 插入"椅子"图块(四)

项目2:创建图块属性并将其定义为变量图块,插入到图形中

内容:创建"轴线编号"图块,并按要求将其插入建筑平面图中,如图 8-44 所示。

目的:练习图块属性的创建与插入变量图块。

指导:

(1)按要求绘制建筑平面图。

(2)按要求绘制轴线圆圈。

(3)给轴线圆圈定义属性。

(4)定义"轴线编号"图块。

(5)插入"轴线编号"变量图块。

项目3:提取图块属性

内容:对图 8-45 中的房间进行属性(房间名称和房间面积)标注,并对房间属性进行提取,得到一个房间统计表。

目的:对图块定义属性并提取图块属性。

指导:

(1)按要求对房间平面图中的各房间进行属性(房间名称和房间面积)标注。

(2)根据数据提取向导进行数据提取:

①创造一个名为"房间. dxe"的文件。

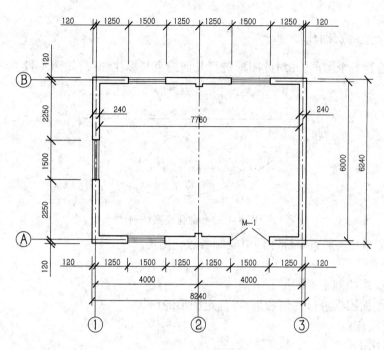

图 8-44 建筑平面图

②提取房间属性(房间名称和房间面积)。

③按房间名称和房间面积升序排序。

④在"输入表格的标题"中输入"房间统计表"字样。

(3)在当前图形中插入一个房间统计表,如图 8-46 所示。

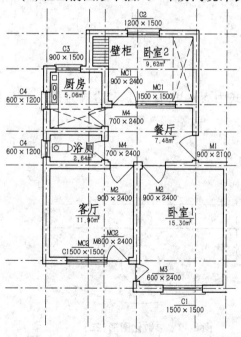

图 8-45 房间平面图

房间统计表			
计数	名称	房间名称	房间面积
1	房间	餐厅	7.48m²
1	房间	厨房	5.06m²
1	房间	客厅	11.90m²
1	房间	卧室1	15.30m²
1	房间	卧室2	9.62m²
1	房间	浴厕	2.64m²

图 8-46 房间统计表

项目4:绘制参数化图形

内容:绘制一个图形,并对此图形进行几何约束与标注约束,如图8-47所示。

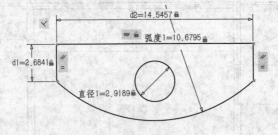

图8-47 参数化图形(一)

目的:运用几何约束与标注约束绘制参数化图形。

指导:

(1)按要求绘制平面图形。

(2)对平面图形进行几何约束,以确定图形的形状:

①端点重合;

②横线水平;

③竖线平行且相等;

④竖线与横线垂直。

(3)对平面图形进行标注约束,以确定图形的大小:

①竖线尺寸约束;

②横线尺寸约束;

③圆直径约束;

④圆弧半径约束。

(4)绘制参数化图形:

①打开参数管理器;

②修改 d1 值为 3,弧度 1 为 12,d2 表达式为 5 * d1,直径 1 表达式为弧度 1/4,如图 8-48所示。

结果如图 8-49 所示。

图8-48 参数管理器

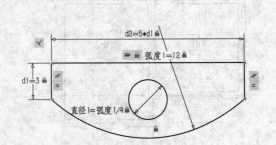

图8-49 参数化图形(二)

读者自己尝试对约束设置,将标注约束格式改为"值",并与图8-49对比。

课后思考及拓展训练

一、单项选择题

1. 删除块定义的命令是( )。
   A. Erase B. Purge C. Explode D. Attdef
2. "Wblock"命令可用来创建一个新块,这个新块可以用于( )。
   A. 当前图形中 B. 一个已有的图形中
   C. 任何图形中 D. 一个被保存的图形中
3. 一个块最多可被插入到图形中的次数为( )。
   A. 1 次 B. 50 次 C. 100 次 D. 没有限制
4. 提取块属性数据的命令是( )。
   A. Battman B. Attext C. Insert D. Attdef
5. 用于定义外部图块的命令是( )。
   A. Block B. Wblock C. Explode D. Attdef
6. 用于实现单独控制图块中属性的可见性的命令是( )。
   A. Attdisp B. Wblock C. Explode D. Attdef
7. 用于将图块插入到当前图形中的命令是( )。
   A. Block B. Wblock C. Insert D. Attdef
8. 多重插入图块到当前图形中的命令是( )。
   A. Block B. Wblock C. Insert D. Minsert
9. 在定义块属性时,要使属性为定值,可选择( )模式。
   A. 不可见 B. 固定 C. 验证 D. 预置
10. 在创建块时,在"块定义"对话框中必须确定的要素为( )。
    A. 块名、基点、对象 B. 块名、基点、属性
    C. 基点、对象、属性 D. 块名、基点、对象、属性

二、多项选择题

1. 编辑块属性的途径有( )。
   A. 单击"定义属性"进行属性编辑
   B. 双击包含属性的块进行属性编辑
   C. 应用块属性管理器编辑属性
   D. 用命令进行属性编辑
2. 关于块的属性的定义,下列说法正确的是( )。
   A. 块必须定义属性 B. 一个块中最多只能定义一个属性
   C. 多个块可以共用一个属性 D. 一个块中可以定义多个属性
3. 创建带属性的块的步骤是( )。
   A. 画图形 B. 创建块 C. 定义属性 D. 插入块
4. 关于外部参照,下列说法正确的是( )。

A. 把已有的图形文件插入到当前图形文件中

B. 插入外部参照后,该图形就被永久性地插入到当前图形中

C. 被插入图形文件的信息并不直接加入到主图中

D. 对主图的操作会改变外部参照图形文件的内容

5. 将图块插入到当前图形时,可以对块进行(　　　)。

A. 画图形　　　B. 改变比例　　C. 定义属性　　　D. 改变方向

6. 用于定义图块的命令是(　　　)。

A. Insert　　　　B. Wblock　　　C. Block　　　　D. Attdef

7. 插入图块到当前图形的命令是(　　　)。

A. Block　　　　B. Wblock　　　C. Insert　　　　D. Minsert

8. 下述制作属性块的操作过程,正确的是(　　　)。

A. 画好图形→使用"Attedef"命令定义属性→使用"Wblock"命令制成全局块

B. 画好图形→使用"Attedit"命令定义属性→使用"Wblock"命令制成全局块

C. 画好图形→使用"Attedit"命令定义属性→使用"Block"命令制成块

D. 以上都不对

三、判断正误题

1. 块中的对象可以在一层或多层上创建,但块在插入时仍保持创建时的图层、颜色、线宽等特性。若块的创建层在当前图层中不存在,块中包含的图层将被自动添加创建。

2. 若图块中包含的对象处在 0 图层,而且为"ByLayer"的随层特性,插入块时将放置在当前图层上并显示当前图层的颜色、线型特性,不额外增加图形的图层。

3. 块的名字中不能包含数字。

4. 带属性的块在插入时不能改变大小。

5. 设计中心只能用来插入图块。

6. "Block"命令与"Wblock"命令作用相同,都可以创建块。

7. 在插入块时 X、Y、Z 坐标只能指定单一的比例值。

8. 如果插入的块由多个位于不同图层上的对象组成,那么冻结某一对象所在的图层后,此图层上属于块上的对象就会变得不可见。

9. 当冻结插入块后的当前图层时,不管块中各对象处于哪一图层,整个块均变得不可见。

10. 块属性是附属于块的图形信息,是块的组成部分。

11. 通过设计中心,可以组织对图形、图块、图案填充和其他内容的访问。

12. 单元块可以在插入时改变每个方向的大小。

13. 如果组成图块的实体具有指定颜色和线型,图块的特性在插入时会改变。

14. 内部图块只能在当前图形文件中调用。

15. 在"插入"对话框中直接输入插入比例为负值,插入的图块对象是原对象的镜像对象。

四、综合实训题

1. 绘制如图 8-50 所示的坐便器,并将其定义为"坐便器"图块保存起来。

2. 绘制如图 8-51 所示的建筑剖面图,并创建标高图块属性,添加高程符号。

3. 对图 8-52 中设备属性(设备编号、设备名称和设备价值)进行标注,并提取设备属

性,在当前图形中插入一个如图 8-53 所示的设备统计表。

4.对图 8-54 进行线性约束、对齐约束、角度约束和直径约束,并且为了使图形的形状不变,对其进行几何约束。

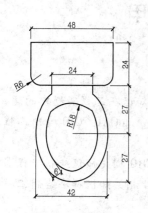

图 8-50　坐便器

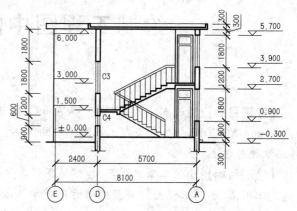

图 8-51　建筑剖面图

同方电脑	同方电脑		联想电脑	浪潮服务器
9 3600	10 3600		11 3800	12 36000
联想电脑	联想电脑		方正电脑	联想电脑
5 3800	6 3600		7 3600	8 3800
联想电脑	联想电脑		联想电脑	方正电脑
1 3600	2 3800		3 3800	4 3600

图 8-52　设备分配图

设备统计表		
设备编号	设备价值(元)	设备名称
1	3600	联想电脑
10	3600	同方电脑
11	3800	联想电脑
12	36000	浪潮服务器
2	3800	联想电脑
3	3800	联想电脑
4	3600	方正电脑
5	3800	联想电脑
6	3600	联想电脑
7	3600	方正电脑
8	3800	联想电脑
9	3600	同方电脑

图 8-53　设备统计表

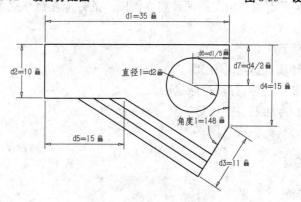

图 8-54　参数化图形

第9章　AutoCAD 2010 在
绘制工程图中的运用

【知识目标】：通过本章的学习，了解 AutoCAD 2010 相关知识在工程实例中的运用，熟悉 AutoCAD 2010 相关命令在工程图样中的运用；掌握运用 AutoCAD 2010 绘制工程图样的步骤与方法。

【技能目标】：通过本章的学习，能够运用所学 AutoCAD 2010 相关知识绘制工程图样（建筑工程图、水利工程图），并且能够运用所学 AutoCAD 2010 相关知识解决绘制工程图样时的技术难题。

9.1　AutoCAD 2010 在绘制建筑工程图中的运用

9.1.1　AutoCAD 2010 在绘制建筑工程图中的运用示例

在 A3 图纸中绘制如图 9-1 所示的建筑平面图、南立面图和东立面图。

9.1.2　对图 9-1 进行分析

首先，分析建筑平面图可知，本建筑为一个单元一梯两户，呈对称分布，且结构也是相同的。因此，平面图形只需绘制一户，另一户运用"镜像"命令完成。当然，镜像后的楼梯间还是要重新补上的，关键要找准镜像时的镜像线。尺寸也要先标注，镜像后，对重复、不当的尺寸标注进行修改。

其次，南立面图也有规律可循。三层立面图，每一层结构相同，只要画出一层立面图，其他两层可以用"阵列"或"复制"命令完成。阵列后，屋顶结构，特别是檐口要补画完整。

最后，根据建筑平面图与南立面图画东立面图。此处应注意东立面图的朝向。

绘图步骤如下：

(1)认真阅读建筑工程图。

(2)设置绘图环境，选定作图比例。

(3)绘制图框和标题栏，并填写标题栏。

(4)运用有关命令绘制各个图形。

(5)检查校核、修饰，完成全图。

9.1.3　绘制图 9-1

1. 绘图前的准备

(1)设置绘图环境，并保存为样板文件。

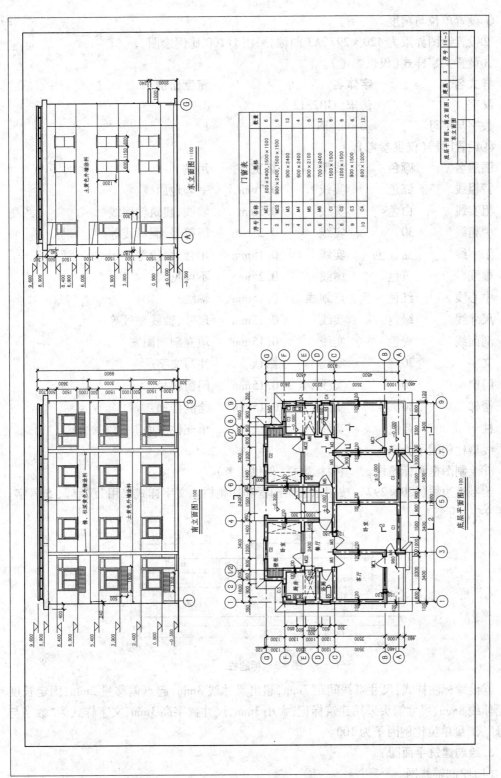

门窗表

序号	名称	规格	数量
1	MC1	600×2400,1500×1500	6
2	MC2	900×2400,1500×1500	6
3	M3	900×2400	12
4	M4	600×2400	4
5	M5	900×2100	12
6	M6	700×2400	6
7	C1	1500×1500	6
8	C2	1200×1500	6
9	C3	900×1500	6
10	C4	600×1200	12

西立面图 1:100

南立面图 1:100

底层平面图 1:100

图9-1 建筑平面图

· 197 ·

①设置单位与精度。

②设置绘图界限为 420×297,A3 图幅,采用 1:100 比例绘图。

③设置文字样式(仅供参考)。

样式名	字体名	宽度比例
汉字	仿宋_GB2312	0.7
数字与字母	gbeitc.shx	1

④设置图层(仅供参考)。

图层名	颜色	线型	线宽	用途
特粗线	红色	实线	0.7mm	室外地面线
粗实线	白色	实线	0.5mm	墙线、建筑轮廓线
中粗线	30	实线	0.25mm	门符号、洞口线等
细实线	品红色	实线	0.15mm	阳台、台阶等
虚线	黄色	虚线	0.25mm	不可见线
中心线	红色	点划线	0.15mm	轴线
尺寸线	绿色	实线	0.15mm	尺寸、轴线编号等
剖面线	青色	实线	0.15mm	填充剖面图案
文字	30	实线	默认	注写文字
门窗	30	实线	0.15mm	门窗符号
楼梯	30	实线	0.15mm	绘制楼梯
柱子	蓝色	实线	默认	填充柱截面

线型比例因子为 0.5。

⑤绘制图框和标题栏,并填写标题栏(仅供参考)。

绘制纸边线(420×297),按图示绘制图框和标题栏。文字样式采用"汉字",5 号字。如图 9-2 所示。

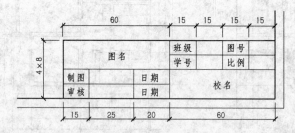

图9-2 标题栏

⑥设置标注样式:尺寸基线间距 7mm,超出尺寸线 3mm,起点偏移量 2mm,固定长度的延伸线 8mm,尺寸箭头采用建筑标记,大小 3mm,尺寸数字高 3mm,文字样式为"数字与字母",测量单位比例因子为 100。

2. 绘制建筑平面图

(1)绘制轴线网。

如图 9-3 所示,按轴间尺寸绘制轴线网。

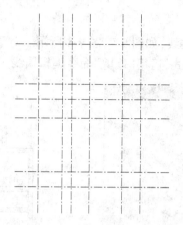

图 9-3　绘制轴线网

（2）用"多线"命令绘制墙线。

①设置墙线的多线样式，如图9-4、图9-5所示。

图 9-4　新建多线样式

②绘制墙线，如图9-6所示。

图 9-5　多线样式

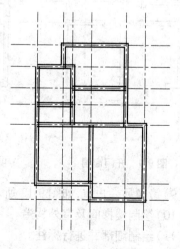

图 9-6　绘制墙线

（3）编辑墙线。

运用多线编辑工具编辑墙线，如图9-7、图9-8所示。对于无法用多线编辑工具编辑的墙线，采用"分解"墙线的方式，运用"修剪"命令编辑墙线。

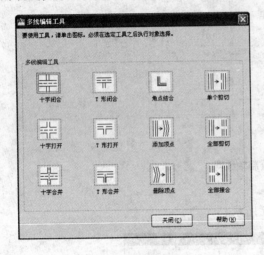

图9-7　多线编辑工具　　　　　　　　图9-8　编辑墙线

（4）开门窗洞，如图9-9所示。

（5）绘制门窗符号，并定义为块。

（6）插入门窗符号，如图9-10所示。

（7）绘制卫生、餐厨设备。

（8）标注房间名称及门窗名称，如图9-11所示。

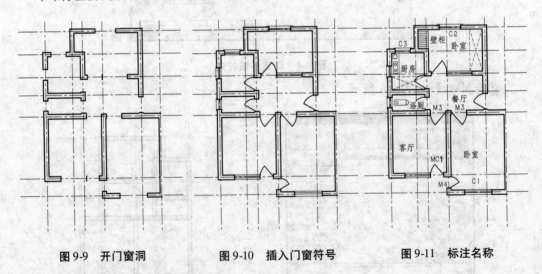

图9-9　开门窗洞　　　　图9-10　插入门窗符号　　　　图9-11　标注名称

（9）镜像另一户室，如图9-12所示。

（10）绘制楼梯间及室外构造。

（11）绘制细部并进行标注。

（12）标注轴线。

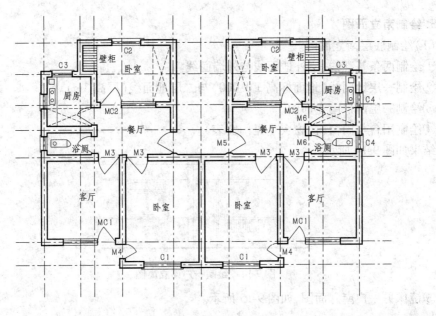

图 9-12　镜像另一户室

结果如图 9-13 所示。

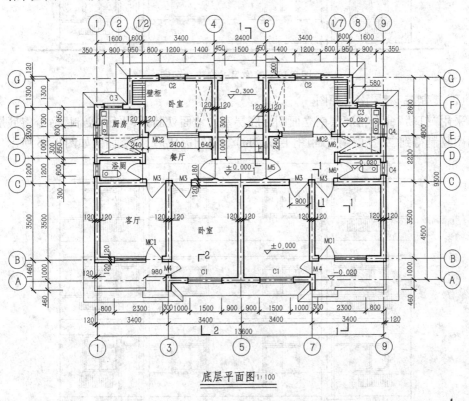

底层平面图1:100

图 9-13　绘制细部并标注

注意:轴线编号可以用带有属性的块绘制。

3.绘制南立面图

(1)绘制底层南立面图。

①绘制两条基准线:室外地面线与外墙面线。

②绘制一层地面线(地面标高±0.000)与二层地面线(层高3m)。

③绘制一层西户南立面图。

④绘制阳台与门窗(门窗大小见门窗表)。

结果如图9-14所示。

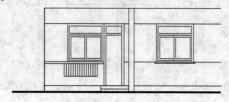

图9-14　绘制一户南立面图

⑤镜像另一户南立面图,如图9-15所示。

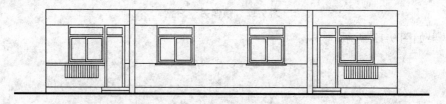

图9-15　镜像另一户南立面图

(2)复制二、三层南立面图。

采用"打断"命令将底层南立面图沿底层室内地面处断开,再用"复制"命令将底层南立面图复制得到二、三层南立面图(层高3m)。复制完成后,南立面图如图9-16所示。

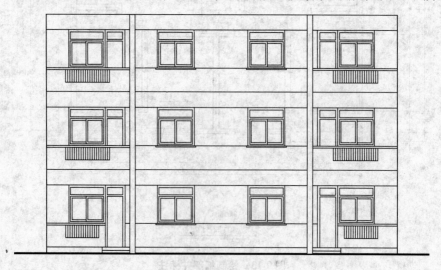

图9-16　南立面图

(3)绘制屋顶(顶层檐口标高 8.900m)及加粗立面轮廓线。

(4)绘制挑梁,加注尺寸、标高、外墙装饰做法、轴线及图名。

注意:标高符号可以用带有属性的图块插入。

4.绘制东立面图

方法如上,略。

9.2 AutoCAD 2010 在绘制水利工程图中的运用

9.2.1 AutoCAD 2010 在绘制水利工程图中的运用示例

在 A3 图纸中,按 1:50 的比例绘制如图 9-17 所示的涵洞式进水闸设计图。

9.2.2 对图 9-17 进行分析

由涵洞式进水闸设计图可知,工程整体由四段组成:

进水口段:由底板(铺盖)与上游翼墙组成。

闸室段:由底板、洞身边墙、洞身盖板、上游胸墙及下游胸墙组成。

下游扭面段:由底板(护坦)与扭面组成。

下游海漫段:由底板(海漫)与护坡组成。

进水口段前、海漫段后接土渠,闸体上部覆盖路基。

由于该工程形体是对称的,因此水闸平面图可采用简化表达方法,但考虑为了表达坝体路基部分,闸体部分仍然全部画出。采用掀土法,将闸体上部对称部分的路基土层去掉,一部分表达闸体外部结构,一部分表达路基及路基下的闸体(用虚线表示)。

由于该工程形体是对称的,因此纵向剖视图可以沿闸体对称中心线剖切;上、下游立面图可以用合成表达法,将上、下游立面各取一半,绘制在左视图位置。

由于在上游翼墙设计过程中,后端面的截面尺寸无法表达,同时洞身结构和下游扭面前、后端面的尺寸也表达不清,因此在此部位设置剖切截面,用剖面图的形式表达它们的形状。

AutoCAD 绘图可以有两种方法,一种方法是先按 1:1 的比例绘图,也就是说,按实物大小绘制图形,在打印出图时再按一定比例缩放在相应幅面的图纸上。此法的好处是在绘图时不必考虑绘图比例,也无须换算绘图尺寸。因此,此法被广泛采用,其步骤如下:

(1)设置绘图环境。

(2)按 1:1 的比例绘制图形。

(3)标注。

(4)插入或绘制标题栏。

(5)填写标题栏。

(6)设置比例打印出图。

另一种方法是按事先确定的比例将图直接绘制在相应幅面的图纸上,也就是说,该法

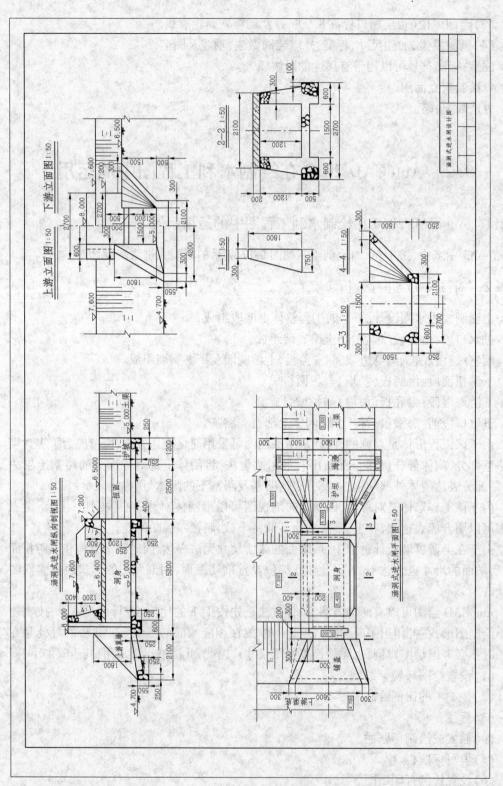

图9-17 建筑平面图

和手工绘图一样,通过比例换算将图直接绘制在图纸上。这样绘图比较直观,与传统的手工绘图相一致。但它所绘制的图形在标注尺寸时和实物尺寸却不一致,需要在"标注样式"对话框中对测量单位中的"比例因子"进行设置。按实际比例反过来设置,这样就能得到与实际尺寸一致的尺寸标注。

选择哪一种方法绘图,应根据实际需要或我们的绘图习惯来确定,不能强求一致。比如前文的建筑工程图按事先确定比例(1∶100)的方法绘制。

本例采用1∶1的比例绘制水闸设计图,采用1∶1的比例绘制A3图框与标题栏,然后将A3图框与标题栏放大50倍放在水闸设计图外。

9.2.3 绘制图9-17

1.绘图前的准备

方法同前,过程略,设置内容要符合水利工程图制图要求。

2.绘制水闸平面图

(1)用"直线"命令在中心线图层绘制对称中心线,长15000。

(2)用"直线"命令在粗实线图层绘制上游进水口底板前沿边线,并用"偏移"命令将该线分别向右偏移2100、5200、2500、1200绘制进水口段、闸室段、下游扭面段、下游海漫段之间的分缝线。

以上两步绘制的图形如图9-18所示。

图9-18 绘制对称中心线、上游进水口底板前沿边线及分缝线

(3)绘制上游翼墙进水口段。

①用"偏移"命令向上偏移对称中心线,偏移距离分别为750、1050、1500、1650、1950,如图9-19所示。

图9-19 偏移中心线

②在粗实线图层,用"直线"命令连接上游翼墙轮廓线,如图9-20所示。

③用"偏移"命令向右偏移上游进水口底板前沿边线,偏移距离为250,并用"对象特性"修改命令将该直线的图层修改为虚线图层,如图9-21所示。

④用"删除"命令将上述偏移线删除,并用"修剪"命令修剪多余线,如图9-22所示。

(4)绘制洞身。

图 9-20　连接上游翼墙轮廓线

图 9-21　绘制前趾坎虚线

图 9-22　删除和修剪多余线

①用"偏移"命令向上偏移对称中心线,偏移距离分别为 750、1050、1250、1350,如图 9-23 所示。

图 9-23　偏移中心线

②在粗实线图层,用"直线"命令连接洞身轮廓线,如图 9-24 所示。

图 9-24　连接洞身轮廓线

③用"偏移"命令向右偏移洞身前沿边线,偏移距离为 600,向左偏移洞身后沿边线,偏移距离为 400,并用"对象特性"修改命令将该两直线的图层修改为虚线图层,如图 9-25 所示。

④用"删除"命令将上述偏移线删除,并用"修剪"命令修剪多余线,如图 9-26 所示。

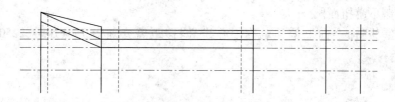

图 9-25   绘制洞身前、后趾坎虚线

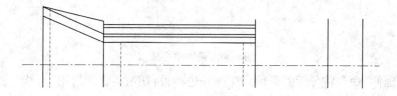

图 9-26   删除和修剪多余线

（5）绘制洞身上、下游胸墙。

①用"偏移"命令,按图 9-17 中的胸墙尺寸,绘制上游胸墙、闸门槽部分、下游胸墙,然后用"偏移"命令绘制盖板与胸墙的交线,如图 9-27 所示。

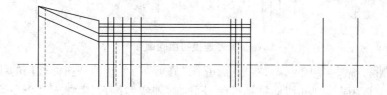

图 9-27   绘制上、下游胸墙轮廓线

②用"修剪"命令修剪多余线,如图 9-28 所示。

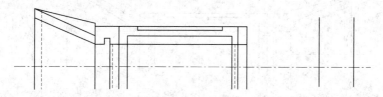

图 9-28   修剪多余线

③用"直线"命令连接上、下游胸墙与边墙的表面交线,并用"特性匹配"命令将洞身内边线转变为虚线,如图 9-29 所示。

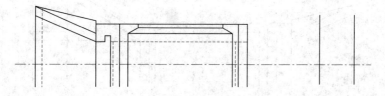

图 9-29   连接洞身表面交线

（6）绘制下游扭面段。

①用"偏移"命令向上偏移对称中心线,偏移距离分别为 750、1050、2250、2550, 如图 9-30 所示。

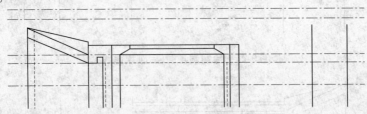

图 9-30　偏移中心线

②用"延伸"命令将分缝线延伸到扭面外边沿,再在粗实线图层用"直线"命令连接扭面轮廓线,如图 9-31 所示。

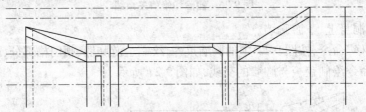

图 9-31　连接扭面轮廓线

③用"删除"命令将上述偏移线删除,并用"修剪"命令修剪外扭面被挡的线,再用"直线"命令在虚线图层绘制外扭面被挡的线,同时在细实线图层用"直线"命令给扭面加扭面素线,如图 9-32 所示。

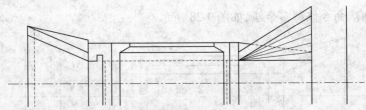

图 9-32　删除和修剪多余线并绘制扭面素线

（7）绘制海漫段。

①在粗实线图层,用"直线"命令连接海漫段底边线及护坡顶边线,如图 9-33 所示。

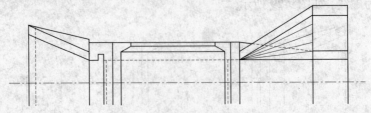

图 9-33　绘制海漫段

②在细实线图层,用"直线"命令绘制护坡示坡线。

③用"偏移"命令向左偏移海漫段右分缝线,偏移距离为250,用"修剪"命令修剪该直线作为海漫后趾坎,用"特性匹配"命令将海漫后趾坎被挡的线转变为虚线。

结果如图9-34所示。

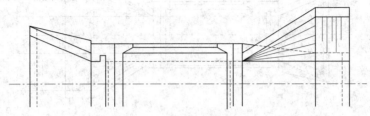

图9-34　绘制护坡示坡线

（8）绘制上、下游土渠。

①在粗实线图层,用"直线"命令绘制下游土渠渠底线与渠上口边线;在细实线图层,用"直线"命令绘制上、下游土渠折断线;用"复制"命令复制海漫护坡示坡线到土渠,作为土渠示坡线,如图9-35所示。

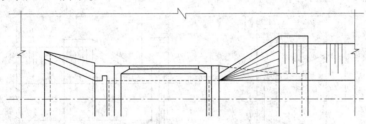

图9-35　绘制上、下游土渠

②用"修剪"命令修剪对称中心线以下多余线。用"镜像"命令得到对称中心线下部的水闸平面图,如图9-36所示。

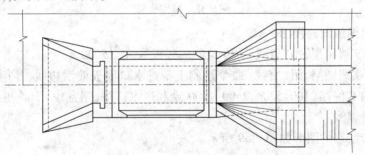

图9-36　绘制对称中心线下部的水闸平面图

（9）绘制路基。

①在粗实线图层,用"直线"命令绘路基左坡脚线、左边顶线;用"偏移"命令向左偏移下游胸墙顶左边线,偏移距离为400,作为路基右边顶线;用"偏移"命令向右偏移路基右边顶线,偏移距离为1100,作为下游坡面交线。

②在细实线图层,用"直线"命令绘制路基上、下游坡面示坡线,用"修剪"命令修剪多余线。

结果如图 9-37 所示。

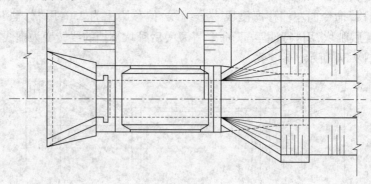

图 9-37　绘制路基

（10）用掀土法修整全局。

①用"删除"、"修改"命令修改部分多余线,并用"直线"命令重新绘制部分直线。

②用"特性匹配"命令将路基下被挡的线转变为虚线。

结果如图 9-38 所示。

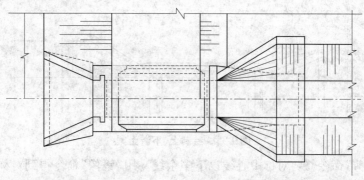

图 9-38　修整全局

3. 绘制水闸纵向剖视图

（1）在粗实线图层,用"直线"命令绘制闸底板线,长 15000。

（2）在粗实线图层,用"直线"命令绘制上游进水口底板前沿边线,并用"偏移"命令将该线分别向右偏移 2100、5200、2500、1200 绘制进水口段、闸室段、下游扭面段、下游海漫段之间的分缝线。

以上两步绘制的图形如图 9-39 所示。

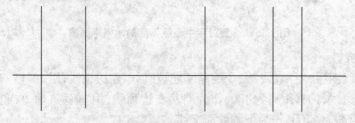

图 9-39　绘制闸底板线、上游进水口底板前沿边线及分缝线

（3）绘制上游翼墙进水口段。

①用"偏移"命令向下偏移闸底板线,偏移距离分别为250、300、600、850,作为上游翼墙底板轮廓;用"偏移"命令向上偏移闸底板线,偏移距离为1800,作为上游翼墙高度线;用"偏移"命令向右偏移上游进水口底板前沿边线,偏移距离为250,作为上游翼墙底板前趾坎,如图9-40所示。

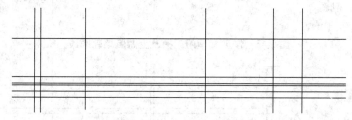

图9-40　绘制上游翼墙进水口轮廓线

②用"直线"命令连接底板的上、下面及翼墙顶面线,用"修剪"命令修剪多余线,用"删除"命令删除多余线,如图9-41所示。

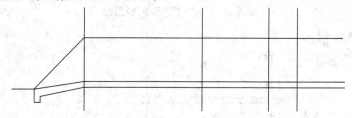

图9-41　修剪整理上游翼墙进水口轮廓线

（4）绘制洞身。

①用"偏移"命令向上偏移闸底板线,偏移距离为3000,作为闸门槽顶部线;用"偏移"命令向右偏移闸门槽前边线,偏移距离分别为300、500、800、1100,作为闸门槽轮廓线;用"偏移"命令向上偏移闸底板线,偏移距离分别为1200、1400,作为洞身盖板线;用"偏移"命令向上偏移闸底板线,偏移距离为2600,作为上游胸墙转折线,如图9-42所示。

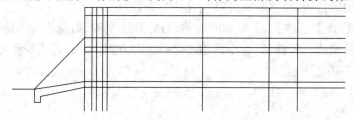

图9-42　绘制闸门槽、上游胸墙轮廓线

②用"直线"命令连接胸墙轮廓线,用"修剪"命令修剪多余线,用"删除"命令删除多余线,如图9-43所示。

③用"偏移"命令向上偏移闸底板线,偏移距离为2200,作为下游胸墙顶部线;用"偏移"命令向左偏移下游胸墙后边线,偏移距离分别为300、500,如图9-44所示。

④用"直线"命令连接胸墙轮廓线,用"修剪"命令修剪多余线,用"删除"命令删除多

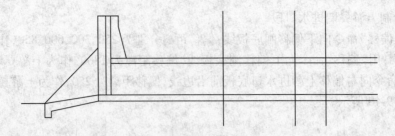

图 9-43　修剪整理闸门槽及上游胸墙轮廓线

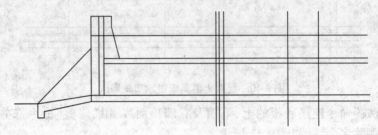

图 9-44　绘制下游胸墙轮廓线

余线,如图 9-45 所示。

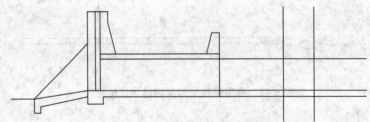

图 9-45　修剪整理下游胸墙轮廓线

⑤用"偏移"命令向下偏移闸底板线,偏移距离为 500,作为洞身底板前、后趾坎线;用"偏移"命令向右偏移上游胸墙前边线,偏移距离为 600,作为前趾坎线;用"偏移"命令向左偏移下游胸墙后边线,偏移距离为 400,作为后趾坎线。

⑥用"延伸"命令延伸上、下游胸墙的前、后轮廓线至前、后趾坎的下边线,用"直线"命令连接胸墙轮廓线,用"修剪"命令修剪多余线,用"删除"命令删除多余线。

结果如图 9-46 所示。

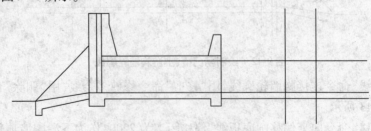

图 9-46　绘制底板轮廓线

（5）绘制扭面。

用"偏移"命令向上偏移闸底板线,偏移距离为1500,用"修剪"命令修剪多余线即可得扭面纵向剖视图。

（6）绘制护坡。

①用"偏移"命令向下偏移闸底板线,偏移距离为500,用"偏移"命令向左偏移护坡后边线,偏移距离为250,作为护坡后趾坎轮廓线。

②用"修剪"命令修剪多余线,用"删除"命令删除多余线。

结果如图9-47所示。

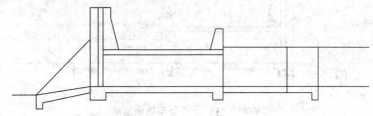

图9-47　绘制护坡

（7）填充剖面图案。

①在剖面线图层,点击"图案填充" ▨ 按钮,选择"浆砌石"（GRAVEL）图案,填充比例为20,对上、下游胸墙和闸底板进行填充。

②在剖面线图层,点击"图案填充" ▨ 按钮,选择"混凝土"（AR – CONC）图案,填充比例为1,对盖板进行填充。

③在剖面线图层,点击"图案填充" ▨ 按钮,选择"钢筋"（ANSI31）图案,填充比例为40,对盖板进行填充。

结果如图9-48所示。

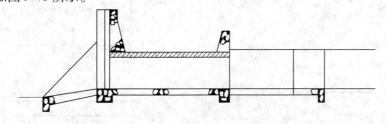

图9-48　填充剖面图案

（8）绘制路基。

①在粗实线图层,用"直线"命令过上游胸墙转折线处绘制路基顶线,用"直线"命令过下游胸墙顶部绘制1:1的下游坡面线。

②在细实线图层,用"直线"命令绘制下游土渠折断线。

结果如图9-49所示。

（9）修整全图。

在细实线图层用"直线"命令绘制路基夯实土,给扭面加扭面素线,给坡面加示坡线,给底板加自然土符号,如图9-50所示。

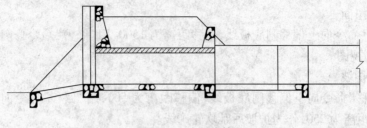

图 9-49　绘制路基

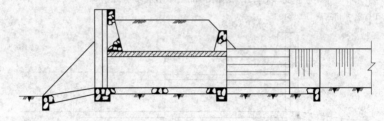

图 9-50　绘制土符号与坡面素线

4.绘制上、下游立面图

采用合成表达法绘制上、下游立面图。

（1）绘制上游底板与翼墙。

①在中心线图层，用"直线"命令绘制上、下游立面图的对称中心线；在粗实线图层，用"直线"命令绘制闸底板线，如图 9-51 所示。

②用"偏移"命令向左偏移中心线，偏移距离分别为 750、1050、1650、1950；用"偏移"命令向上偏移底板线，偏移距离为 1800，向下偏移底板线，偏移距离分别为 300、550，如图 9-52 所示。

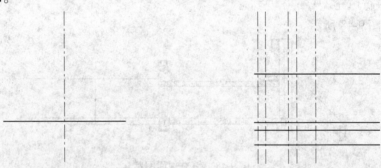

图 9-51　绘制对称中心线与闸底板线　　　　图 9-52　绘制上游翼墙轮廓线

③用"直线"命令连接上游翼墙轮廓线，用"修剪"命令修剪多余线，用"删除"命令删除多余线，如图 9-53 所示。

（2）绘制上游胸墙与盖板。

①用"偏移"命令向上偏移底板线，偏移距离分别为 1200、1400，作为盖板线；向上偏移底板线，偏移距离为 3000，作为上游胸墙顶面线。

②用"偏移"命令向左偏移中心线，偏移距离分别为 750、950、1350，作为上游胸墙及闸门槽轮廓线。

结果如图9-54所示。

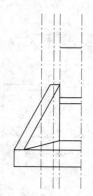

图9-53　修剪整理上游翼墙　　　　　　　　图9-54　绘制上游胸墙轮廓线

③在粗实线图层,用"直线"命令连接上游胸墙轮廓线,用"修剪"命令修剪多余线,用"删除"命令删除多余线。

④用"特性匹配"命令将闸门槽内边线、上游胸墙埋在路基中的边线转变为虚线。

结果如图9-55所示。

(3)绘制上游坡面及进水口渠底线。

①在粗实线图层,用"直线"命令绘制上游坡面的渠顶与渠底线。

②在细实线图层,用"直线"命令绘制路基的折断线,给上游坡面加示坡线。

③给上游渠底加自然土符号。

结果如图9-56所示。

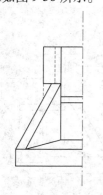

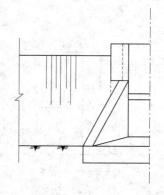

图9-55　修剪整理上游胸墙　　　　　　　图9-56　绘制上游坡面及进水口渠底线

(4)绘制下游洞口。

用"偏移"命令向右偏移对称中心线,偏移距离为750,作为洞身内边线;用"延伸"命令将底板上边线、盖板边线延伸到洞边线。结果如图9-57所示。

(5)绘制护坡后端面与扭面。

①用"偏移"命令向右偏移对称中心线,偏移距离分别为1050、2250、2550;用"偏移"命令向上偏移底板线,偏移距离为1500,向下偏移底板线,偏移距离为500,如图9-58所示。

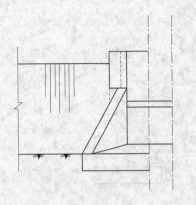

图 9-57　绘制下游洞口　　　　　　　　　　图 9-58　绘制下游护坡轮廓线

②在粗实线图层,用"直线"命令连接扭面轮廓线、护坡轮廓线,用"修剪"命令修剪多余线,用"删除"命令删除多余线。

③在细实线图层,用"直线"命令给扭面加扭面素线。

结果如图 9-59 所示。

(6)绘制下游胸墙。

①用"偏移"命令向右偏移中心线,偏移距离为 1350;用"偏移"命令向上偏移底板线,偏移距离为 2200,作为下游胸墙轮廓线。

②在粗实线图层,用"直线"命令连接下游胸墙轮廓线,用"修剪"命令修剪多余线,用"删除"命令删除多余线。

结果如图 9-60 所示。

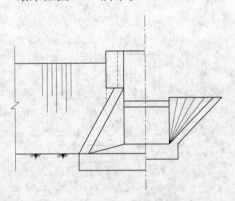

图 9-59　绘制下游护坡与扭面

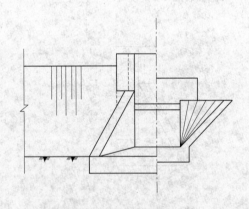

图 9-60　绘制下游胸墙

(7)绘制上游胸墙、路基与下游坡面。

①用"镜像"命令得到上游胸墙、路基与下游坡面。

②用"修剪"命令修剪多余线,用"删除"命令删除多余线。

结果如图 9-61 所示。

③在细实线图层,用"直线"命令给下游坡面加示坡线,给坡面加自然土符号,给下游路基加折断线,如图 9-62 所示。

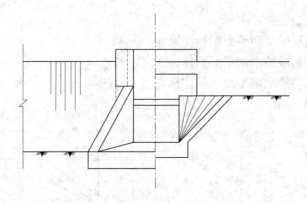

图 9-61　绘制上游胸墙、路基与下游坡面

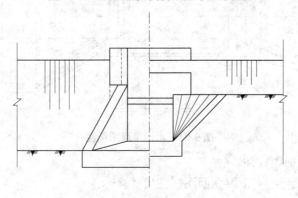

图 9-62　绘制示坡线、自然土符号和折断线

5. 标注

(1)纵向剖视图标注。

①设置标注样式:设置"箭头大小"为3,设置"使用全局比例"为60。

②在尺寸线图层给纵向剖视图标注尺寸。

③在文字标注图层给纵向剖视图标注文字。

④在尺寸线图层给纵向剖视图标注标高。

结果如图 9-63 所示。

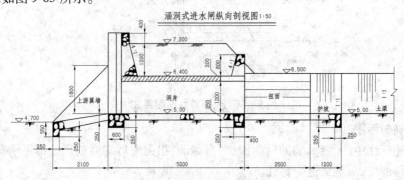

图 9-63　纵向剖视图标注

（2）水闸平面图标注。

①在尺寸线图层给水闸平面图标注尺寸。

②在文字标注图层给水闸平面图标注文字。

③在尺寸线图层给水闸平面图标注标高。

结果如图9-64所示。

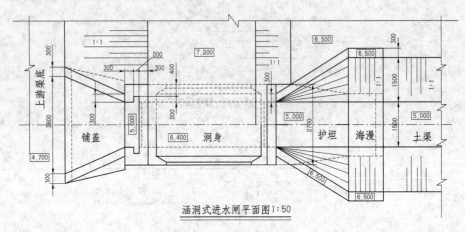

图9-64　水闸平面图标注

（3）上、下游立面图标注。

①在尺寸线图层给上、下游立面图标注尺寸。

②在文字标注图层给上、下游立面图标注文字。

③在尺寸线图层给上、下游立面图标注标高。

结果如图9-65所示。

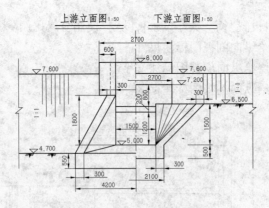

图9-65　上、下游立面图标注

6.绘制剖面图

在上述标注中，上游翼墙的后端面、洞身截面、扭面前后端面的尺寸都不清楚，需要对此部位进行剖切，对剖面进行标注。

（1）在文字标注图层，给水闸平面图标注剖切符号，如图9-66所示。

（2）绘制1—1剖面图。

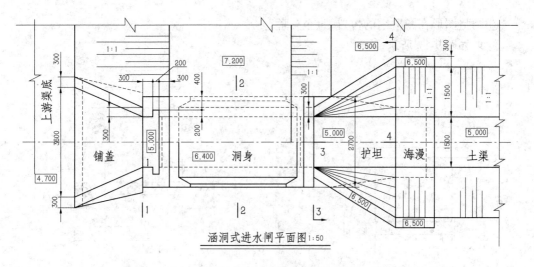

涵洞式进水闸平面图1:50

图9-66　给水闸平面图标注剖切符号

①根据已知条件,在粗实线图层,用"直线"命令绘制 1—1 剖面图,如图 9-67 所示。

②在尺寸线图层,给 1—1 剖面图标注尺寸,如图 9-68 所示。

③在文字标注图层,给 1—1 剖面图标注文字,如图 9-69 所示。

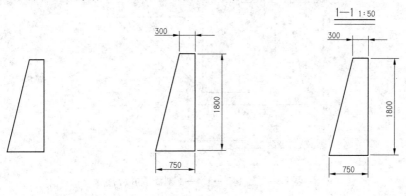

图9-67　1—1 剖面图　　　**图9-68　标注尺寸**　　　**图9-69　标注文字**

(3)绘制 2—2 剖面图。

①根据已知条件,在粗实线图层,用"直线"命令绘制 2—2 剖面图,如图 9-70 所示。

②分别在尺寸线图层、剖面线图层、文字标注图层对 2—2 剖面图进行标注,如图 9-71 所示。

(4)绘制 3—3、4—4 剖面图。

方法同前,采用合成表达方法绘制 3—3、4—4 剖面图,并进行标注,如图 9-72 所示。

7.绘制图框与标题栏

方法同前,过程略。

8.调整图形

放大图框与标题栏,并将水闸设计图拖放到图框内。步骤如下:

①将图框放大 50 倍。

②将图形移到图框内。

③调整图形在图框内的位置，直至合适。

结果如图 9-17 所示。

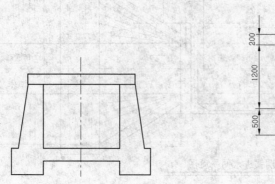

图 9-70　2—2 剖面图

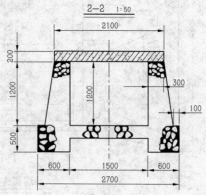

图 9-71　2—2 剖面图标注

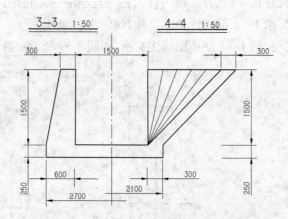

图 9-72　绘制 3—3、4—4 剖面图并标注

9.3　实训指导

项目 1：绘制建筑剖面图

内容：根据图 9-1，按 1：100 绘制 1—1 剖面图。

目的：运用 AutoCAD 2010 知识按 1：100 绘制建筑工程图。

指导：

（1）根据尺寸绘制 A、G 轴线，并绘制室外地面线。

（2）在 A、G 轴线间绘平台线、楼层地面线。

（3）绘制内、外墙线与内门窗洞线。

(4)绘制底层梯段和中间梯段。

(5)插入楼梯段。

(6)绘制楼梯扶手。

(7)修剪墙线与多余线,绘制外墙门窗。

(8)绘制阳台剖面图及内墙门窗。

(9)对图形进行标注。

1—1 剖面图绘制结果参考图 9-73。

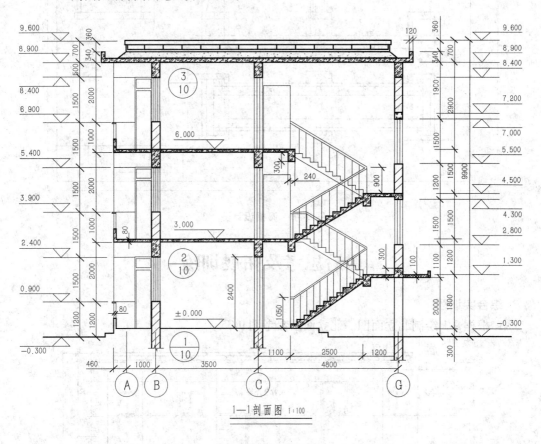

图 9-73　1—1 剖面图

项目2:抄绘渡槽设计图

内容:按 1:5 抄绘渡槽设计图,如图 9-74 所示。

目的:运用 AutoCAD 2010 知识按 1:1 绘制水利工程图。

指导:

(1)按 1:1 抄绘图形。

(2)绘制 A4 图框及标题栏。

(3)将图框及标题栏放大 5 倍,并把渡槽设计图放入,然后填写标题栏。

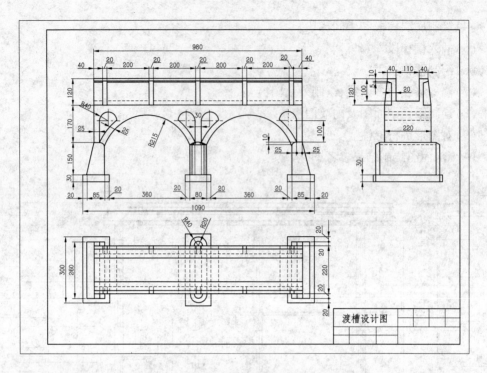

图 9-74 渡槽设计图

课后思考及拓展训练

综合实训题

1. 根据 9-1 绘制北立面图。北立面图参考图 9-75。

北立面图1:100

图 9-75 北立面图

2. 用 A3 图幅,按照要求设置绘图环境,用 1:50 的比例抄绘图 9-76,包括尺寸和图名。

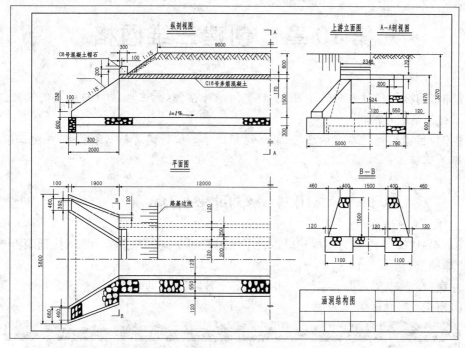

图 9-76　涵洞结构图

3. 按 1:1 的比例绘制如图 9-77 所示的齿轮油泵泵体图。

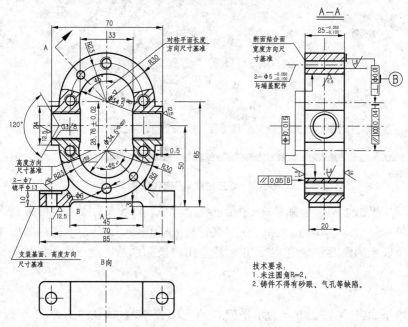

图 9-77　齿轮油泵泵体图

第 10 章 创建三维网格

【知识目标】：通过本章的学习，了解空间坐标系，熟悉三维视口与视图的设置，掌握三维网格的绘制与编辑。

【技能目标】：通过本章的学习，能够运用所学知识创建简单三维网格，并对三维网格进行简单编辑。

10.1 空间坐标系

AutoCAD 2010 专门为三维建模设置了绘图空间，单击"工作空间"下拉列表框，选择"三维建模"即可。

注意：在新建图形时使用"acadiso3D. dwt"样板图，进入"三维建模"工作空间，如图 10-1 所示。

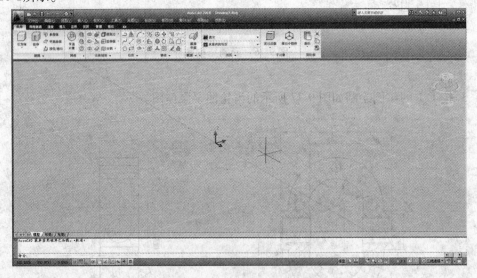

图 10-1 "三维建模"工作空间

AutoCAD 提供了两个坐标系：一个是世界坐标系（WCS），为固定坐标系；另一个是用户坐标系（UCS），为可移动坐标系。在三维建模的过程中，用户会根据绘制形体的需要，不断进行坐标系的设置和变更，因此正确建立用户坐标系是建立三维形体的关键。

10.1.1 世界坐标系

在二维平面内，X 轴正方向为水平向右，Y 轴正方向为垂直向上，Z 轴正方向为垂直屏幕平面指向使用者，坐标原点在屏幕左下角，这些都是固定不变的，所以被称为世界坐标系（WCS）。

在三维制图过程中,无论是在世界坐标系还是在用户坐标系中都可以使用笛卡儿坐标、柱坐标和球坐标来定位空间点。

1. 笛卡儿坐标

AutoCAD 2010 中,三维坐标是利用 X、Y 和 Z 在空间上两两相互垂直构成的笛卡儿直角坐标,默认原点为(0,0,0),如图 10-2 所示。坐标值 (3,2,5)表示一个沿 X 轴正方向 3 个单位,沿 Y 轴正方向 2 个单位,沿 Z 轴正方向 5 个单位的点。坐标值的表示方法有绝对坐标和相对坐标。

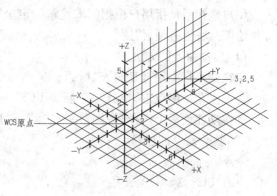

图 10-2　笛卡儿直角坐标

(1)绝对坐标:点的绝对坐标就是相对于坐标原点的坐标,用"X,Y,Z"表示。

(2)相对坐标:点的相对坐标就是相对于上一个已知点的坐标,用"@X,Y,Z"表示。

2. 柱坐标

柱坐标的输入相当于在三维空间中的二维极坐标输入,它表示为"ρ < θ,z"。ρ 表示空间点距当前 UCS 原点的距离,θ 表示空间点在 XY 平面中的投影与当前 UCS 原点的连线同 X 轴的夹角,z 表示 Z 轴坐标。如图 10-3 所示,坐标 5 < 30,8 表示距当前 UCS 原点 5 个单位、在 XY 平面中与 X 轴成30°角、沿 Z 轴 8 个单位的点。柱坐标的相对坐标表示为"@ρ < θ,z",意义同直角坐标的相对坐标。

3. 球坐标

球坐标的输入也相当于在三维空间中的二维极坐标输入,它表示为"ρ < α < β"。ρ 表示空间点距当前 UCS 原点的距离,α 表示空间点在 XY 平面中的投影与当前 UCS 原点的连线同 X 轴的夹角,β 表示空间点与当前 UCS 原点的连线同 XY 平面的夹角。如图 10-4所示,坐标 8 < 30 < 30 表示在距当前 UCS 原点 8 个单位、在 XY 平面中与 X 轴成30°角以及在 Z 轴正向上与 XY 平面成30°角的点。坐标 5 < 45 < 15 表示距当前 UCS 原点 5 个单位、在 XY 平面中与 X 轴成45°角、在 Z 轴正向上与 XY 平面成15°角的点。球坐标的相对坐标表示为"@ρ < α < β",意义同直角坐标的相对坐标。

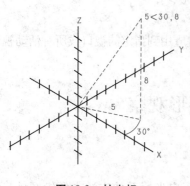

图 10-3　柱坐标

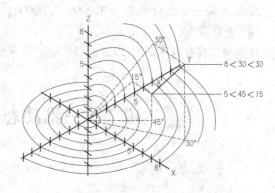

图 10-4　球坐标

10.1.2 用户坐标系

用户坐标系是指用户根据需求重新确定坐标系的原点以及 X 轴、Y 轴、Z 轴方向,从而使绘图过程更方便、快捷。

(1)启动命令的方法。

①在命令行中用键盘输入"Ucs";

②在主菜单中点击"工具"→"新建 UCS"→"世界";

③在功能面板上选择"视图"→"坐标"→"世界"。

(2)执行命令的过程。

命令:_ucs

当前 UCS 名称:＊世界＊

指定 UCS 的原点或 [面(F)/命名(NA)/对象(OB)/上一个(P)/视图(V)/世界(W)/X/Y/Z/Z 轴(ZA)] <世界>:　　　(用回车来结束命令)

(3)参数说明。

"面(F)":将用户坐标系与三维实体上的面对齐。

"命名(NA)":按名称保存并恢复通常使用的 UCS 方向。输入"NA"后回车,有如下命令:

指定 UCS 的原点或 [面(F)/命名(NA)/对象(OB)/上一个(P)/视图(V)/世界(W)/X/Y/Z/Z 轴(ZA)] <世界>: na✓

输入选项 [恢复(R)/保存(S)/删除(D)/?]: s✓

输入保存当前 UCS 的名称或 [?]:　　　(输入名称,名称最多可以包含 255 个字符)

"对象(OB)":将用户坐标系与选定的对象对齐。

"上一个(P)":恢复上一个 UCS。

"视图(V)":将用户坐标系的 XY 平面与垂直于观察方向的平面对齐。

"X"、"Y"、"Z":绕指定轴旋转当前 UCS。

"Z 轴(ZA)":将用户坐标系与指定的正 Z 轴对齐。输入"ZA"后回车,有如下命令:

指定 UCS 的原点或 [面(F)/命名(NA)/对象(OB)/上一个(P)/视图(V)/世界(W)/X/Y/Z/Z 轴(ZA)] <世界>: za✓

指定新原点或 [对象(O)] <0,0,0>:

在正 Z 轴范围上指定点 <0.0000,0.0000,1.0000>:

(4)注意事项。

其他视口保存有不同的 UCS 时,将当前 UCS 设置应用到指定的视口或所有活动视口。

10.2　三维动态图形观察

10.2.1 三维动态观察

在 AutoCAD 2010 三维建模模式下,除通过变换用户坐标系的方法方便绘图外,还可以通过变换三维图形的观察方位,从而使绘图更加快捷。

（1）启动命令的方法。

①在"三维导航"工具栏中单击"动态观察" 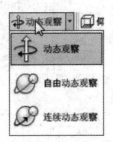 按钮;

②在主菜单中点击"视图"→"动态观察";

③在功能面板上选择"视图"→"导航"→"动态观察"。

如图 10-5 所示为"三维导航"工具栏。

（2）执行命令的过程。

单击"动态观察",出现三种不同的"动态观察"选项,如图 10-6 所示。

图 10-5　"三维导航"工具栏　　　　　　图 10-6　"动态观察"选项

①选择"动态观察",又称为"受约束的动态观察",沿 XY 平面或 Z 轴约束三维动态观察。进入此状态,视图的目标将保持静止,而视点将围绕目标移动。但是,看起来好像三维模型正在随着鼠标的拖动而旋转。用户可以此方式指定模型的任意视图。

②选择"自由动态观察",三维自由动态观察视图显示一个导航球,它被更小的圆分成四个区域。视点将绕目标移动。目标点是导航球的中心,而不是正在查看的对象的中心。与"受约束的动态观察"不同,"自由动态观察"不约束沿 XY 轴或 Z 方向的视图变化,如图 10-7 所示。

③选择"连续动态观察",在绘图区域中单击并沿任意方向拖动定点设备,来使对象沿拖动的方向移动。释放定点设备上的按钮,对象在指定的方向上继续进行它们的轨迹运动。光标移动的速度决定了对象的旋转速度。

（3）注意事项。

当三种动态观察模式处于活动状态时,无法编辑对象。

10.2.2　三维视图与三维视口

1. 三维视图

（1）启动命令的方法。

①在命令行中用键盘输入"View";

②在主菜单中点击"视图"→"三维视图";

③在功能面板上选择"视图"→" 三维视图"。

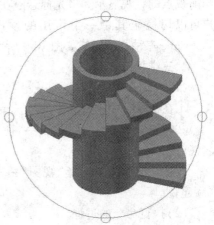

图 10-7　自由动态观察

（2）执行命令的过程。

命令行输入"View"，出现如图10-8所示的"视图管理器"对话框。

图 10-8 "视图管理器"对话框

（3）参数说明。

"当前"：显示当前视图及其特性。

"模型视图"：显示命名视图列表，并列出选定视图的特性。

"布局视图"：在定义视图的布局上显示视图列表，并列出选定视图的特性。

"预设视图"：显示正投影视图和等轴测视图列表，并列出选定视图的特性。

（4）ViewCube 工具。

ViewCube 工具是一种可单击、可拖动的常驻界面，用户可以用它在模型的标准视图和等轴测视图之间进行切换。ViewCube 工具显示后，将在窗口一角以不活动状态显示在模型上方。尽管 ViewCube 工具处于不活动状态，但在视图发生更改时仍可提供有关模型当前视点的直观显示。将光标悬停在 ViewCube 工具上方时，该工具会变为活动状态，用户可以切换至其中一个可用的预设视图，滚动当前视图或更改至模型的主视图。ViewCube 三种视图样式如图10-9 所示。

2. 三维视口

（1）启动命令的方法。

①在命令行中用键盘输入"Vports"；

②在主菜单中点击"视图"→"视口"→"命名视口"；

③在功能面板上选择"视图"→"视口"→"新建视口"。

（2）执行命令的过程。

执行"Vports"命令后，系统会弹出如图10-10所示的"视口"对话框。

图 10-9 ViewCube 三种视图样式

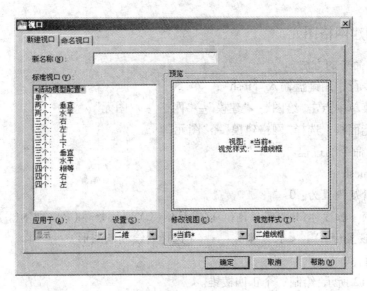

图 10-10 "视口"对话框

(3)示例。

图 10-11 为在"视口"对话框中选择"四个:相等"后,从左上角按逆时针方向将视口依次改成前视图、俯视图、西南轴测图和左视图四个方位观察形体。在图 10-11 中,西南轴测图视口为运行状态,可在此视口状态下进行图形修改,修改的结果在其他视口内同步完成。

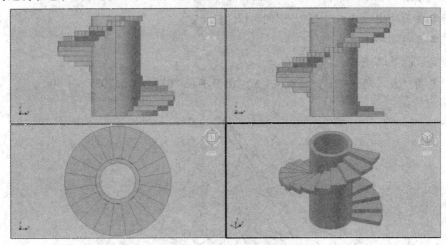

图 10-11 多视口观察形体

10.3 创建三维网格

AutoCAD 2010 创建网格对象的方法主要为创建网格图元和从其他对象创建网格,也可以使用从其他对象类型进行转换的方法。

10.3.1 创建网格图元

(1)启动命令的方法。

①在命令行中用键盘输入"Mesh";

②在主菜单中点击"绘图"→"建模"→"网格"→"图元";

③在功能面板上选择"网格建模"→"图元"。

(2)执行命令的过程。

命令：_mesh

当前平滑度设置为：0

输入选项 [长方体(B)/圆锥体(C)/圆柱体(CY)/棱锥体(P)/球体(S)/楔体(W)/圆环体(T)/设置(SE)] <长方体>：   （选择要绘制的图形）

(3)示例。

如图10-12所示，绘制一个正四棱锥。

命令：_mesh

当前平滑度设置为：0 ✔

输入选项 [长方体(B)/圆锥体(C)/圆柱体(CY)/棱锥体(P)/球体(S)/楔体(W)/圆环体(T)/设置(SE)] <棱锥体>：p ✔

4 个侧面   外切

指定底面的中心点或 [边(E)/侧面(S)]：e ✔

指定边的第一个端点：

指定边的第二个端点：500 ✔

指定高度或 [两点(2P)/轴端点(A)/顶面半径(T)] <56.8937>：400 ✔

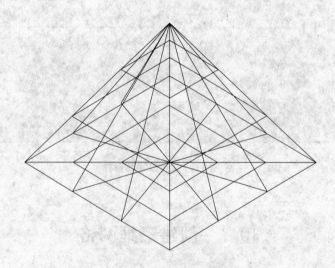

图 10-12　绘制正四棱锥

10.3.2　利用其他对象创建网格

1.直纹网格

（1）启动命令的方法。

①在命令行中用键盘输入"Rulesurf"；

②在主菜单中点击"绘图"→"建模"→"网格"→"直纹网格"；

③在功能面板上选择"网格建模"→"图元"→"直纹网格"。

（2）示例。

如图 10-13 所示为两条曲线，将其作成如图 10-14 所示的直纹网格。

命令：_rulesurf

当前线框密度：SURFTAB1 = 6

选择第一条定义曲线：　　（点击一条曲线）

选择第二条定义曲线：　　（点击另一条曲线）

图 10-13　两条曲线

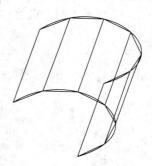

图 10-14　直纹网格

2.平移网格

（1）启动命令的方法。

①在命令行中用键盘输入"Tabsurf"；

②在主菜单中点击"绘图"→"建模"→"网格"→"平移网格"；

③在功能面板上选择"网格建模"→"图元"→"平移网格"。

（2）示例。

如图 10-15 所示为两条曲线，将其作成如图 10-16 所示的平移网格。

图 10-15　两条曲线

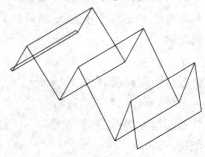

图 10-16　平移网格

命令：_tabsurf

当前线框密度：SURFTAB1 = 6

选择用作轮廓曲线的对象：　　（点击折角线）

选择用作方向矢量的对象：　　（点击直线）

（3）注意事项。

在选择轮廓曲线对象的时候，仅考虑其第一点和最后一点，而忽略中间的顶点。方向矢量指出形状的拉伸方向和长度，一般选择近端点为正方向，远端点为负方向。

3. 旋转网格

（1）启动命令的方法。

①在命令行中用键盘输入"Revsurf"；

②在主菜单中点击"绘图"→"建模"→"网格"→"旋转网格"；

③在功能面板上，选择"网格建模"→"图元"→"旋转网格"。

（2）示例。

如图 10-17 所示为两条曲线，将其作成如图 10-18 所示的旋转网格。

图 10-17　两条曲线

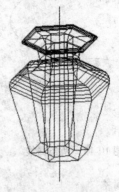

图 10-18　旋转网格

命令：_revsurf

当前线框密度：SURFTAB1 = 6　　SURFTAB2 = 6

选择要旋转的对象：　　（点击旋转对象曲线）

选择定义旋转轴的对象：　　（点击旋转轴直线）

指定起点角度 <0>：

指定包含角（ + = 逆时针， - = 顺时针）<360>：

4. 边界网格

（1）启动命令的方法。

①在命令行中用键盘输入"Edgesurf"；

②在主菜单中点击"绘图"→"建模"→"网格"→"边界网格"；

③在功能面板上选择"网格建模"→"图元"→"边界网格"。

（2）示例。

如图 10-19 所示为封闭曲线，将其作成如图 10-20 所示的边界网格。

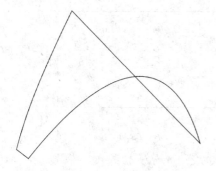

图 10-19　封闭曲线

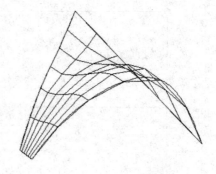

图 10-20　边界网格

命令：_edgesurf

当前线框密度：SURFTAB1 = 6　　SURFTAB2 = 6

选择用作曲面边界的对象 1：　　（点击前端曲线）

选择用作曲面边界的对象 2：　　（点击右端曲线）

选择用作曲面边界的对象 3：　　（点击后端曲线）

选择用作曲面边界的对象 4：　　（点击左端曲线）

10.4　实训指导

项目 1：绘制三维网格图形

内容：绘制如图 10-21 所示的飞檐屋顶三维网格图形。

目的：运用三维观察与三维网格命令
构建三维网格图形。

指导：

（1）建立四个视口并确定每一视口的
视图模式。

①建立过程：在功能面板上选择"视
图"→"视口"→"四视口"。

②点击左上视口，将其定义为前视图；

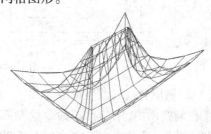

图 10-21　飞檐屋顶三维网络图形

点击左下视口，将其定义为俯视图；点击右上视口，将其定义为左视图；点击右下视口，将
其定义为西南轴测视图，如图 10-22 所示。

（2）绘制屋顶轮廓线。

①点击左下视口，使其变为当前视口。

②用"矩形"命令绘长 500、宽 300 的矩形。

③用"偏移"命令向外侧偏移 70，形成另一个大矩形。

④用"分解"命令将中间矩形分解。

⑤用"偏移"命令将中间矩形长边向内侧偏移 145，短边向内侧偏移 150。

图 10-22　定义视口与视图

⑥用"修剪"命令修剪多余线。

结果如图 10-23 所示。

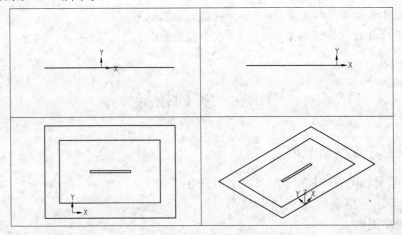

图 10-23　屋顶轮廓线

（3）绘制屋脊线以及屋檐线。

①在前视图内,用"直线"命令绘制四条竖直向上长 100 的直线,过大矩形的四个端点,用"直线"命令绘制一条竖直向上长 200 的直线,过小矩形的一个端点。

②在西南轴测图内,用"移动"命令将小矩形移动到长 200 的直线的上端。

③用"样条曲线"命令,选择小矩形的一个端点,中矩形对应的端点,大矩形对应端点上方 100 的点,作出一条屋脊线。用同样方法作出其余三条屋脊线。

④用"样条曲线"命令,过两屋脊线的外端点和中矩形的中点,作出一条屋檐线。用同法绘制其余三条屋檐线。

结果如图 10-24 所示。

（4）绘制飞檐屋顶。

①用"删除"命令将大矩形、中矩形以及竖直直线全部删除。

②在西南轴测图内,用"边界曲面"命令绘制飞檐屋顶四面。

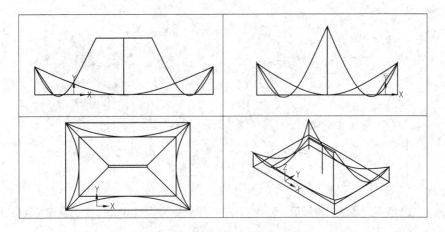

图 10-24　屋脊线以及屋檐线

③用"缩放"、"平移"命令调整各视口内的图形,直至合适。

结果如图 10-25 所示。

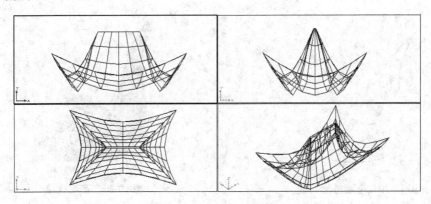

图 10-25　飞檐屋顶网格四视口图

项目 2:绘制三维网格图形

内容:绘制如图 10-26 所示的酒壶三维网格图形。

目的:运用三维观察与三维网格命令构建三维网格图形。

指导:

(1)绘制壶盖及壶身。

①在前视图中,绘制酒壶二维图形,如图 10-27 所示。

②用"旋转网格"命令绘制壶盖及壶身,注意设置 SURFTAB1 = 24,SURFTAB2 = 24,如图 10-28 所示。

(2)绘制壶嘴。

图 10-26　酒壶三维网格图形

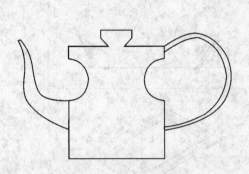

图 10-27　酒壶二维图形

图 10-28　壶盖及壶身网格

①用"样条曲线"命令绘制壶嘴的进口线与出口线,如图 10-29 所示。

②用"边界网格"命令,选择上线壶嘴线以及进出口线,并用"镜像"命令镜像,如图 10-30所示。

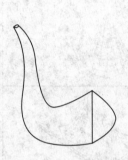

图 10-29　壶嘴进出口线

图 10-30　壶嘴网格

(3)绘制壶把。

①用"样条曲线"命令绘制壶把的上接口线与下接口线,如图 10-31 所示。

②用"边界网格"命令,选择上线壶把线以及上下接口线,并用"镜像"命令镜像,如图 10-32所示。

图 10-31　壶把上下接口线

图 10-32　壶把网格

(4)创建四个视口。

①在功能面板上选择"视图"→"视口"→"四视口"。

②点击左上视口,将其定义为前视图;点击左下视口,将其定义为俯视图;点击右上视口,将其定义为左视图;点击右下视口,将其定义为西南轴测视图,如图 10-33 所示。

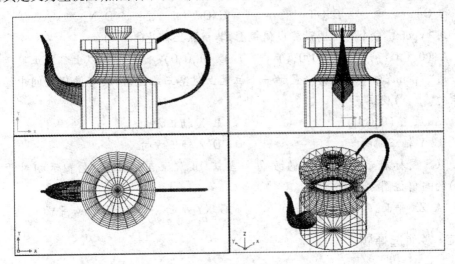

图 10-33　酒壶网格四视口图

课后思考及拓展训练

一、单项选择题

1. 下面关于视口的说法,错误的是(　　　)。

　A. 视口是一个对象

　B. 可通过图层控制以免视口边框打印在图纸上

　C. 视口是固定不动的

　D. 可利用夹点编辑改变视口位置和大小

2. 系统默认的布局中可同时激活的视口最大数目是(　　　)。

　A.4 个　　　　　　B.16 个　　　　　　C.64 个　　　　　　D.任意

3. 关于 AutoCAD 的用户坐标系与世界坐标系的不同点,下面阐述正确的是(　　　)。

　A. 用户坐标系与世界坐标系都是固定的

　B. 用户坐标系固定,世界坐标系不固定

　C. 用户坐标系不固定,世界坐标系固定

　D. 两者都不固定

4. 用"视点"(Vpoint)命令,输入视点坐标值(0,0,1)后,结果与平面视图的(　　　)相同。

　A. 左视图　　　　　B. 右视图　　　　　C. 俯视图　　　　　D. 主视图

5. 在模型空间中,将视区分割成多个视窗的命令是(　　　)。

A. Vpoint   B. Vports   C. View   D. Ucs

6. 要使 UCS 图标显示在当前坐标系的原点处,可选用"Ucsicon"命令的( )选项。

A. On   B. Off   C. Or   D. N

7. 用"Vpoint"命令将视图设置成俯视图,其视点坐标是( )。

A. (0,1,0)   B. (0,0,1)   C. (1,0,0)   D. 以上都不正确

8. 用"Vpoint"命令将观察者置于一个位置上观察三维图形,就好像从空间中的一个指定点向( )观察。

A. 原点 (0,0,0)   B. X 轴正方向

C. Y 轴正方向   D. Z 轴正方向

9. UCS 图标表示 UCS 坐标的方向和当前 UCS 原点的位置,也表示相对于 UCS ( )的当前视图方向。

A. ZX 平面   B. YZ 平面   C. XY 平面   D. View 平面

二、多项选择题

1. 关于 AutoCAD 中用户坐标系与世界坐标系的不同点,下面阐述错误的是( )。

A. 用户坐标系与世界坐标系都是固定的

B. 用户坐标系固定,世界坐标系不固定

C. 用户坐标系不固定,世界坐标系固定

D. 两者都不固定

2. AutoCAD 的三维造型方法有( )。

A. 线框建模   B. 表面建模   C. 参数化建模   D. 实体建模

3. 要使 UCS 图标显示在当前坐标系的原点处,不可选用"Ucsicon"命令的( )选项。

A. On   B. Off   C. Or   D. N

4. 在使用用户坐标系时,不能用三点确定坐标系的( )。

A. Origin   B. Zaxis   C. 3point   D. Object

5. 用户若已经在 AutoCAD 中建立了三维实心体模型,不可通过( )命令,快速生成正交投影视图。

A. Vpoint   B. Vports   C. Mvsetup   D. Ucs

6. 在模型空间中,不能将视区分割成多个视窗的命令是( )。

A. Vports   B. Vpoint   C. View   D. Ucs

7. 在布局中创建视口,视口的形状可以是( )。

A. 矩形   B. 圆   C. 多边形   D. 椭圆

8. 下列属于三维网格命令的有( )。

A. Rulesurf   B. Revsurf   C. Edgesurf   D. Surftab

9. 三维网格可以使用的命令有( )。

A. Move   B. Mirror3d   C. Slice   D. Union

10.平移网格可以作为矢量方向的图形是(　　)。

    A.矩形　　　　　　B.直线　　　　　　C.闭合多段线　　　D.开放多段线

三、判断正误题

1.用户坐标系(UCS)有助于建立自己的坐标系。

2.执行"视点"(Vpoint)命令,当显示坐标球和三轴架时,光标在罗盘中的位置就定义了视点的位置,光标在小圆以内表示观察点在物体的下方。

3.用"Vports"命令创建的视口称为浮动视口。

4.在 AutoCAD 中无法使用透视方式观察三维模型。

5."缩放"(Zoom)和"平移"(Pan)命令用于二维图形的显示控制,不能在三维模型轴测视图上进行操作。

6.定义三维坐标系的右手法则是:右手拇指指向 X 轴正方向,中指指向 Y 轴正方向,Z 轴正方向可以根据情况自行决定。

7.无论二维图形的视图还是三维模型的轴测视图均可以用"视图"(View)命令命名保存。

8.ViewCube 工具可在模型的标准视图和等轴测视图之间进行切换。

9.三维坐标是利用 X、Y 和 Z 在空间上两两相互垂直构成的笛卡儿直角坐标,默认原点为(0,0,0)。

四、作图题

1.绘制如图 10-34 所示的雨伞,尺寸自定。掌握三维坐标系的变换、三维对象的观察及三维曲面的构建与编辑方法。雨伞的四视图参考图 10-35。

图 10-34　雨伞

2.绘制如图 10-36 所示的热水壶,尺寸自定。掌握三维坐标系的变换、三维对象的观察及三维曲面的构建与编辑方法。热水壶的四视图参考图 10-37。

图 10-35　雨伞的四视图

图 10-36　热水壶

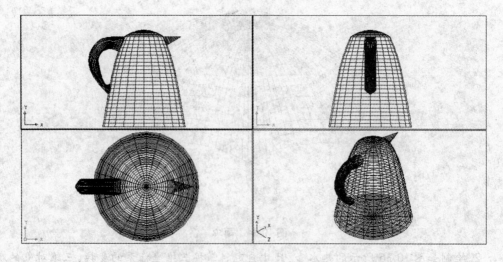

图 10-37　热水壶的四视图

第 11 章　三维实体造型

【知识目标】：通过本章的学习，了解三维渲染操作过程，熟悉三维实体的造型，掌握三维实体的修改与编辑。

【技能目标】：通过本章的学习，能够运用所学知识创建三维实体，并能对三维实体进行修改、编辑以及渲染。

11.1　基本三维实体造型

11.1.1　多段体

1. 启动命令的方法

（1）在命令行中用键盘输入"Polysolid"；

（2）在主菜单中点击"绘图"→"建模"→"多段体"；

（3）在功能面板上选择"常用"→"建模"→"多段体"。

2. 执行命令的过程

命令：_polysolid

高度 = 80.0000，宽度 = 5.0000，对正 = 居中

指定起点或［对象(O)/高度(H)/宽度(W)/对正(J)］＜对象＞：

指定下一个点或［圆弧(A)/放弃(U)］：　　（在屏幕上左键单击选择某一指定点）

指定下一个点或［圆弧(A)/放弃(U)］：　　（在屏幕上左键单击选择另一指定点）

指定下一个点或［圆弧(A)/闭合(C)/放弃(U)］：　　（输入"U"后回车结束命令，或者当连续绘制两条以上的多段体时，输入"C"后回车使所绘制图形闭合）

3. 参数说明

"对象(O)"：指定要转换为实体的对象。可以选择直线、圆弧、圆以及二维多段线。

"高度(H)"：指定实体的高度。

"宽度(W)"：指定实体的宽度。

"对正(J)"：使用命令定义轮廓时，可以将实体的宽度和高度设置为左对正、右对正或居中。

4. 注意事项

多段体可以包含曲线段，但是在默认情况下轮廓始终为矩形。

5. 示例

绘制如图 11-1 所示的多段体。

命令：_pline

指定起点：

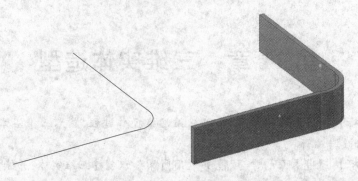

图 11-1　多段体

当前线宽为 0.0000

指定下一个点或［圆弧(A)/半宽(H)/长度(L)/放弃(U)/宽度(W)］: 300 ↙

指定下一点或［圆弧(A)/闭合(C)/半宽(H)/长度(L)/放弃(U)/宽度(W)］: a ↙

指定圆弧的端点或［角度(A)/圆心(CE)/闭合(CL)/方向(D)/半宽(H)/直线(L)/半径(R)/第二个点(S)/放弃(U)/宽度(W)］: 100 ↙

指定圆弧的端点或［角度(A)/圆心(CE)/闭合(CL)/方向(D)/半宽(H)/直线(L)/半径(R)/第二个点(S)/放弃(U)/宽度(W)］: l ↙

指定下一点或［圆弧(A)/闭合(C)/半宽(H)/长度(L)/放弃(U)/宽度(W)］: 300 ↙

命令: _polysolid

高度 = 80.0000, 宽度 = 5.0000, 对正 = 居中

指定起点或［对象(O)/高度(H)/宽度(W)/对正(J)］ <对象>: w ↙

指定宽度 <5.0000>: 10 ↙

高度 = 80.0000, 宽度 = 10.0000, 对正 = 居中

指定起点或［对象(O)/高度(H)/宽度(W)/对正(J)］ <对象>: o ↙

选择对象:　　(左键单击多段线)

11.1.2　长方体

1. 启动命令的方法

(1)在命令行中用键盘输入"Box";

(2)在主菜单中点击"绘图"→"建模"→"长方体";

(3)在功能面板上选择"常用"→"建模"→"长方体"。

2. 执行命令的过程

命令: _box

指定第一个角点或［中心(C)］:　　　(在屏幕上左键单击选择某一指定点)

指定其他角点或［立方体(C)/长度(L)］:　　　(在屏幕上左键单击选择另一指定点)

指定高度或［两点(2P)］:　　　(输入高度或者在屏幕上左键单击选择某一指定点)

3. 参数说明

"中心(C)":使用指定的圆心创建长方体。

"立方体(C)":创建一个长、宽、高相同的长方体。

"长度(L)":按照指定的长、宽、高创建长方体。长度与 X 轴对应,宽度与 Y 轴对应,高度与 Z 轴对应。

"两点(2P)":指定长方体的高度为两个指定点之间的
距离。

4. 示例

绘制如图 11-2 所示的长方体。

命令：_box

指定第一个角点或 [中心(C)]：　　　（在屏幕上指定
第一个点）

指定其他角点或 [立方体(C)/长度(L)]：c↙

指定长度 <200.0000>：200↙

图 11-2　长方体

11.1.3　球体

1. 启动命令的方法

(1)在命令行中用键盘输入"Sphere"；

(2)在主菜单中点击"绘图"→"建模"→"球体"；

(3)在功能面板上选择"常用"→"建模"→"球体"。

2. 执行命令的过程

命令：_sphere

指定中心点或 [三点(3P)/两点(2P)/切点、切点、半径(T)]：　　　（在屏幕上左键
单击选择某一指定点）

指定半径或 [直径(D)]：　　　（输入数据）

3. 参数说明

"中心点":指定球体的圆心。

"三点(3P)":通过在三维空间的任意位置指定三个点来定义球体的圆周。

"两点(2P)":通过在三维空间的任意位置指定两个点来定义球体的圆周。

"切点、切点、半径(T)":通过指定半径定义与两个对象相
切的球体。

4. 示例

绘制如图 11-3 所示的球体。

命令：_sphere

指定中心点或 [三点(3P)/两点(2P)/切点、切点、半径
(T)]：　　　（在屏幕上指定第一个点）

指定半径或 [直径(D)]：300↙

图 11-3　球体

11.1.4　圆柱体

1. 启动命令的方法

(1)在命令行中用键盘输入"Cylinder"；

(2)在主菜单中点击"绘图"→"建模"→"圆柱体"；

(3)在功能面板上选择"常用"→"建模"→"圆柱体"。

2. 执行命令的过程

命令：_cylinder

指定底面的中心点或［三点(3P)/两点(2P)/切点、切点、半径(T)/椭圆(E)］：（在屏幕上左键单击选择某一指定点）

指定底面半径或［直径(D)］：　　（输入数据）

指定高度或［两点(2P)/轴端点(A)］：　　　（输入数据）

3. 参数说明

"中心点"：指定底面的圆心。

"三点(3P)"：通过指定三个点来定义圆柱体的底面周长和底面。

"两点(2P)"：通过指定两个点来定义圆柱体的底面直径。

"切点、切点、半径(T)"：定义具有指定半径,且与两个对象相切的圆柱体底面。

"椭圆(E)"：指定圆柱体的椭圆底面。

4. 示例

绘制如图 11-4 所示的圆柱体。

命令：_cylinder

指定底面的中心点或［三点(3P)/两点(2P)/切点、切点、半径(T)/椭圆(E)］：e↙

指定第一个轴的端点或［中心(C)］：　　（在屏幕上指定一点）

指定第一个轴的其他端点：300 ↙

指定第二个轴的端点：200 ↙

指定高度或［两点(2P)/轴端点(A)］：400 ↙

图 11-4　圆柱体

11.1.5　圆锥体

1. 启动命令的方法

(1)在命令行中用键盘输入"Cone"；

(2)在主菜单中点击"绘图"→"建模"→"圆锥体"；

(3)在功能面板上选择"常用"→"建模"→"圆锥体"。

2. 执行命令的过程

命令：_cone

指定底面的中心点或［三点(3P)/两点(2P)/切点、切点、半径(T)/椭圆(E)］：（在屏幕上左键单击选择某一指定点）

指定底面半径或［直径(D)］：　　（输入数据）

指定高度或［两点(2P)/轴端点(A)/顶面半径(T)］：　　　（输入数据）

3. 参数说明

"中心点"：指定底面的圆心。

"三点(3P)"：通过指定三个点来定义圆锥体的底面周长和底面。

"两点(2P)"：通过指定两个点来定义圆锥体的底面直径。

"切点、切点、半径(T)":定义具有指定半径,且与两个对象相切的圆锥体底面。

　　"椭圆(E)":指定圆锥体的椭圆底面。

　　4.示例

　　绘制如图11-5所示的圆锥体。

　　命令: _cone

　　指定底面的中心点或［三点(3P)/两点(2P)/切点、切点、半径(T)/椭圆(E)］:　　(在屏幕上指定一点)

　　指定底面半径或［直径(D)］:300↙

　　指定高度或［两点(2P)/轴端点(A)/顶面半径(T)］:400↙

图11-5　圆锥体

11.1.6　棱锥体

　　1.启动命令的方法

　　(1)在命令行中用键盘输入"Pyramid";

　　(2)在主菜单中点击"绘图"→"建模"→"棱锥体";

　　(3)在功能面板上选择"常用"→"建模"→"棱锥体"。

　　2.执行命令的过程

　　命令: _pyramid

　　4 个侧面 外切

　　指定底面的中心点或［边(E)/侧面(S)］:　　(在屏幕上左键单击选择某一指定点)

　　指定底面半径或［内接(I)］:　　(输入数据)

　　指定高度或［两点(2P)/轴端点(A)/顶面半径(T)］:　　(输入数据)

　　3.参数说明

　　"边(E)":指定棱锥体底面一条边的长度。

　　"侧面(S)":指定棱锥体的侧面数。可以输入 3 到 32 之间的数。

　　"内接(I)":指定棱锥体底面内接于棱锥体的底面半径。

　　"两点(2P)":将棱锥体的高度指定为两个指定点之间的距离。

　　"轴端点(A)":指定棱锥体轴的端点位置。

　　"顶面半径(T)":指定棱锥体的顶面半径,并创建棱锥体平截面。

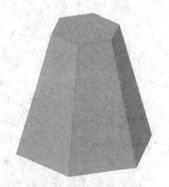

　　4.示例

　　绘制如图11-6所示的棱锥体。

　　命令: _pyramid

　　4 个侧面 外切

　　指定底面的中心点或［边(E)/侧面(S)］:s↙

图11-6　棱锥体

输入侧面数 <4>:6↙

指定底面的中心点或 [边(E)/侧面(S)]: 　　(在屏幕上指定一点)

指定底面半径或 [内接(I)]:100↙

指定高度或 [两点(2P)/轴端点(A)/顶面半径(T)]:t↙

指定顶面半径:50↙

指定高度或 [两点(2P)/轴端点(A)]:200↙

11.1.7 圆环体

1. 启动命令的方法

(1) 在命令行中用键盘输入"Torus";

(2) 在主菜单中点击"绘图"→"建模"→"圆环体";

(3) 在功能面板上选择"常用"→"建模"→"圆环体"。

2. 执行命令的过程

命令:_torus

指定中心点或 [三点(3P)/两点(2P)/切点、切点、半径(T)]: 　　(在屏幕上左键单击选择某一指定点)

指定半径或 [直径(D)]: 　　(输入数据)

指定圆管半径或 [两点(2P)/直径(D)]: 　　(输入数据)

3. 参数说明

"三点(3P)":用指定的三个点定义圆环体的圆周。

"两点(2P)":用指定的两个点定义圆环体的圆周。

"切点、切点、半径(T)":使用指定半径定义可与两个对象相切的圆环体。

4. 示例

绘制如图 11-7 所示的圆环体。

图 11-7　圆环体

命令:_torus

指定中心点或 [三点(3P)/两点(2P)/切点、切点、半径(T)]:3p↙

指定第一点: 　　(在屏幕上指定一点)

指定第二点: 　　(在屏幕上指定另一点)

指定第三点: 　　(在屏幕上指定第三点)

指定圆管半径或 [两点(2P)/直径(D)] <10.0000>:20↙

11.1.8 楔体

1. 启动命令的方法

（1）在命令行中用键盘输入"Wedge"；

（2）在主菜单中点击"绘图"→"建模"→"楔体"；

（3）在功能面板上选择"常用"→"建模"→"楔体"。

2. 执行命令的过程

命令：_wedge

指定第一个角点或［中心(C)］：　　　（在屏幕上左键单击选择某一指定点）

指定其他角点或［立方体(C)/长度(L)］：　　　（在屏幕上左键单击选择另一指定点）

指定高度或［两点(2P)］：　（输入数据）

3. 参数说明

"中心(C)"：使用指定的圆心创建楔体。

"立方体(C)"：创建等边楔体。

"长度(L)"：按照指定长、宽、高创建楔体。长度与 X 轴对应,宽度与 Y 轴对应,高度与 Z 轴对应。

"两点(2P)"：指定楔体的高度为两个指定点之间的距离。

4. 示例

绘制如图 11-8 所示的楔体。

命令：_wedge

指定第一个角点或［中心(C)］：　　　（在屏幕上指定一点）

指定其他角点或［立方体(C)/长度(L)］：l↙

指定长度：50↙

指定宽度：30↙

指定高度或［两点(2P)］：60↙

图 11-8　楔体

11.2　复杂三维实体造型

11.2.1　从对象创建曲面

1. 启动命令的方法

（1）在命令行中用键盘输入"Convtosurface"；

（2）在主菜单中点击"修改"→"三维操作"→"转化为曲面"；

（3）在功能面板上选择"常用"→"实体编辑"→"转化为曲面"；

（4）在功能面板上选择"网格建模"→"转化网格"→"转化为曲面"。

2. 执行命令的过程

命令：_convtosurface 网格转换设置为：平滑处理并优化。

选择对象：　　（在屏幕上选择转换对象）

3. 注意事项

使用"转化为曲面"命令时,选择的对象可以为二维实体、面域、开放的具有厚度的零宽度多段线、具有厚度的直线、具有厚度的圆弧、网格对象以及三维平面。

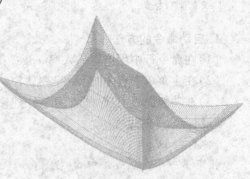

4. 示例

将图 10-21 用"转化为曲面"命令作出如图 11-9 所示图形。

命令：_convtosurface 网格转换设置为：平滑处理并优化。

图 11-9　飞檐屋顶网格转化为曲面

选择对象：　　（在屏幕上框选飞檐屋顶）

11.2.2　从对象创建三维实体

1. 启动命令的方法

（1）在命令行中用键盘输入"Convtosolid"；

（2）在主菜单中点击"修改"→"三维操作"→"转化为实体"；

（3）在功能面板上选择"常用"→"实体编辑"→"转化为实体"；

（4）在功能面板上选择"网格建模"→"转化网格"→"转化为实体"。

2. 执行命令的过程

命令：_convtosolid 网格转换设置为：平滑处理并优化。

选择对象：　　（在屏幕上选择转换对象）

3. 注意事项

"转化为实体"命令可以选择的对象为多段线、网格以及曲面。

4. 示例

将图 10-18 用"转化为实体"命令作出如图 11-10 所示图形。

图 11-10　旋转网格转化为实体

命令：_convtosolid 网格转换设置为：平滑处理并优化。

选择对象：　　（在屏幕上选择旋转网格）

11.2.3　从二维图形创建三维实体

1. 拉伸

（1）启动命令的方法。

①在命令行中用键盘输入"Extrude"；

②在主菜单中点击"绘图"→"建模"→"拉伸"；

③在功能面板上选择"常用"→"建模"→"拉伸"。

(2)执行命令的过程。

命令：_extrude

当前线框密度：ISOLINES=4

选择要拉伸的对象：找到 1 个

选择要拉伸的对象：　　　（在屏幕上选择拉伸对象）

指定拉伸的高度或［方向(D)/路径(P)/倾斜角(T)］：　　　（输入数据）

(3)参数说明。

"方向(D)":通过指定的两点指定拉伸的长度和方向。

"路径(P)":基于选择的对象指定拉伸路径。

"倾斜角(T)":设置拉伸的倾斜角度。

(4)示例。

将如图 11-11(a)所示的图形拉伸为实体。

命令：_extrude

当前线框密度：ISOLINES=4

选择要拉伸的对象：找到 1 个

选择要拉伸的对象：　　　（在屏幕上选择拉伸对象）

指定拉伸的高度或［方向(D)/路径(P)/倾斜角(T)］：p↙

选择拉伸路径或［倾斜角(T)］：　　　（在屏幕上选择拉伸路径）

结果如图 11-11(b)所示。

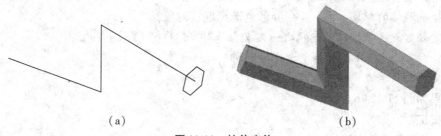

(a)　　　　　　　　　　　　　　　　　(b)

图 11-11　拉伸实体

2.旋转

(1)启动命令的方法。

①在命令行中用键盘输入"Revolve";

②在主菜单中点击"绘图"→"建模"→"旋转";

③在功能面板上选择"常用"→"建模"→"旋转"。

(2)执行命令的过程。

命令：_revolve

当前线框密度：ISOLINES=4

选择要旋转的对象：　　　（在屏幕上选择旋转对象）

指定轴起点或根据以下选项之一定义轴［对象(O)/X/Y/Z］＜对象＞：　　　（在屏幕上选择旋转轴的一个端点）

指定轴端点：　　　（在屏幕上选择旋转轴的一个端点）

指定旋转角度或［起点角度(ST)］＜360＞：　　　（输入旋转角度）

(3)参数说明。

"轴起点"：指定旋转轴的第一点和第二点。

"对象(O)"：指定要用作轴的现有对象。

"起点角度(ST)"：为从旋转对象所在平面开始的旋转指定偏移。

(4)示例。

将如图 11-12(a)所示的图形旋转为实体。

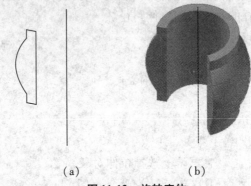

（a）　　　　　　　　　（b）

图 11-12　旋转实体

命令：_revolve

当前线框密度：ISOLINES = 4

选择要旋转的对象：　　　（在屏幕上选择旋转对象）

指定轴起点或根据以下选项之一定义轴［对象(O)/X/Y/Z］:o↙

选择对象：　　　（在屏幕上选择旋转轴）

指定旋转角度或［起点角度(ST)］：240↙

结果如图 11-12(b)所示。

3. 扫掠

(1)启动命令的方法。

①在命令行中用键盘输入"Sweep"；

②在主菜单中点击"绘图"→"建模"→"扫掠"；

③在功能面板上选择"常用"→"建模"→"扫掠"。

(2)执行命令的过程。

命令：_sweep

当前线框密度：ISOLINES = 4

选择要扫掠的对象：　　　（在屏幕上选择扫掠对象）

选择扫掠路径或［对齐(A)/基点(B)/比例(S)/扭曲(T)］：　　　（在屏幕上选择扫掠路径）

(3)参数说明。

"对齐(A)"：指定是否对齐轮廓以使其作为扫掠路径切向的法向。

"基点(B)"：指定要扫掠对象的基点。

"比例(S)":指定比例因子以进行扫掠操作。

"扭曲(T)":设置正被扫掠的对象的扭曲角度。

(4)示例。

将如图11-13(a)所示的图形扫掠为实体。

命令: _sweep

当前线框密度: ISOLINES = 4

选择要扫掠的对象:找到 1 个　　　　(在屏幕上选择五边形)

选择扫掠路径或 [对齐(A)/基点(B)/比例(S)/扭曲(T)]:　　　　(在屏幕上选择螺旋线)

结果如图11-13(b)所示。

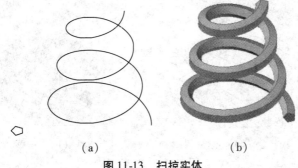

(a)　　　　　　　　　　(b)

图 11-13　扫掠实体

4. 放样

(1)启动命令的方法。

①在命令行中用键盘输入"Loft";

②在主菜单中点击"绘图"→"建模"→"放样";

③在功能面板上选择"常用"→"建模"→"放样"。

(2)执行命令的过程。

命令: _loft

按放样次序选择横截面:　　　　(在屏幕上选择一个横截面)

按放样次序选择横截面:　　　　(在屏幕上选择另一个横截面)

输入选项 [导向(G)/路径(P)/比例(S)/仅横截面(C)]:

(3)参数说明。

"导向(G)":指定控制放样实体或曲面形状的导向曲线。

"路径(P)":指定放样实体或曲面的单一路径。

"比例(S)":指定比例因子以进行扫掠操作。

"仅横截面(C)":显示"放样设置"对话框,如图11-14 所示。

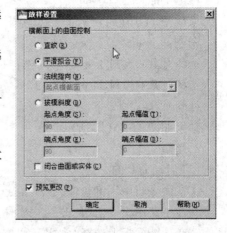

图 11-14　"放样设置"对话框

· 251 ·

（4）示例。

将如图 11-15（a）所示的图形放样为实体。

命令：_loft

按放样次序选择横截面：找到 1 个　　　　（在屏幕上从上向下依次选择平面）

按放样次序选择横截面：找到 1 个,总计 2 个

按放样次序选择横截面：找到 1 个,总计 3 个

按放样次序选择横截面：找到 1 个,总计 4 个

按放样次序选择横截面：↙

输入选项［导向（G）/路径（P）/比例（S）/仅横截面（C）］:c↙

结果如图 11-15（b）所示。

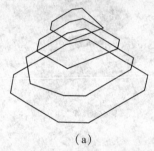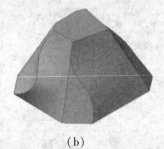

（a）　　　　　　　　　　　　　（b）

图 11-15　放样实体

11.2.4　布尔运算创建三维实体

1. 并集

（1）启动命令的方法。

①在命令行中用键盘输入"Union"；

②在主菜单中点击"修改"→"实体编辑"→"并集"；

③在功能面板上选择"常用"→"实体编辑"→"并集"。

（2）示例。

求如图 11-16（a）所示长方体与圆柱体的并集。

命令：_union

选择对象：找到 1 个　　　　（选择长方体）

选择对象：找到 1 个,总计 2 个　　　　（选择圆柱体）

选择对象:↙

结果如图 11-16（b）所示。

2. 差集

（1）启动命令的方法。

①在命令行中用键盘输入"Subtract"；

②在主菜单中点击"修改"→"实体编辑"→"差集"；

③在功能面板上选择"常用"→"实体编辑"→"差集"。

（2）示例。

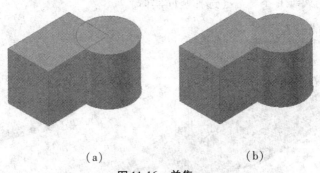

（a）　　　　　　　　　　　　（b）

图 11-16　并集

求如图 11-17(a)所示长方体与圆柱体的差集(从圆柱体减去长方体)。

命令：_subtract 选择要从中减去的实体、曲面和面域...

选择对象：找到 1 个　　　　（选择圆柱体）

选择对象：↙

选择要减去的实体、曲面和面域...

选择对象：找到 1 个　　　　（选择长方体）

选择对象：↙

结果如图 11-17(b)所示。

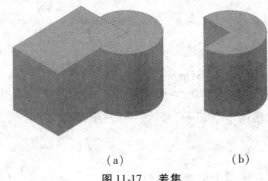

（a）　　　　　　　　　　　　（b）

图 11-17　差集

3. 交集

(1)启动命令的方法。

①在命令行中用键盘输入"Intersect"；

②在主菜单中点击"修改"→"实体编辑"→"交集"；

③在功能面板上选择"常用"→"实体编辑"→"交集"。

(2)示例。

求如图 11-18(a)所示水平实体与竖向实体的交集。

命令：_subtract 选择要从中减去的实体、曲面和面域...

选择对象：找到 1 个　　　　（选择水平实体）

选择对象：↙

选择要减去的实体、曲面和面域...

选择对象：找到 1 个　　　（选择竖向实体）

选择对象：↙

结果如图 11-18(b)所示。

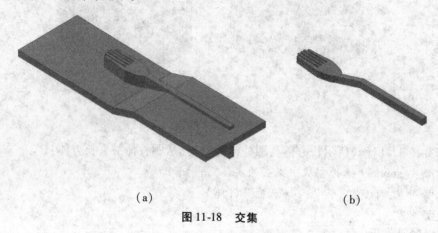

（a）　　　　　　　　　　　　　（b）

图 11-18　交集

11.3　三维操作

11.3.1　三维移动

1. 启动命令的方法

（1）在命令行中用键盘输入"3Dmove"；

（2）在主菜单中点击"修改"→"三维操作"→"三维移动"；

（3）在功能面板上选择"常用"→"修改"→"三维移动"。

2. 执行命令的过程

命令：_3dmove

选择对象：　　　（在屏幕上选择移动对象）

指定基点或［位移(D)］＜位移＞：　　　（选择移动基点或者输入位移数据）

3. 参数说明

"位移(D)"：使用在命令行提示下输入的坐标值指定选定三维对象的位置的相对距离和方向。

11.3.2　三维旋转

1. 启动命令的方法

（1）在命令行中用键盘输入"3Drotate"；

（2）在主菜单中点击"修改"→"三维操作"→"三维旋转"；

（3）在功能面板上选择"常用"→"修改"→"三维旋转"。

2. 执行命令的过程

命令：_3drotate

UCS 当前的正角方向：ANGDIR＝逆时针　　ANGBASE＝0

选择对象：　　　（在屏幕上选择旋转对象）

指定基点：　　　（选择旋转基点）

拾取旋转轴：　　　（在屏幕上选择旋转轴）

指定角的起点或键入角度：　　　（输入旋转角度）

3. 参数说明

"旋转轴"：在三维缩放小控件上指定旋转轴。移动鼠标直至要选择的轴轨迹变为黄色,然后单击以选择此轨迹。

11.3.3　三维对齐

1. 启动命令的方法

（1）在命令行中用键盘输入"3Dalign"；

（2）在主菜单中点击"修改"→"三维操作"→"三维对齐"；

（3）在功能面板上选择"常用"→"修改"→"三维对齐"。

2. 执行命令的过程

命令：_3dalign

选择对象：

指定源平面和方向 . . .

指定基点或［复制(C)］：　　　（选择移动对象的基点）

指定第二个点或［继续(C)］＜C＞：　　　（选择移动对象的第二点）

指定第三个点或［继续(C)］＜C＞：　　　（选择移动对象的第三点）

指定目标平面和方向 . . .

指定第一个目标点：　　　（选择移动目标位置对象的基点）

指定第二个目标点或［退出(X)］＜X＞：　　　（选择移动目标位置对象的第二点）

指定第三个目标点或［退出(X)］＜X＞：　　　（选择移动目标位置对象的第三点）

3. 示例

将如图 11-19(a)所示的图形三维对齐。

命令：_3dalign

选择对象：

指定源平面和方向 . . .

指定基点或［复制(C)］：　　　（选择下方对象右侧矩形面的左下点）

指定第二个点或［继续(C)］＜C＞：　　　（选择下方对象右侧矩形面的右下点）

指定第三个点或［继续(C)］＜C＞：　　　（选择下方对象右侧矩形面的右上点）

指定目标平面和方向 . . .

指定第一个目标点：　　　（选择上方对象右侧矩形面的左下点）

指定第二个目标点或［退出(X)］＜X＞：　　　（选择上方对象右侧矩形面的右下点）

指定第三个目标点或［退出(X)］＜X＞：　　　（选择上方对象右侧矩形面的右上点）

结果如图 11-19(b)所示。

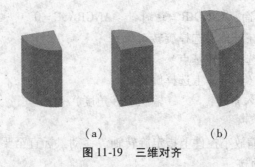

(a)   (b)

图 11-19　三维对齐

11.3.4　三维镜像

1. 启动命令的方法

(1) 在命令行中用键盘输入"Mirror3d";

(2) 在主菜单中点击"修改"→"三维操作"→"三维镜像";

(3) 在功能面板上选择"常用"→"修改"→"三维镜像"。

2. 执行命令的过程

命令：_mirror3d

选择对象：　　　（在屏幕上选择镜像对象）

指定镜像平面（三点）的第一个点或［对象(O)/最近的(L)/Z 轴(Z)/视图(V)/XY 平面(XY)/YZ 平面(YZ)/ZX 平面(ZX)/三点(3)］：　　　（选择镜像平面）

是否删除源对象？［是(Y)/否(N)］：　　　（选择是否删除源对象）

3. 参数说明

"对象(O)"：使用选定平面对象的平面作为镜像平面。

"最近的(L)"：相对于最后定义的镜像平面对选定的对象进行镜像处理。

"视图(V)"：将镜像平面与当前视口中通过指定点的视图平面对齐。

"XY 平面(XY)/YZ 平面(YZ)/ZX 平面(ZX)"：将镜像平面与一个通过指定点的标准平面(XY、YZ 或 ZX)对齐。

"三点(3)"：通过三个点定义镜像平面。

11.3.5　三维阵列

1. 启动命令的方法

(1) 在命令行中用键盘输入"3Darray";

(2) 在主菜单中点击"修改"→"三维操作"→"三维阵列";

(3) 在功能面板上选择"常用"→"修改"→"三维阵列"。

2. 执行命令的过程

命令：_3darray

选择对象：　　　（在屏幕上选择阵列对象）

输入阵列类型［矩形(R)/环形(P)］＜矩形＞：　　　（在屏幕上选择阵列形式）

输入阵列中的项目数目：　　　（输入阵列数目）

指定要填充的角度（＋＝逆时针，－＝顺时针）＜360＞：　　　（输入阵列旋转角度）

旋转阵列对象？［是(Y)/否(N)］＜Y＞： 　　　　　（选择是否保留源对象）

指定阵列的中心点： 　　（在屏幕上选择阵列中心）

3. 参数说明

"矩形(R)"：在行(X 轴)、列(Y 轴)和层(Z 轴)矩形阵列中复制对象。一个阵列必须具有至少两个行、列或层。

"环形(P)"：绕旋转轴复制对象。

11.3.6 剖切

1. 启动命令的方法

(1)在命令行中用键盘输入"Slice"；

(2)在主菜单中点击"修改"→"三维操作"→"剖切"；

(3)在功能面板上选择"常用"→"实体编辑"→"剖切"。

2. 执行命令的过程

命令：_slice

选择要剖切的对象： 　　　（在屏幕上选择剖切对象）

指定切面的起点或［平面对象(O)/曲面(S)/Z 轴(Z)/视图(V)/XY (XY)/YZ (YZ)/ZX (ZX)/三点(3)］＜三点＞： 　　　（在屏幕上选择剖切面）

在所需的侧面上指定点或［保留两个侧面(B)］： 　　（在屏幕上选择保留一侧或两侧）

3. 注意事项

可以进行剖切的对象为三维实体和曲面，网格不能被剖切。

11.3.7 加厚

1. 启动命令的方法

(1)在命令行中用键盘输入"Thicken"；

(2)在主菜单中点击"修改"→"三维操作"→"剖切"；

(3)在功能面板上选择"常用"→"实体编辑"→"剖切"。

2. 执行命令的过程

命令：_thicken

选择要加厚的曲面： 　　　（在屏幕上选择要加厚的曲面对象）

指定厚度： 　　（输入加厚数据）

3. 注意事项

可以进行加厚的对象为曲面，网格和三维实体不能被加厚。

11.4 三维实体编辑

11.4.1 边的编辑

1. 压印边

(1)启动命令的方法。

①在命令行中用键盘输入"Imprint";

②在主菜单中点击"修改"→"实体编辑"→"压印边";

③在功能面板上选择"常用"→"实体编辑"→"压印边"。

(2)执行命令的过程。

命令: _imprint

选择三维实体或曲面:　　　(在屏幕上选择被压印的实体)

选择要压印的对象:　　　(在屏幕上选择要压印的图形)

是否删除源对象 [是(Y)/否(N)] <N>:　　　(选择是否保留源对象)

2. 着色边

(1)启动命令的方法。

①在命令行中用键盘输入"Solidedit";

②在主菜单中点击"修改"→"实体编辑"→"着色边";

③在功能面板上选择"常用"→"实体编辑"→"着色边"。

(2)执行命令的过程。

命令: _solidedit

实体编辑自动检查: SOLIDCHECK = 1

输入实体编辑选项 [面(F)/边(E)/体(B)/放弃(U)/退出(X)] <退出>: e↙

输入边编辑选项 [复制(C)/着色(L)/放弃(U)/退出(X)] <退出>: l↙

选择边或 [放弃(U)/删除(R)]:　　　(在屏幕上选择着色的边)

3. 复制边

(1)启动命令的方法。

①在命令行中用键盘输入"Solidedit";

②在主菜单中点击"修改"→"实体编辑"→"复制边";

③在功能面板上选择"常用"→"实体编辑"→"复制边"。

(2)执行命令的过程。

命令: _solidedit

实体编辑自动检查: SOLIDCHECK = 1

输入实体编辑选项 [面(F)/边(E)/体(B)/放弃(U)/退出(X)] <退出>: e↙

输入边编辑选项 [复制(C)/着色(L)/放弃(U)/退出(X)] <退出>: c↙

选择边或 [放弃(U)/删除(R)]:　　　(在屏幕上选择复制的边)

4. 提取边

(1)启动命令的方法。

①在命令行中用键盘输入"Xedges";

②在主菜单中点击"修改"→"三维操作"→"提取边";

③在功能面板上选择"常用"→"实体编辑"→"提取边"。

(2)执行命令的过程。

命令: _xedges

选择对象:　　　(在屏幕上选择要提取的边)

5. 示例

绘制一个圆柱体并使用边的编辑命令进行编辑。

(1)绘制圆柱体。

命令：_cylinder

指定底面的中心点或 [三点(3P)/两点(2P)/切点、切点、半径(T)/椭圆(E)]：
(在屏幕上选择一点作为圆柱体底面圆心)

指定底面半径或 [直径(D)]：50 ↙

指定高度或 [两点(2P)/轴端点(A)]：100 ↙

结果如图 11-20(a)所示。

(2)绘制圆。

命令：_circle 指定圆的圆心或 [三点(3P)/两点(2P)/切点、切点、半径(T)]：
(选择圆柱体上底面的圆心)

指定圆的半径或 [直径(D)]：25 ↙

(3)压印圆。

命令：_imprint

选择三维实体或曲面：　　　(选择圆柱体)

选择要压印的对象：　　　(选择二维圆)

是否删除源对象 [是(Y)/否(N)] <N>：↙

结果如图 11-20(b)所示。

(4)着色边和复制边。

命令：_solidedit

实体编辑自动检查：SOLIDCHECK = 1

输入实体编辑选项 [面(F)/边(E)/体(B)/放弃(U)/退出(X)] <退出>：e ↙

输入边编辑选项 [复制(C)/着色(L)/放弃(U)/退出(X)] <退出>：l ↙

选择边或 [放弃(U)/删除(R)]：↙　　　(选择圆柱体的上底面并将颜色选择为红色)

输入边编辑选项 [复制(C)/着色(L)/放弃(U)/退出(X)] <退出>：c ↙

选择边或 [放弃(U)/删除(R)]：↙　　　(选择圆柱体的上底面)

指定基点或位移：　　　(选择圆柱体的上底面圆心)

指定位移的第二点：　　　(选择圆柱体外侧的一点)

结果如图 11-20(c)所示。

(5)提取边。

命令：_xedges

选择对象：找到 1 个 ↙　　　(选择圆柱体)

命令：_3dmove

选择对象：找到 1 个 ↙　　　(选择圆柱体)

指定基点或 [位移(D)] <位移>：　　　(选择圆柱体上一点)

指定第二个点或 <使用第一个点作为位移>：　　　(选择圆柱体外侧一点)

结果如图 11-20(d)所示。

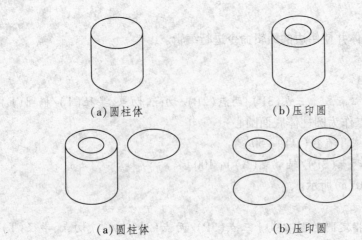

(a)圆柱体　　　　　　　　　　(b)压印圆

(a)圆柱体　　　　　　　　　　(b)压印圆

图 11－20　边的编辑

11.4.2　面的编辑

1. 启动命令的方法

(1)在命令行中用键盘输入"Solidedit"；

(2)在主菜单中点击"修改"→"实体编辑"；

(3)在功能面板上选择"常用"→"实体编辑"。

2. 执行命令的过程

命令：_solidedit

实体编辑自动检查：SOLIDCHECK = 1

输入实体编辑选项 ［面(F)/边(E)/体(B)/放弃(U)/退出(X)］ ＜退出＞：f↙

输入面编辑选项［拉伸(E)/移动(M)/旋转(R)/偏移(O)/倾斜(T)/删除(D)/复制(C)/颜色(L)/材质(A)/放弃(U)/退出(X)］ ＜退出＞：

3. 参数说明

"拉伸(E)"：可以通过移动面来更改对象的形状。

"移动(M)"：沿指定的高度或距离移动选定的三维实体对象的面。

"旋转(R)"：绕指定的轴旋转一个或多个面或实体的某些部分。

"偏移(O)"：按指定的距离或通过指定的点,将面均匀地偏移。

"倾斜(T)"：以指定的角度倾斜三维实体上的面。

"删除(D)"：删除面,包括圆角和倒角。

"复制(C)"：将面复制为面域或体。

"颜色(L)"：修改面的颜色。

"材质(A)"：将材质指定到选定面。

4. 示例

将图 11-21(a)所示的形体通过面编辑命令绘制成图 11-21(b)所示的形体。

　(1)拉伸面。

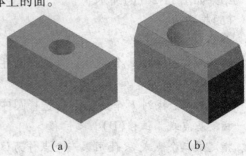

(a)　　　　　　　　　(b)

图 11-21　面的编辑

命令：_solidedit

实体编辑自动检查：SOLIDCHECK = 1

输入实体编辑选项［面(F)/边(E)/体(B)/放弃(U)/退出(X)］ ＜退出＞：f↙

输入面编辑选项［拉伸(E)/移动(M)/旋转(R)/偏移(O)/倾斜(T)/删除(D)/复制(C)/颜色(L)/材质(A)/放弃(U)/退出(X)］ ＜退出＞：e↙

选择面或［放弃(U)/删除(R)］：找到 1 个面　　　（选择长方体上表面）

指定拉伸高度或［路径(P)］：20↙

指定拉伸的倾斜角度 ＜10＞：10↙

(2)倾斜面。

命令：_solidedit

实体编辑自动检查：SOLIDCHECK = 1

输入实体编辑选项［面(F)/边(E)/体(B)/放弃(U)/退出(X)］ ＜退出＞：f↙

输入面编辑选项［拉伸(E)/移动(M)/旋转(R)/偏移(O)/倾斜(T)/删除(D)/复制(C)/颜色(L)/材质(A)/放弃(U)/退出(X)］ ＜退出＞：T↙

选择面或［放弃(U)/删除(R)］：找到 2 个面　　　（选择圆柱孔内表面）

指定基点：　　（选择长方体一条竖轴的下端点）

指定沿倾斜轴的另一个点：　　（选择这条竖轴的上端点）

指定倾斜角度：5↙

输入面编辑选项［拉伸(E)/移动(M)/旋转(R)/偏移(O)/倾斜(T)/删除(D)/复制(C)/颜色(L)/材质(A)/放弃(U)/退出(X)］ ＜退出＞：l↙

选择面或［放弃(U)/删除(R)］：找到 1 个面　　　（选择长方体正对的立面并将颜色选择为红色）

11.4.3　体的编辑

1.启动命令的方法

(1)在命令行中用键盘输入"Solidedit"；

(2)在主菜单中点击"修改"→"实体编辑"；

(3)在功能面板上选择"常用"→"实体编辑"。

2.执行命令的过程

命令：_solidedit

实体编辑自动检查：SOLIDCHECK = 1

输入实体编辑选项［面(F)/边(E)/体(B)/放弃(U)/退出(X)］ ＜退出＞：b↙

输入体编辑选项［压印(I)/分割实体(P)/抽壳(S)/清除(L)/检查(C)/放弃(U)/退出(X)］：

3.参数说明

"压印(I)"：在选定的对象上压印一个对象。

"分割实体(P)"：用不相连的体将一个三维实体对象分割为几个独立的三维实体对象。

"抽壳(S)"：用指定的厚度创建一个空的薄层。

"清除(L)":删除共享边以及那些在边或顶点具有相同表面或曲线定义的顶点。

"检查(C)":验证三维实体对象是否为有效实体。

4.示例

将图 11-22(a)所示的形体通过体编辑命令绘制成图 11-22(b)所示的形体。

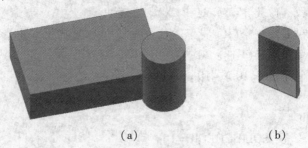

(a)   (b)

图 11-22　体的编辑

(1)清除。

命令：_solidedit

实体编辑自动检查：SOLIDCHECK = 1

输入实体编辑选项[面(F)/边(E)/体(B)/放弃(U)/退出(X)] <退出>：b↙

输入体编辑选项[压印(I)/分割实体(P)/抽壳(S)/清除(L)/检查(C)/放弃(U)/退出(X)] <退出>：l↙

选择三维实体：　　(选择圆柱体)

选择要压印的对象：　　(选择长方体)

是否删除源对象[是(Y)/否(N)] <N>：y↙

(2)抽壳。

命令：_solidedit

实体编辑自动检查：SOLIDCHECK = 1

输入实体编辑选项[面(F)/边(E)/体(B)/放弃(U)/退出(X)] <退出>：b↙

输入体编辑选项[压印(I)/分割实体(P)/抽壳(S)/清除(L)/检查(C)/放弃(U)/退出(X)] <退出>：s↙

选择三维实体：　　(选择圆柱体)

删除面或 [放弃(U)/添加(A)/全部(ALL)]：↙

输入抽壳偏移距离：1↙

(3)剖切。

命令：_slice

选择要剖切的对象：找到 1 个　　(选择圆柱体)

指定切面的起点或[平面对象(O)/曲面(S)/Z 轴(Z)/视图(V)/XY (XY)/YZ (YZ)/ZX (ZX)/三点(3)] <三点>：　　(选择圆柱体上底面圆心)

指定平面上的第二个点：　　(选择圆柱体上底面左侧象限点)

在所需的侧面上指定点或 [保留两个侧面(B)]：　　(选择右半侧)

11.5　三维实体渲染

11.5.1　视觉样式

1.启动命令的方法

（1）在命令行中用键盘输入"Visualstyles"；

（2）在主菜单中点击"工具"→"选项板"→"视觉样式"；

（3）在功能面板上选择"渲染"→"视觉样式"。

2.执行命令的过程

执行"Visualstyles"命令后,系统会弹出如图11-23所示的"视觉样式管理器"对话框。

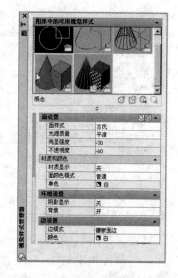

3.参数说明

"面设置":控制面在视口中的外观。

"材质和颜色":控制面上的材质和颜色的显示。

"环境设置":控制阴影显示和背景。

"边设置":控制如何显示边。

4.注意事项

用户在"视觉样式管理器"对话框中所作的更改将创建一个临时视觉样式,该样式将应用至当前视口。这些设置不另存为命名视觉样式。

图 11-23　"视觉样式管理器"对话框

5.示例

将图11-24所示的形体设置成如图11-25所示。

图 11-24　旋转楼梯

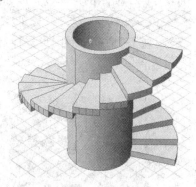

图 11-25　视觉样式

命令:_visualstyles

在"视觉样式管理器"对话框中对图形进行视觉样式设置(见图11-26)。

11.5.2　材质

1.启动命令的方法

（1）在命令行中用键盘输入"Materials"；

（2）在主菜单中点击"视图"→"渲染"→"材质"；

（3）在功能面板上选择"渲染"→"材质"。

2. 执行命令的过程

执行"Materials"命令后，系统会弹出如图11-27所示的"材质"对话框。

图11-26　视觉样式设置　　　　　　　　图11-27　"材质"对话框

3. 参数说明

"材质编辑器"：编辑"图形中可用的材质"面板中选定的材质。

"材质缩放与平铺"：指定材质上贴图的缩放和平铺特性。

"材质偏移与预览"：指定材质上贴图的偏移和预览特性。

4. 示例

将图11-25所示的形体设置成如图11-28所示。

命令：_materials

在"材质"对话框中对图形进行材质设置（见图11-29）。

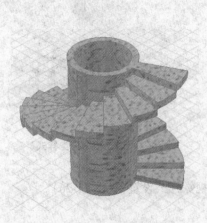

图11-28　材质应用　　　　　　　　　图11-29　材质设置

11.5.3 光源

AutoCAD 2010 中提供了阳光、点光源、聚光灯和平行光，本文以阳光为例说明。

1.启动命令的方法

（1）在命令行中用键盘输入"Sunproperties"；

（2）在主菜单中点击"视图"→"渲染"→"光源"→"阳光特性"；

（3）在功能面板上选择"渲染"→"阳光和位置"→"阳光特性"。

2.执行命令的过程

执行"Sunproperties"命令后，系统会弹出如图 11-30 所示的"阳光特性"对话框。

3.示例

将图 11-28 所示的形体设置成如图 11-31 所示。

命令：_sunproperties

在"阳光特性"对话框中对图形进行阳光特性设置（见图 11-32）。

图 11-30 "阳光特性"对话框

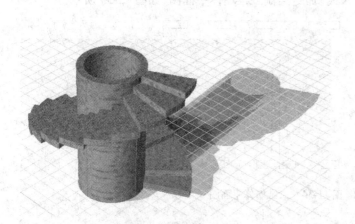

图 11-31 阳光特性应用   图 11-32 阳光特性设置

11.6 实训指导

项目 1：创建三维实体。

内容：如图 11-33 所示，根据平面图创建三维实体墙。

目的：运用三维实体命令构建三维实体并渲染。

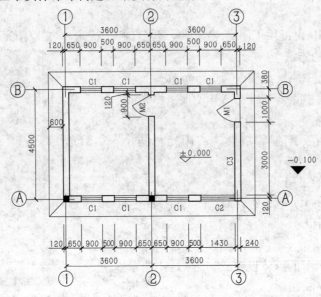

图 11-33 平面图

指导：

(1)绘制二维墙体平面图。

根据图 11-33 所示尺寸用"多线"命令绘制二维墙体平面图,如图 11-34 所示。

图 11-34 二维墙体平面图

(2)绘制墙体实体。

①用"多段体"命令绘制高 2700、宽 240 的无门楣墙体实体,如图 11-35 所示。

②用"多段体"命令绘制高 300、宽 240 的门楣、窗楣和高 900、宽 240 的窗台,并用"三维移动"命令放置到恰当位置,如图 11-36 所示。

(3)绘制地面及散水。

①用"矩形"命令绘制长 7440、宽 4740 的矩形。

②用"偏移"命令将矩形向外偏移 600。

③用"三维移动"命令将大矩形向下移动 100。

④用"放样"命令依次选择大矩形和小矩形。

结果如图 11-37 所示。

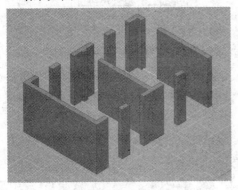

图 11-35　无门楣墙体实体

图 11-36　墙体实体

（4）合并实体并渲染。

①用"移动"命令将墙体实体与地面及散水组合在一起。

②用"并集"命令将墙体实体与地面及散水合并在一起。

③用"渲染"功能面板,调整实体直至合适。

墙体渲染效果如图 11-38 所示。

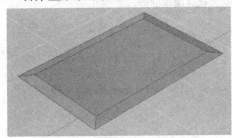

图 11-37　地面及散水

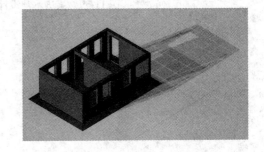

图 11-38　墙体渲染效果

项目 2：绘制三维实体

内容:根据图 11-39 绘制水闸三维实体。

目的:运用三维实体命令构建三维实体并渲染。

指导:

（1）绘制底板。

①在前视图中,根据图 11-39 所示尺寸用"多段线"命令绘制底板线框,并用"拉伸"命令拉伸 4600,在西南视图中检查,如图 11-40 所示。

②在俯视图中,用"多段线"命令绘制梯形线框,并用"拉伸"命令拉伸 1000,在西南视图中检查,如图 11-41 所示。

③用"三维移动"命令将棱柱放置在底板右上角,并用"三维镜像"命令镜像,如图 11-42所示。

④用"差集"命令选择底板减去棱柱,如图 11-43 所示。

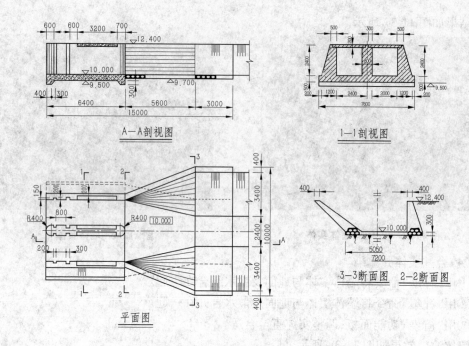

图 11-39　某进水闸设计图闸室及扭面段部分

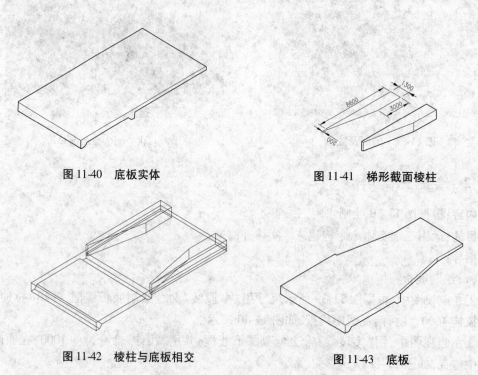

图 11-40　底板实体

图 11-41　梯形截面棱柱

图 11-42　棱柱与底板相交

图 11-43　底板

（2）绘制闸室。

①在俯视图中，用"多段线"命令绘制闸室门边墙，并用"拉伸"命令拉伸 2400，在西南视图中检查，如图 11-44 所示。

②在左视图中，用"多段线"命令绘制闸室边坡墙，并用"拉伸"命令拉伸6400，在西南视图中检查，如图11-45所示。

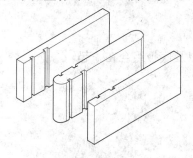

图11-44　闸室门边墙

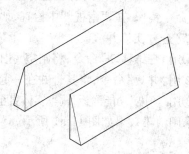

图11-45　闸室边坡墙

③在前视图中，用"矩形"命令绘制闸室顶板，并用"拉伸"命令拉伸2600，在西南视图中检查，如图11-46所示。

④在西南视图中，用"三维移动"命令将边坡墙和闸室门边墙组合在一起，并用"并集"命令将其合并，然后用"复制"和"三维镜像"命令将闸室顶板安装在闸室上方，如图11-47所示。

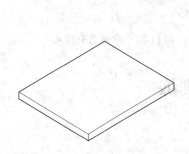

图11-46　闸室顶板

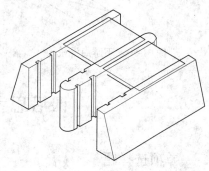

图11-47　闸室段

（3）绘制扭面段。

①在左视图中，用"多段线"命令绘制扭面段上下游截面，并放置到合适位置，如图11-48所示。

②用"放样"命令，依次选择扭面段上下游截面，并用"三维镜像"命令将其镜像，如图11-49所示。

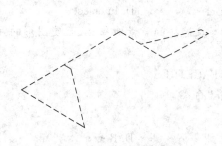

图11-48　扭面段上下游截面

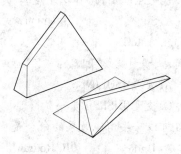

图11-49　扭面段

（4）绘制下游海漫段。

在左视图中，用"多段线"命令绘制海漫段截面，用"拉伸"命令拉伸3000，并用"三维镜像"命令镜像，在西南视图中检查，如图11-50所示。

（5）合并实体并渲染。

①用"三维移动"命令，将闸室、扭面段、海漫段以及底板组合在一起。

②用"并集"命令，将其合并在一起。

③用"渲染"功能面板，调整实体直至合适。

水闸渲染效果如图11-51所示。

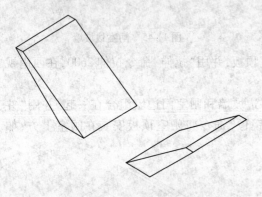

图11-50　下游海漫段

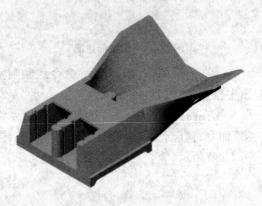

图11-51　水闸渲染效果

课后思考及拓展训练

一、单项选择题

1. 组合面域是两个或多个现有面域的全部区域合并起来形成的，组合实体是两个或多个现有实体的全部体积合并起来形成的，这种操作称（　　）。

    A. Intersect　　　　B. Union　　　　C. Subtraction　　　　D. Interference

2. 下列图形对象能被压印的是（　　）。

    A. 面域　　　　B. 圆　　　　C. 实心体　　　　D. 网格表面

3. 作一空心圆筒，可以先建立两个圆柱实心体，然后用（　　）命令。

    A. Slice　　　　B. Union　　　　C. Subtract　　　　D. Intersect

4. 在AutoCAD中，可用（　　）消隐被前景对象遮掩的背景对象，从而使图形的显示更加简洁，设计更加清晰。

    A. 变量ISOLINES　　　　　　　　B. 变量FACETRES

    C. 变量DISPSILH　　　　　　　　D. "Hide"命令

5. 可以除去消隐效果的命令是（　　）。

    A. Undo　　　　B. Redraw　　　　C. Hide　　　　D. Regen

6. 用定义的剖切面将实心体一分为二，应执行（　　）命令。

A. Slice   B. Section   C. Subtraction   D. Interference

7. 使用"Rotate3d"命令时,若通过选择原来指定旋转轴,则旋转轴为( )。

   A. 圆的直径

   B. 过圆心且与 Z 轴平行的直线

   C. 过圆心且与圆所在平面垂直的直线

   D. 选取点与圆心的连线

8. 可以为实体模型创建圆角的命令是( )。

   A. Fillet   B. Extrude   C. Revolve   D. Chamfer

9. 在三维空间中移动、旋转、缩放实体用( )命令。

   A. Move   B. Scale   C. Rotate   D. Align

10. 使用"Mirror3d"命令时,需要( )个点确定镜像平面。

   A. 1   B. 2   C. 3   D. 4

二、多项选择题

1. 如果要将三维对象的某个表面与另一对象的表面对齐,不应使用命令( )。

   A. Move   B. Mirror3d   C. Align   D. Rotate3d

2. 在 AutoCAD 中,不可使用( )命令,使用相机和目标模拟从空间的任意点观察模型。

   A. View   B. Dview   C. Vpoint   D. Plan

3. 属于布尔运算的命令有( )。

   A. 差集   B. 打断   C. 并集   D. 交集

4. 下列命令属于三维实体编辑命令的是( )。

   A. Mirror3d   B. Rotate3d   C. Align   D. Array

5. 利用二维图形创建实体的方法主要有( )。

   A. 旋转   B. 拉伸   C. 放样   D. 扫掠

6. AutoCAD 提供了( )光源类型。

   A. 阳光   B. 点光源   C. 聚光灯   D. 平行光

7. 将一个或多个指定的三维对象切开,形成多个单独的实体对象,不应使用( )命令。

   A. Explode   B. Slice   C. Solidedit   D. Section

8. 在 AutoCAD 中,能进行布尔运算的是( )。

   A. 三维实体之间   B. 三维曲面之间

   C. 同一平面的面域之间   D. 不同平面的面域之间

9. 能改变实心体尺寸的命令是( )。

   A. Stretch   B. Lengthen   C. Solidedit   D. Scale

10. 当图形实体被使用"Erase"命令删除后,可以使用( )命令来恢复。

   A. Undo   B. Oops   C. Redo   D. Paster

三、判断正误题

1. 用"剖切"（Slice）命令画剖视图，用"切割"（Section）命令画剖面图。

2. 用"3Darray"命令创建三维阵列时，行间距、列间距和层间距不能是负值。

3. "Align"命令只能用于三维实体的对齐操作。

4. 凡是三维图形都可以进行布尔运算（求并、求差、求交）。

5. 将二维图形拉伸成三维实体时，拉伸后的实体顶面可以小于、等于或大于底面。

6. "并集"（Union）、"差集"（Subtract）、"交集"（Intersect）命令能对二维面域和实心体进行操作。

7. 实体编辑命令"Solidedit"能够旋转或倾斜三维实体的面。

8. 用"拉伸"命令可将任何二维图形延伸成三维实心体。

9. "抽壳"命令只能使物体向内部抽出薄壳。

10. 在渲染时使用阴影会使渲染速度变慢。

四、作图题

1. 根据图 11-52 绘制三维墙体实体，并对其渲染。

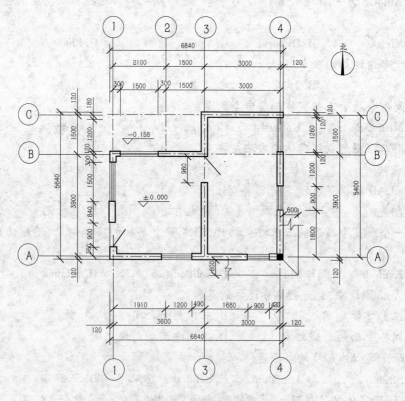

图 11-52 房屋平面图

2. 根据图 11-53 绘制三维水闸实体,并对其渲染。

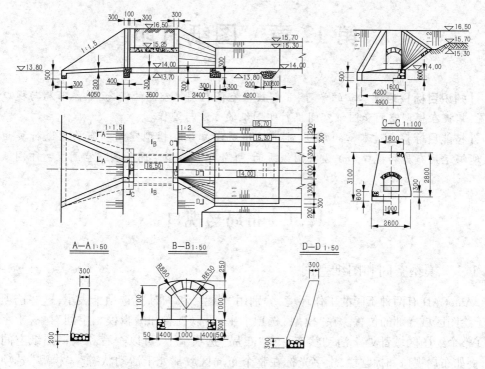

图 11-53 水闸图

第12章　图纸打印

　　【知识目标】：通过本章的学习，了解模型空间与图纸空间的概念，熟悉布局与视口的设置，掌握在模型空间和图纸空间里打印图纸的方法与过程。

　　【技能目标】：通过本章的学习，能够运用所学知识在模型空间和布局里进行页面设置，能够运用布局和视口知识设置图纸页面，并能够在模型空间和图纸空间里打印图纸。

12.1　布局与视口

12.1.1　模型空间和图纸空间

　　AutoCAD 有两种不同的工作环境，分别用"模型"和"布局"选项卡表示，这些选项卡位于绘图区域底部的位置。在"模型"选项卡上，可以查看和编辑模型空间对象，十字光标在整个绘图区域都处于活动状态。在"布局"选项卡上，可以查看和编辑图纸空间对象，例如布局视口和标题栏，十字光标在整个布局区域都处于活动状态。"模型"选项卡与"布局"选项卡之间随时可以进行切换。点击绘图区域下面的"模型"与"布局"　模型 布局1 布局2 ，或状态栏中的"模型" 模型 按钮，图形自动进行切换，同时状态栏中的模型空间与图纸空间进行转换 图纸 。

　　1. 模型空间

　　"模型"选项卡提供了一个真实的、无限的绘图区域，称为模型空间。在模型空间中，可以绘制、查看和编辑图形对象，也可以在模型空间里打印。

　　在模型空间中，可以按 1∶1 的比例绘制图形对象，并用适当的比例创建文字、标注和其他注释，以便在打印图形时正确显示大小。也可以按工程设计将图形按比例进行绘制，但要在标注时对图形注释比例。在模型空间完成图形后，可以选择一个"布局"选项卡，开始设计用于打印的布局环境。

　　2. 图纸空间

　　"布局"选项卡提供了一个能够放置在模型空间里绘制的图形的有限区域，称为图纸空间。图纸空间相当于我们手工绘图时的图纸，它能将在模型空间里绘制的图形形象地按比例布置在一张图纸上。在图纸空间中，可以添加标题栏，创建用于显示视图的视口以及对图形进行标注和添加注释。

　　我们常在模型空间里绘制图形，在图纸空间里打印图形。在绘图与打印时，经常要对图形进行空间转换。

12.1.2　布局

　　在默认情况下，新图形最开始有两个"布局"选项卡，即"布局1"和"布局2"选项卡。

在任意"布局"选项卡上单击鼠标右键,弹出如图 12-1 所示的快捷菜单,可以根据需要对布局进行创建、删除、重命名等操作。

1. 创建新的"布局"选项卡

使用以下方法之一可以创建新的"布局"选项卡:

(1)添加一个未进行设置的新"布局"选项卡,然后在页面设置管理器中指定各个设置。

(2)使用创建布局向导创建"布局"选项卡并指定设置。

(3)从当前图形文件复制"布局"选项卡及其设置。

(4)从现有图形样板(DWT)文件或图形(DWG)文件输入"布局"选项卡。

2. 创建布局

在模型空间里完成图形之后,可以通过单击"布局"标签,切换到图纸空间来创建要打印的布局。如果使用图形样板文件或打开现有图形,图形中"布局"选项卡可以不同名称命名。

使用创建布局向导创建布局,具体操作步骤如下:

(1)在主菜单中,选择"插入"→"布局"→"创建布局向导",打开"创建布局 – 开始"对话框,如图 12-2 所示。

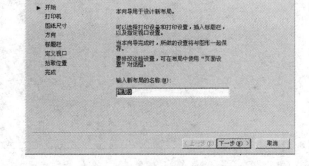

图 12-1　快捷菜单　　　　　　　　图 12-2　"创建布局 – 开始"对话框

(2)在"创建布局 – 开始"对话框的"输入新布局的名称"文本框中输入新建布局的名称,单击"下一步"按钮,打开"创建布局 – 打印机"对话框,如图 12-3 所示。

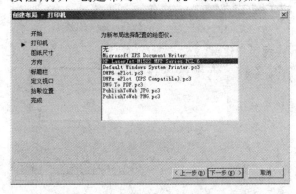

图 12-3　"创建布局 – 打印机"对话框

(3)在"创建布局 – 打印机"对话框中,为新布局配置打印机,然后单击"下一步"按钮,打开"创建布局 – 图纸尺寸"对话框,如图 12-4 所示。

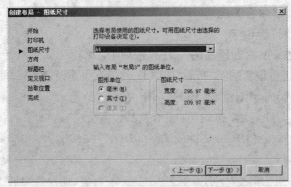

图 12-4　"创建布局 – 图纸尺寸"对话框

(4)在"创建布局 – 图纸尺寸"对话框中,选择布局使用的图纸尺寸及图形单位,单击"下一步"按钮,打开"创建布局 – 方向"对话框,如图 12-5 所示。

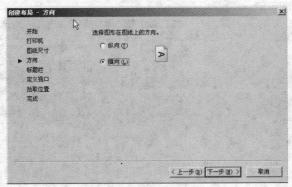

图 12-5　"创建布局 – 方向"对话框

(5)在"创建布局 – 方向"对话框中,选择图形在图纸上的方向(纵向或横向),单击"下一步"按钮,打开"创建布局 – 标题栏"对话框,如图 12-6 所示。

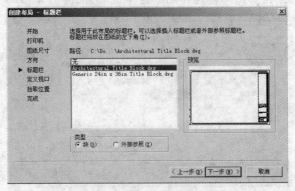

图 12-6　"创建布局 – 标题栏"对话框

(6)在"创建布局 – 标题栏"对话框中,选择用于新建布局的标题栏,或者选择插入外部参照标题栏,单击"下一步"按钮,打开"创建布局 – 定义视口"对话框,如图 12-7 所示。

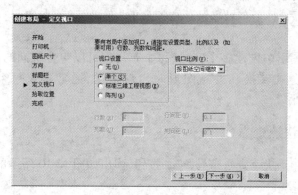

图 12-7 "创建布局 – 定义视口"对话框

(7)在"创建布局 – 定义视口"对话框中,指定所添加视口的设置类型和比例,以及行数、列数和间距等(阵列视口设置),单击"下一步"按钮,打开"创建布局 – 拾取位置"对话框,如图 12-8 所示。

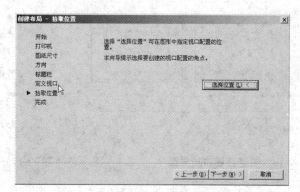

图 12-8 "创建布局 – 拾取位置"对话框

(8)在"创建布局 – 拾取位置"对话框中,单击"选择位置"按钮,然后在图形中分别指定视口配置的第一角点和对角点,单击"下一步"按钮,打开"完成"对话框,如图 12-9 所示。

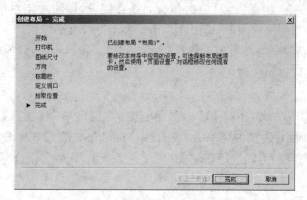

图 12-9 "创建布局 – 完成"对话框

(9)在"创建布局–完成"对话框中,单击"完成"按钮即可完成布局的创建。

布局创建完成后,每个布局都保存在各自的"布局"选项卡中,与不同的页面设置相关联。

注意:可以在图形中创建多个布局,每个布局都可以包含不同的打印设置和图纸尺寸。但是,为了避免在转换和发布图形时出现混淆,通常建议每个图形只创建一个布局。

12.1.3 图形的快速查看

在状态栏中点击"快速查看布局" 按钮,弹出如图 12-10 所示的界面,可以在模型和布局之间进行切换。

点击"快速查看图形" 按钮,弹出如图 12-11 所示的界面,可以对比查看模型空间与图纸空间。

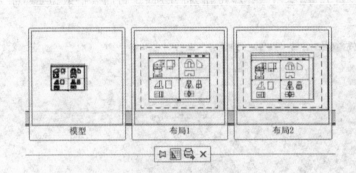

图 12-10 快速查看布局界面

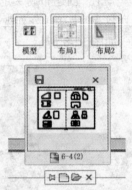

图 12-11 快速查看图形界面

12.1.4 视口

在创建布局过程中,需对图纸空间设置一个用于显示图形的窗口,这个窗口被称为视口。视口是显示模型空间中不同视图的区域,类似于包含模型"照片"(模型空间里绘制的图形)的相框。每个"相框"(视口)内包含一个视图,该视图按用户指定的比例和方向显示模型。为了多方位观察图形,可以在一个布局中设置多个视口。

首次单击"布局"标签时,页面上将显示单一视口。视口中的虚线表示当前配置的图纸尺寸和打印机的可打印区域。

1. 视口工具

调出"视口"工具栏,如图 12-12(a)所示;选择功能区→"视图"选项卡→"视口"面板,如图 12-12(b)所示;选择主菜单→"视图"→"视口",如图 12-12(c)所示。

在视口工具中,我们可以进行新建视口、设置多个视口、命名视口、剪裁视口和合并视口等操作。

2. 模型空间视口

在"模型"选项卡上,可以将绘图区域拆分成一个或多个相邻的矩形视图,称为模型空间视口,如图 12-13 所示。通过拆分与合并可以修改模型空间视口。如果要将两个视口合并,则它们必须共享长度相同的公共边。

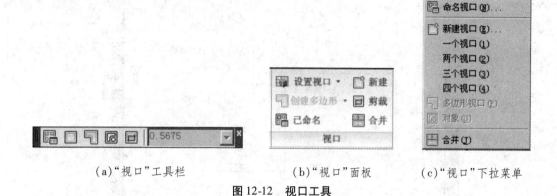

（a）"视口"工具栏　　　　　　（b）"视口"面板　　　　（c）"视口"下拉菜单

图 12-12　视口工具

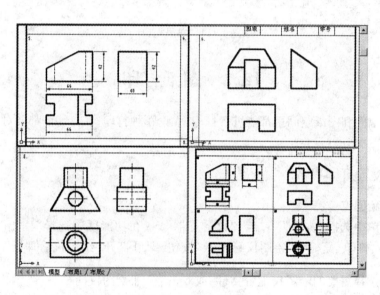

图 12-13　模型空间视口

在模型空间中,显示不同的视图可以缩短在单一视图中缩放或平移的时间,而且在一个视图中出现的错误可能会在其他视图中表现出来。在大型或复杂的图形中,设置多视口视图,其效果更加明显。

在"模型"选项卡上创建的视口充满整个绘图区域且相互之间不重叠。在一个视口中作出修改后,其他视口也会立即更新。

3.布局视口

在"布局"选项卡上也可以创建视口,我们称之为布局视口。使用这些视口,可以在图纸空间上排列图形的视图,也可以移动和调整布局视口的大小,如图 12-14 所示。

在布局视口中,不但能进行诸如在模型空间里的操作,还可以对显示进行更多控制。例如,可以冻结一个布局视口中的特定图层,而不影响其他视口。

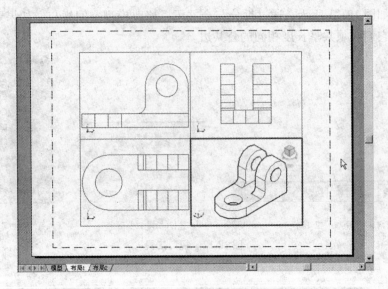

图 12-14　布局视口

12.2　图纸打印

在模型空间和图纸空间里都能进行打印,无论哪种打印,在打印前都要对打印参数进行设置。

12.2.1　设置打印参数

1. 添加绘图仪

在主菜单中选择"文件"→"绘图仪管理器",或在功能区中选择"输出"选项卡(见图 12-15)→"打印"面板→"绘图仪管理器"按钮,即可打开"绘图仪管理器"对话框。在该对话框中选择需要的绘图仪配置文件,或双击"添加绘图仪向导"　图标,添加绘图仪或对绘图仪进行设置。

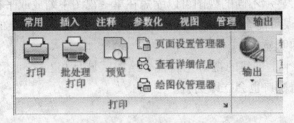

图 12-15　"输出"选项卡

2. 设置打印样式

在主菜单中选择"文件"→"打印样式管理器",即可打开"打印样式管理器"对话框。

在该对话框中选择需要的打印样式表文件,或双击"添加打印样式表向导" 图标,添加打印样式或设置新的打印样式表。

3. 页面设置

在主菜单中选择"文件"→"页面设置管理器",或在功能区中选择"输出"选项卡→"打印"面板→"页面设置管理器"按钮,即可打开"页面设置管理器"对话框,如图 12-16 所示。在此对话框中可以新建一个页面设置,也可以选择已创建好的页面设置进行修改,即可打开"页面设置"对话框,如图 12-17 所示。

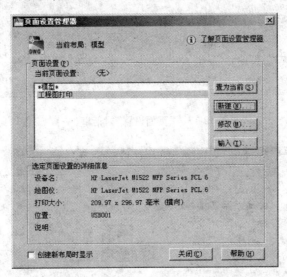

图 12-16 "页面设置管理器"对话框

在该对话框内,按照自己的要求配置"打印机/绘图仪"、"图纸尺寸"、"打印区域"、"打印比例"、"打印偏移"、"打印样式表"、"着色视口选项"、"打印选项"和"图形方向"等选项。

图 12-17 是在"HP LaserJet M1522 MFP Series PCL 6"打印机下配置"acad.ctb"打印样式,"A4"图纸大小,按"图形界限"、"布满图纸"、"横向"打印的"工程图打印"页面设置。

图 12-17 页面是在模型空间里设置的,同样,在布局中也可以对布局的相关参数进行重新设置,如图 12-18 所示。

对比图 12-17 与图 12-18 可知,在布局里设置页面,选择"布局"打印范围,则不能选择"布满图纸",只能按比例打印。

12.2.2 打印图纸

1. 在模型空间里打印图纸

在模型空间中,对于多比例图形,如果按 1:1 一种比例绘制,图形有可能大小不协调。同时,在模型空间中,打印图样的打印比例只能选择一种,不缩放调整图形,无法实现

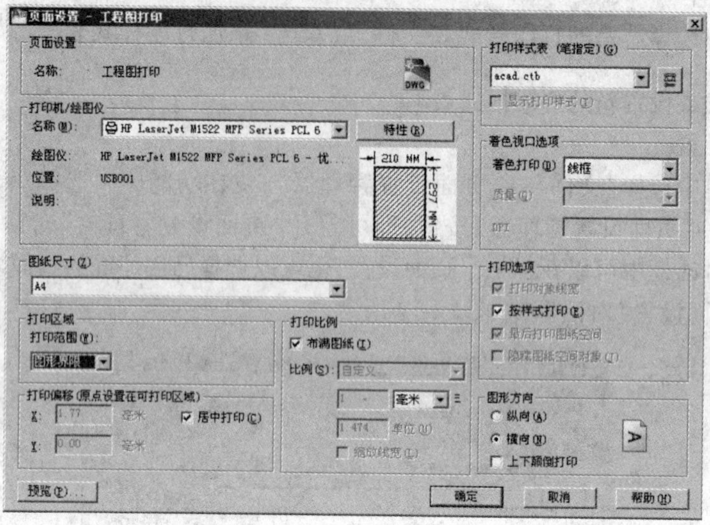

图 12-17 "页面设置"对话框(一)

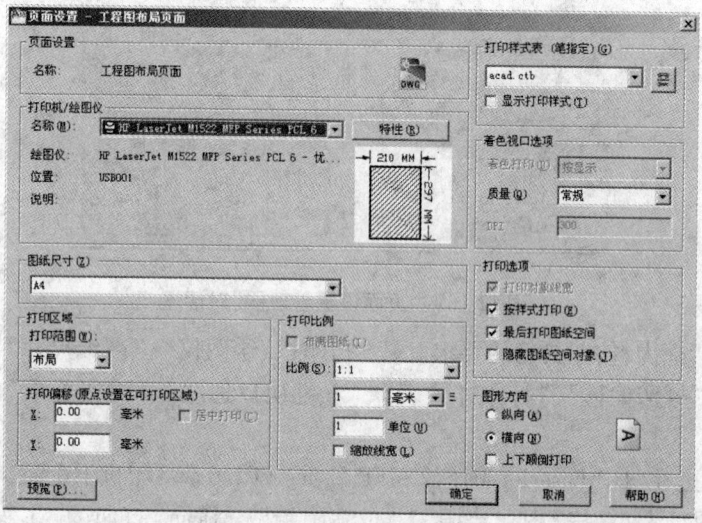

图 12-18 "页面设置"对话框(二)

多比例打印,图框与标题栏也不易按比例插入。因此,对于多比例图形,在模型空间里应分比例绘制,以便于在模型空间里打印。如果按 1∶1 单一比例绘制图形,打印时,需要对图形进行按比例缩放。

如图 12-19 所示,如果基础平面图与基础详图均以 1∶1 绘制,两图就不宜同时放在一个图框内。这时要根据图纸大小,结合专业绘图比例将图形按比例缩放(比如基础平面图按 1∶100,基础详图按 1∶50),均匀放置在图框(比如事先绘制好 A4 图框)内。

在模型空间里按 1∶1 绘制图形,打印步骤如下:

(1)将图形按比例缩放,均匀放置在标准图框内。

(2)选择"文件"→"页面设置管理器"→"修改"。

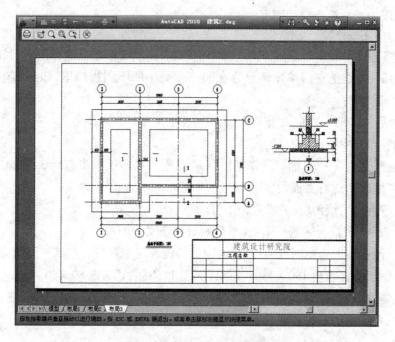

图 12-19 调整比例布置图面

(3) 进行页面设置:选择打印样式表(如设置打印颜色为黑色)→选择打印机/绘图仪(设置图纸 ISO A4 可打印区域为 297×210,即调整页面边距均为 0)→选择打印区域(选择打印范围)→选择打印偏移→选择打印比例→选择打印选项→选择图形方向→确定。

(4) 预览。

(5) 选择"文件"→"打印"。

也可以直接选择"文件"→"打印",出现"打印 – 模型"对话框(在此对话框内对上述步骤(3)内容进行设置)→预览(检查预览结果是否与理想效果一致)→打印。

如果图形均按比例(如基础平面按 1:100,基础详图按 1:50)绘制在标准图纸内,图框与标题栏可以同时插入,因此打印步骤直接从上述步骤(3)开始进行,此时打印图纸只需设置 1:1 的打印比例。

2. 在布局中打印图纸

由于可以在布局中设置多个视口,而每个视口可以有各自的打印比例,这样就可以在模型空间里按 1:1 绘制图形,在布局中对多比例图形进行打印。

在布局中进行打印,通常需要执行以下步骤:

(1) 在"模型"选项卡上创建主题模型。

(2) 单击"布局"选项卡。

(3) 指定布局页面设置,例如打印设备、图纸尺寸、打印区域、打印比例和图形方向。

(4) 将标题栏插入到布局中(除非使用已具有标题栏的图形样板)。

(5) 创建要用于布局视口的新图层。

(6) 创建布局视口并将其置于布局中。

(7) 在每个布局视口中设置视图的方向、比例和图层可见性。

(8) 根据需要在布局中添加标注和注释。

(9)关闭包含布局视口的图层。

(10)打印布局。

例如,将基础平面图与基础详图均按1:1绘制,虽然在模型空间里把它们放在一起时大小很不协调,但是把它们按比例放置在同一布局中的不同视口里,却能够达到理想效果。打印步骤如下:

(1)激活一个布局空间(如布局3)。

(2)删除布局中默认的视口。

(3)选择"文件"→"页面设置管理器"→"修改",或右键单击布局3,选择"页面设置管理器"→"修改",进行页面设置。

(4)设置视口边线图层,并设置为不打印。

(5)插入 A4 图框与标题栏图块(事前画好并定义为图块)。

(6)设计视口:因为此图有两种比例,因此需设置两个视口。基础平面图为1:100,估算约占 A4 图纸图框线内 180×180;基础详图为1:50,估算约占 80×80。

(7)创建视口:选择"视图"→"视口"→"一个视口",在图框的左边,创建一个 180×180 的视口,在图框的右边创建一个 80×80 的视口。

(8)调出"视口"工具栏 ⊟⊟⊿⊓□ 按图纸缩放 ✓ 。

(9)在 180×180 视口内点击,激活视口。设置该视口比例为1:100,并将基础平面图均匀布置在该视口中。按此方法设置 80×80 视口比例为1:50,将基础详图均匀布置在该视口中。

(10)点击 180×180 视口的视口边线,使其处于夹点状态,右击鼠标→ 显示锁定(L) →

✓是(Y) 否(N) ,以防视口内的图形移动。按此方法锁定另一视口。

结果如图 12-20 所示。

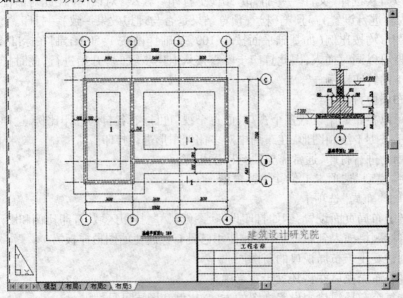

图 12-20　布局视图

□(11)选择"文件"→ 打印(P)... → 预览(P)... （检查预览结果是否与理想效果一致）
→ 确定 。

如果两图均按比例（比如基础平面图按1:100,基础详图按1:50）绘制在标准 A4 图纸内,图框与标题栏均已插入（见图12-19）,可以视为一张完整的 A4 图纸。在布局中只需设置一个视口,且让视口布满图纸幅面。打印步骤如下:

(1)激活一个布局空间(如布局2)。

(2)删除布局中默认的视口。

(3)进行页面设置。

(4)创建视口:选择"视图"→"视口"→"一个视口"→"布满"（布满图纸创建一个视口）。

(5)在视口内点击,激活视口。设置该视口比例为1:1,并将图形均匀布置在该视口中。

(6)选择"文件" → 打印(P)... → 预览(P)... （检查预览结果是否与理想效果一致）
→ 确定 。

12.2.3　打印预览

在将图形发送到打印机或绘图仪之前,最好先预览打印图形。生成预览可以节约时间和材料。

预览打印图形的方法有:

(1)在功能区中选择"输出"选项卡→"打印"面板→"预览"。

(2)在主菜单中选择"文件"→"打印预览"。

(3)在"标准"工具栏上选择"打印预览" 。

也可以通过"打印"对话框,选择 预览(P)... ,预览图形,如图12-21所示。在预览窗

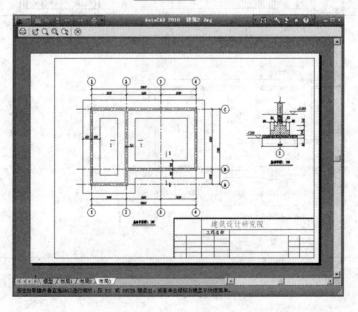

图12-21　打印预览

口中,会显示图形在打印时的确切外观,包括线宽、填充图案和设置的其他打印样式,光标也变为实时缩放光标。

预览图形时,将隐藏活动工具栏和工具选项板,并显示临时的"预览"工具栏,其中提供"打印"、"平移"和"缩放"等工具按钮。在"打印"和"页面设置"对话框的缩略预览图中,还会在页面上显示可打印区域和图形的位置。

预览图形时,单击鼠标右键,在弹出的快捷菜单中包括"退出"、"打印"、"平移"、"缩放"、"窗口缩放"及"缩放为原窗口"(缩放至原来的预览比例)等命令,可根据需要执行相应的命令。按 Esc 键可退出预览窗口并返回到"打印"对话框。

12.3 实训指导

项目1 :在模型空间里打印图形

内容:在 A5(210×148)图纸范围内,按图示比例绘制图 12-22,并在模型空间里用 A4 图纸居中打印出来。

目的:练习在模型空间里打印图纸的方法与过程。

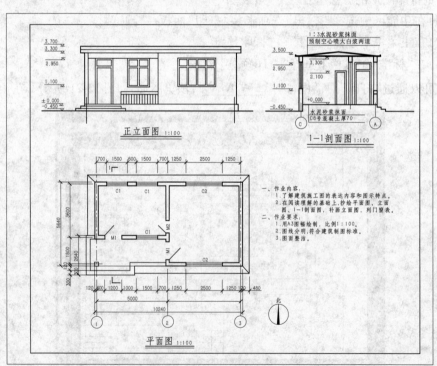

图 12-22 建筑图

指导:

(1)在模型空间里,分图层绘制图形。

（2）选择"文件"→"页面设置",进入"页面设置管理器"对话框。

（3）在"页面设置管理器"对话框中,新建一个页面,如"项目1",进入"页面设置－项目1"对话框。

（4）在"页面设置－项目1"对话框中,设置内容如图12-23所示,然后单击"确定"。

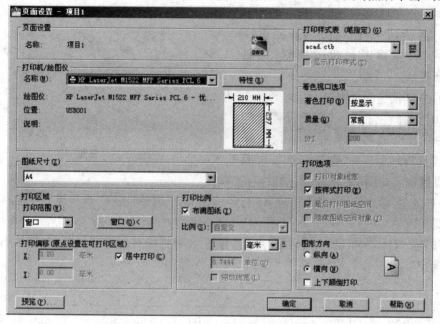

图12-23 "页面设置－项目1"对话框

在图12-23中,打印样式表选择 acad. ctb,并且设置所有对象颜色为黑色。

（5）选择"文件"→"打印",进入"打印－模型"对话框,在"页面设置－名称"后选择"项目1"。

（6）在"打印－模型"对话框中,选择"打印区域"→"打印范围"→"窗口",在绘图区域选择要打印的范围。

（7）在"打印－模型"对话框中,点击"预览",对打印对象进行预览,如果没有问题,点击"打印"。

项目2:在布局里打印图形

内容:按图示尺寸绘制图12-24,在图纸空间里用四个视口分别显示正视图、俯视图、左视图和西南轴测图,用A4图纸居中打印出来。

目的:练习在图纸空间里打印图纸的方法与过程,并掌握视口设置与运用方法。

指导:

（1）在模型空间里,按图示尺寸绘制三维形体。

（2）激活一个布局空间(如布局1)。

（3）删除布局中默认的视口。

（4）设置视口边线图层,并设置为不打印。

（5）选择"视图"选项卡→"视口"面板→"新建",出现"视口"对话框。

（6）在"视口"对话框中,选择标准视口:四个相等视口,点击"确定"。

（7）在命令行选择"布满"选项,则在布局 1 中出现四个相等视口,每个视口里均出现模型空间里的图形。

（8）激活四个视口,分别选择正视图、俯视图、左视图和西南轴测图,如图 12-25 所示。

（9）分别锁定四个视口。

（10）选择"文件"→"页面设置管理器"→"修改",或右键单击布局 1,选择"页面设置管理器"→"修改",进行页面设置,设置内容如图 12-26 所示,然后点击"确定"。

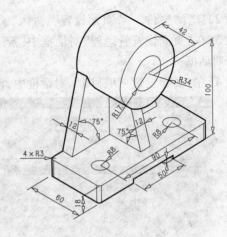

图 12-24　三维形体

（11）选择"文件"→"打印",进入"打印 – 布局 1"对话框,在"页面设置 – 名称"后选择"布局 1"。

（12）在"打印 – 布局 1"对话框,点击"预览",对打印对象进行预览,如果没有问题,点击"确定"。

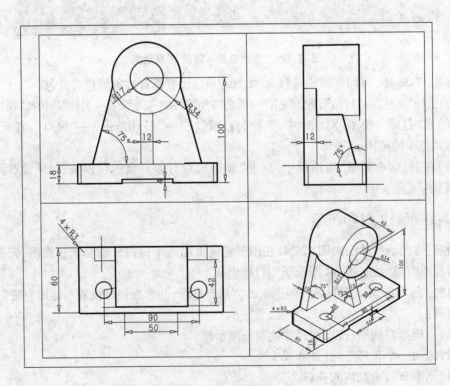

图 12-25　布局视口

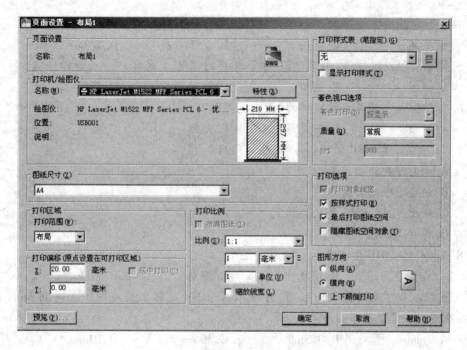

图 12-26 "页面设置 – 布局 1"对话框

课后思考及拓展训练

一、单项选择题

1. 关于布局空间的设置,正确的是( )。

   A. 必须设置为一个模型空间、一个布局

   B. 一个模型空间可以有多个布局

   C. 一个布局可以有多个模型空间

   D. 一个文件中可以有多个模型空间、多个布局

2. 模型空间( )。

   A. 和图纸空间设置一样

   B. 和布局设置一样

   C. 是为了建立模型设定的,不能打印

   D. 主要为设计建模用,也可以打印

3. 关于 AutoCAD 的空间,下列说法正确的是( )。

   A. AutoCAD 有模型空间和图纸空间

   B. 图纸空间也是三维图形环境

   C. 在图纸空间中不可建立二维实体,它仅用于绘图输出

   D. 图纸空间建立的二维实体也可在模型空间中显示

4. 当打印范围(　　)时,"打印比例"选项区域中的"布满图纸"复选框不可用。

    A. 布局　　　　　　B. 范围　　　　　　C. 显示　　　　　　D. 窗口

5. 对于打印以前使用"命名视图"命令保存的视图,应选择(　　)打印区域。

    A. 视图　　　　　　B. 窗口　　　　　　C. 显示　　　　　　D. 范围

6. 下列(　　)不是系统提供的"打印范围"。

    A. 窗口　　　　　　B. 布局界限　　　　C. 范围　　　　　　D. 显示

7. "文件"菜单中的"输出(E)"选项的作用是(　　)。

    A. 向打印机输出图形

    B. 向绘图仪输出图形

    C. 输出 WMF、BMP 等文件格式

    D. 保存 DWG 图形文件

8. AutoCAD 2010 允许在(　　)打印图形。

    A. 模型空间　　　　B. 图纸空间　　　　C. 布局　　　　　　D. 以上都是

9. 如果从模型空间打印一张图,打印比例为 10∶1,那么想在图纸上得到 3mm 高的字,应在图形中设置的字高为(　　)。

    A. 3mm　　　　　　B. 0.3mm　　　　　C. 30mm　　　　　 D. 10mm

10. 在打印区域中选择(　　)打印方式将打印当前空间内的所有几何图形。

    A. 布局或界限　　　B. 范围　　　　　　C. 显示　　　　　　D. 窗口

11. 在"打印样式表编辑器"中添加打印样式时,可以(　　)。

    A. 向命名打印样式表中添加新的打印样式

    B. 向颜色相关打印样式表中添加新的打印样式

    C. 向包含转换表的命名打印样式表中添加打印样式

    D. 以上均可

12. 关于打印样式以下说法错误的是(　　)。

    A. 打印样式有两种类型:颜色相关和命名

    B. 设置了图形的打印样式表类型之后,就不能修改所设置的类型

    C. 用户可以在两种打印样式表之间转换

    D. 一个图形只能使用一种类型的打印样式表

13. 关于颜色相关打印和命名打印,下列说法错误的是(　　)。

    A. 可以将图形从颜色相关打印样式转换为命名打印样式

    B. 可以将图形从命名打印样式转换为颜色相关打印样式

    C. 从颜色相关打印样式转换为命名打印样式和从命名打印样式转换为颜色相关打印样式的命令是不同的

    D. 从颜色相关打印样式转换为命名打印样式和从命名打印样式转换为颜色相关打印样式的命令是相同的

14. 在"模型"选项卡中完成图形之后,可以通过单击"布局"选项卡开始创建要打印的布局,首次单击"布局"选项卡时,选项卡上将显示(　　)。

    A. 命名视图　　　　B. 命名视口　　　　C. 单一视口　　　　D. 新建视口

15. 要在 A4 图纸上绘制 1:2 比例的图形,应设定的绘图范围是(   )。

    A. 420×297   B. 297×210   C. 594×420   D. 840×594

二、多项选择题

1. 在布局中创建视口,视口的形状可以是(   )。

    A. 矩形   B. 圆   C. 多边形   D. 椭圆

2. 关于 AutoCAD 的打印图形,下面说法正确的是(   )。

    A. 可以打印图形的一部分

    B. 可以根据不同的要求用不同的比例打印图形

    C. 可以先输出一个打印文件,把文件放到别的计算机上打印

    D. 没有安装 AutoCAD 软件的计算机不能打印图形

3. 下列有关布局的叙述,正确的有(   )。

    A. 默认布局有两个

    B. 用户可以创建多个布局

    C. 布局可以被移动和删除

    D. 布局可以被复制和改名

4. 下列有关打印样式的叙述,正确的是(   )。

    A. .ctb 为颜色相关打印样式表扩展名

    B. .stb 为命名打印样式表扩展名

    C. .ctb 打印样式表可以独立于图层及图形颜色进行使用

    D. .ctb 打印样式表主要使用颜色来控制打印机的笔号、笔宽及线型

5. AutoCAD 2010 允许在(   )模式下打印图形。

    A. 模型空间   B. 图纸空间   C. 布局   D. 三维空间

6. 在模型空间和图纸空间之间切换的方法是(   )。

    A. 单击工作环境左下角的"布局"选项卡切换到图纸空间

    B. 在命令行中输入"Mspace"将工作环境转换为图纸空间

    C. 当系统变量 TILEMODE 的值为 0 时,工作环境为图纸空间

    D. 单击状态栏中的"模型"按钮,将工作环境切换为图纸空间

7. 在创建图纸集向导中,图纸集可以(   )创建。

    A. 从图纸集样例   B. 从现有图形文件

    C. 从图形样板文件   D. 从布局文件

8. 关于模型空间和图纸空间,以下说法正确的是(   )。

    A. 模型空间是一个三维环境,在模型空间中可以绘制、编辑二维或三维图形,可以全方位地显示图形对象。

    B. 图纸空间是一个二维环境,模型空间中的三维对象在图纸空间中是用二维平面上的投影来表示的

    C. 图形对象可以在模型空间中绘制,也可以在图纸空间中绘制

    D. 视口只能使用于图纸空间,不能使用于模型空间

9. 关于打印样式以下说法正确的是(　　)。

  A. 打印样式有两种类型:颜色相关和命名

  B. 当设置了图形的打印样式表类型之后,就不能修改所设置的类型

  C. 用户可以在两种打印样式表之间转换

  D. 一个图形只能使用一种类型的打印样式表

10. 关于模型空间和布局说法正确的是(　　)。

  A. 在一个图形中可以有多个模型空间

  B. 在一个图形中只能有一个模型空间

  C. 在一个图形中可以有多个布局

  D. 在一个图形中只能有一个布局

三、判断正误题

1. "布局"选项卡提供了一个被称为图纸空间的区域。

2. 在图纸空间中,可以放置标题栏、标注图形以及添加注释。

3. 利用"布局"选项卡,能够在图纸空间中创建多个视口,实现不同的打印方式。

4. 在默认情况下,新图形最开始有两个"布局"选项卡,即"布局1"和"布局2"选项卡。

5. 默认的"布局"选项卡不可以重新命名。

6. 利用"布局"选项卡,可以在图形中创建多个布局,每个布局都可以设置不同视口,以创建不同内容的图纸。

7. 布局不能被复制和删除。

8. 一般在模型空间里绘制图形对象,在图纸空间里选择模型空间里的图形进行打印设置。

9. 在图纸空间里可以绘制图形和标注尺寸,这些对象与在模型空间里创建的对象是一样的。

10. 颜色相关打印样式,就是设置图层的打印颜色。例如将点划线图层打印成红色。

11. 在布局中创建多个视口后,不可以更改其大小以及对其进行移动。

12. 在布局中创建多个视口后,视口边界可以不被打印出来。

13. 在某图层上创建布局视口,打印时关闭该图层,视口的边界不会被打印出来。

14. 一般都是在模型空间里按1:1的比例绘制图形对象,在图纸空间里进行打印设置。

15. 每个布局视口包含一个视图,该视图按用户指定的比例和方向显示图形对象。

四、综合实训题

1. 按1:100比例绘制图12-27,并在模型空间里进行打印。

2. 在模型空间里绘制图12-28,在图纸空间里进行打印。

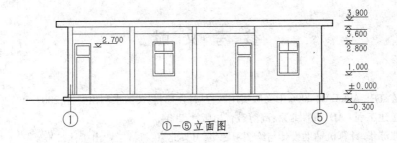

①－⑤立面图

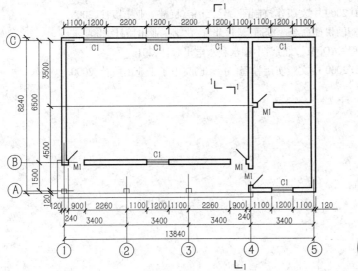

图 12-27　建筑图

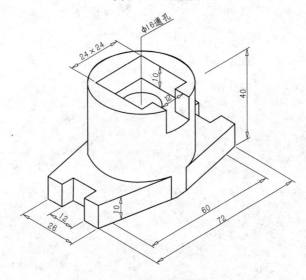

图 12-28　三维形体

参 考 文 献

[1] 卢德友,陈红中. AutoCAD 2006 中文版实用教程[M]. 郑州:黄河水利出版社,2007.

[2] 吴银柱. 土建工程 CAD[M]. 北京:高等教育出版社,2004.

[3] 窦忠强,张苏华. 计算机辅助设计与绘图习题集[M]. 北京:机械工业出版社,2002.

[4] 尚凤武. 制图员(土建类)[M]. 北京:机械工业出版社,2007.

[5] 刘瑞新. AutoCAD 2009 中文版建筑制图[M]. 北京:机械工业出版社,2008.

[6] 志远. AutoCAD 制图快捷命令一览通[M]. 北京:化学工业出版社,2009.

[7] 尹亚坤. 水利工程 CAD[M]. 北京:中国水利水电出版社,2010.

[8] 郑阿奇. AutoCAD 2000 中文版实用教程[M]. 北京:电子工业出版社,2000.